Walter Müller

Oberflächenschutzschichten und Oberflächenvorbehandlung

Viewegs Fachbücher der Technik

Fertigungstechnik

Es erscheinen folgende Bände:

Zerspantechnik
Umformtechnik
Stanztechnik
Gießtechnik
Schweißtechnik
Galvanische Schichten und ihre Prüfung
Oberflächenschutzschichten und Oberflächenvorbehandlung
Werkzeugmaschinen
Vorrichtungsbau
Meß- und Prüftechnik

Walter Müller

Oberflächenschutzschichten und Oberflächenvorbehandlung

Mit 50 Bildern und 23 Tabellen

Friedr. Vieweg + Sohn · Braunschweig

Dr.-Ing. *Walter Müller* ist Fachhochschullehrer der Fachhochschule Hagen, Abteilung Iserlohn, Fachbereichsleiter „Physikalische Technik" und Stellvertreter des Rektors der Fachhochschule Hagen.

Verlagsredaktion: *Alfred Schubert, Willy Ebert*

ISBN 978-3-528-04059-8 ISBN 978-3-322-86003-3 (eBook)
DOI 10.1007/978-3-322-86003-3

1972

Satz: Friedr. Vieweg + Sohn, Braunschweig
Druck: E. Hunold, Braunschweig
Buchbinder: W. Langelüddecke, Braunschweig

Vorwort

In einem Band über Oberflächentechnik sollten die Vorbehandlung der Werkstücke, die wichtigsten Verfahren des Oberflächenschutzes und die Prüfung der Schutzschichten behandelt werden. Wegen des sich ergebenden Umfangs wurde eine Aufteilung in die Bände „Galvanische Schichten und ihre Prüfung" und „Oberflächenschutzschichten und Oberflächenvorbehandlung" vorgenommen.

Die beiden Bände wollen dem in der Ausbildung stehenden Techniker und Studenten der Ingenieurwissenschaften mit den Methoden und Möglichkeiten des Oberflächenschutzes vertraut machen. Darüber hinaus wollen sie aber auch dem in der Praxis stehenden Betriebsingenieur in mancherlei Hinsicht eine Hilfe bieten, sei es bei der Wahl des Oberflächenschutzverfahrens oder, wenn es darum geht, Fehlerursachen zu erkennen und zu beseitigen.

Theoretische Grundlagen werden soweit behandelt, wie es für die anwendungsbezogene Darstellung des Stoffes für erforderlich schien. Die in allen Kapiteln eingestreuten hauptsächlich chemischen Rezepturen und Betriebsbedingungen sind weniger für den Lernenden als für den auf den verschiedenen Gebieten praktisch Tätigen gedacht.

In engem Zusammenhang mit dem Abschnitt „Phosphatieren" steht der Abschnitt IV, D.6 „Phosphatschichten und ihre Prüfung" des Bandes „Galvanische Schichten und ihre Prüfung".

Der Oberflächenbehandlung von Aluminium und seiner Legierungen wurde im Kapitel IV dieses Bandes ein eigener Abschnitt D gewidmet. Neben der Betrachtung der Schichtbildung, der Glänz-, Anodisier-, Färbe- und Verdichtungsverfahren wird auf die Einrichtung eines Anodisierbetriebes näher eingegangen, wobei die Prüfmethoden als zur Einrichtung gehörend mit behandelt werden.

Besonderer Dank gilt einschlägigen Firmen für die Überlassung von Bildunterlagen. Herrn Dipl.-Ing. *Justus Mundt* danke ich für die Überlassung der schematischen Darstellung verschiedener Flammspritzmethoden. Meinem Kollegen, Herrn Dipl.-Chem. *Gerhard Kloetz* bin ich für Anregungen bezüglich der Korrosionsprüfungen zu Dank verpflichtet, die im ersten Band behandelt werden.

Mögen die Bände dem in der Metallverarbeitung tätigen Techniker und Ingenieur und dem dahin Strebenden eine Hilfe sein. Für anregende Kritik ist der Verfasser stets dankbar.

Iserlohn, im März 1972 Dr.-Ing. *Walter Müller*

Inhaltsverzeichnis

I. Schleifen und Polieren

A. Mechanisches Schleifen

1. Schleifvorgang

Der Schleifvorgang ist eine Zerspanung. Das Schleifwerkzeug besteht aus dem Schleifmittel im Form harter Körner und dem Bindemittel, in das die Körner eingebettet sind (Bild I.1). Die Schleifkörner müssen härter sein als das zu schleifende Werkstück, das Bindemittel ist meistens weicher. Beim Schleifen nützen sich die scharfen Spitzen und Kanten der Schleifkörner ab. Um die Schleifwirkung weiter zu gewährleisten, muß das Bindemittel die Schleifkörner nach einer gewissen Abnutzung freigeben. Größer werdende Reibungskräfte lösen die Körner heraus. Anschließend wird die relativ weiche Bindemasse soweit abgeschliffen, bis wieder neue Schleifkörner aus der Oberfläche des Schleifwerkzeugs herausragen. Dieses bleibt dadurch „griffig“. Dieser Schleifmechanismus wird dann wirksam, wenn die physikalischen Eigenschaften der Schleifkörner, das Bindemittel und die Bindungsart dem zu bearbeitenden Werkstück angepaßt sind.

Bild I.1
Schleifwerkzeug (schematisch)

Die beim Schleifen aufzuwendende Arbeit wird in Zerspanungsarbeit und Wärme umgesetzt. Die Wärme muß abgeführt werden, damit das Werkstück, vor allem seine Oberfläche, nicht überhitzt wird. Übermäßig erhitzte Oberflächen neigen zur Oxydation. Sogenannte Reiboxide können z. B. die Ursache für schlechte Haftfestigkeit galvanisch abgeschiedener Schichten sein. Reicht Luftkühlung nicht aus, so müssen flüssige Kühlmittel die Wärme mit abführen.

2. Schleifmittel

Als Schleifmittel eignen sich harte, körnige Stoffe mit scharfkantigen Bruchflächen. Natürliche Mineralien werden – abgesehen vom Naturdiamanten – nur noch wenig verwendet. Ihre Härte, Korngrößenverteilung und Reinheit schwanken zu stark. Künstliche Schleifmittel zeigen dagegen gleichbleibende Eigenschaften. Dies ist besonders für das automatische Schleifen wichtig.

a) Natürliche Schleifmittel

Naturdiamant: Diamant ist reiner kristalliner Kohlenstoff und das härteste natürliche Mineral. Die Industriediamanten, sogenannte Borts (englisch boarts) sind ausgeprägt kristallin (Fundort: Afrika, besonders Kongogebiet). In Schleifwerkzeugen sind sie mit Bindemitteln verarbeitet, als Schleifpaste werden sie manchmal auch ohne Bindemittel verwendet. Der Industriediamant besitzt kristallographisch bedingte Spaltflächen.
Carbone (unreine Diamanten) mit weniger ausgeprägtem Kristallcharakter (Fundort: Brasilien) dienen z. B. als Besatz für Bohrkronen und zur Herstellung von Edelsteinbohrern.

Quarzhaltige Schleifmittel. Quarz ist chemisch Siliciumdioxid (SiO_2), also das Anhydrid der Kieselsäure. Zu den daher auch kieselsaure Schleifmittel genannten Mineralen gehören:

> Sand- und Flintstein (Feuerstein) als kompaktes Schleifwerkzeug und Quarzsand und Granat als Schleifkörner.

Tonerdehaltige Schleifmittel. Diese Schleifmittel bestehen vorwiegend aus Aluminiumoxid (Al_2O_3), auch Tonerde genannt. Die wichtigsten Schleifmittel dieser Gruppe sind:

> Bimsstein: Er ist vulkanischen Ursprungs. Sein lockeres Gefüge verdankt er einer Gasdurchströmung durch die erkaltende Lava.
>
> Schmirgel: Fundort ist die griechische Insel Naxos (heute Naxia). Der aus Kleinasien stammende Levante-Schmirgel besitzt geringere Qualität.
>
> Naturkorund: Korund ist ziemlich reines Aluminiumoxid. Fundorte liegen in Kanada, USA und Indien.

b) Künstliche Schleifmittel

Elektrokorund. Bauxit[1]) wird im elektrischen Lichtbogen bei über 2000 °C geschmolzen. Durch Kohlenstoff (Koks) werden die Oxide der Verunreinigungen mehr oder weniger vollständig reduziert. Man erhält dadurch:

> schwarzen Korund (Elektrorubin, schwarz), der nur zum Polieren geeignet ist;
> braunen bis rötlichen Korund (Elektrorubin, braun);
> Edelkorund als besten Elektrokorund. Er ist rosa bis weiß und wird aus reiner Tonerde erschmolzen.

Unter etwa einem Dutzend Handelsnamen für Elektrokorund sind Korundum, Alundum und Elektrorubin die bekanntesten.

---

[1]) Mineral nach dem ersten Fundort Les Baux benannt.

Siliciumcarbid. Siliciumcarbid (SiC) kommt in der Natur nicht vor. Zu seiner Herstellung wird Quarz mit Kohle vermischt und im Lichtbogen zwischen Kohleelektroden mehrere Stunden auf etwa 2000 °C erhitzt. Auch für Siliciumcarbid existieren über ein Dutzend Handelsnamen, da es wie Elektrokorund ein häufig verwendetes Schleifmittel ist.

Borverbindungen. Neben Elektrokorund und Siliciumcarbid als den bedeutendsten Schleifmitteln werden auch Borverbindungen verwendet wie:

Borkarbid (B_4C), das ähnlich wie Siliciumcarbid aus Bortrioxid und Kohle hergestellt wird.
Bordiamant ist in Aluminium gelöstes Bor und übertrifft den Naturdiamanten an Härte.
Borazon ist eine künstlich kristallisierte Bor-Stickstoffverbindung.

Wolframcarbid besitzt ähnliche Eigenschaften wie Borcarbid.

c) Physikalische Eigenschaften der Schleifmittel

Für die Schleifwirkung sind Härte, Spaltbarkeit, Bruchform, Sprödigkeit, Porosität und Dichte wichtige Eigenschaften.
Für die Härteeinteilung sind mehrere Skalen in Gebrauch. Nach MOHS werden die Substanzen gemäß der Fähigkeit, sich gegenseitig zu ritzen, geordnet. Nach ROSSIVAL wird diejenige Zeit als Härtemaß genommen, in der eine stets gleichbleibende Menge eines pulverförmigen Schleifmittels bis zur Unwirksamkeit zerrieben wird. Beim sklerometrischen Verfahren liefert diejenige Zahl der Umdrehungen das Härtemaß, die eine Diamantspitze bei konstanter Belastung und Rotation benötigt, um 0,01 mm tief in das Prüfkorn einzudringen.

Tabelle I.1: Härtewerte von Schleif- und Poliermitteln

Substanz	Härte		
	nach MOHS	nach ROSSIVAL	nach sklerom. Verfahren
Bordiamant	über 10		
Diamant	10	140 000	über 1 000
Borcarbid	9,8		
Siliciumcarbid	9,5–9,75		
Elektrokorund	9,2–9,6		
Naturkorund	9	1 000	1 000
Schmirgel	6–9		
Quarz	7	120	40
Bimsstein	5–6		
Feldspat	4	5,0	0,75
Dolomit	3,5–4		
Kalkspat	3	4,5	0,26
Gips	2	1,25	0,04
Talkum	1	0,03	

d) Körnung der Schleifmittel

Für die siebfähigen Körnungen der Schleifmittel existiert seit 1961 in Westeuropa die FEPA-Norm[1]). Diese schließt sich eng an die ASTM-Norm[2]) an, so daß praktisch für die westlichen Staaten für die Körnungen Nummer 12 bis 220 eine gleiche Norm vorliegt. Für die nicht mehr siebfähigen Körnungen von Nummer 240 bis 700 soll die Normung folgen.

Tabelle I.2: Körnungen der Schleifmittel

Einteilung	Körnungen						
staubförmig	240	260	280	320	400	500	600	700
sehr fein	150	<u>180</u>	200	220				
fein	70	<u>80</u>	90	100	120			
mittel	30	36	<u>46</u>	50	60			
grob	14	<u>16</u>	20	24				
sehr grob	<u>8</u>	10	12					

Die Tabelle I.3 enthält für die in Tabelle I.2 unterstrichenen Körnungen die zugehörigen Korngrößen, um einen Eindruck hierüber zu vermitteln. In den Siebzwischenräumen befinden sich jeweils Körner, die durch die Maschen des oberen Siebes noch hindurchgehen, während sie durch das untere Sieb zurückgehalten werden.

Tabelle I.3: Siebmaschenweiten

Oberes Sieb	Körnung	Unteres Sieb
2,5 mm	8	2,0 mm
1,2 mm	16	1,0 mm
0,4 mm	46	0,3 mm
0,20 mm	80	0,15 mm
0,09 mm	180	0,075 mm

Tabelle I.4: Schleifart und Körnungen

Schleifart	Körnungen
Schruppen	8 bis 30
Fertigschleifen	36 bis 80
Feinschleifen	80 bis 120
Polierschleifen	150 bis 220
Polieren	240 bis feinster Staub

Tabelle I.4 enthält Körnungen, wie sie für die verschiedenen Schleifarbeiten bei keramischer Bindung verwendet werden. Andere Bindungen lassen für den gleichen Schleifprozeß von der Tabelle abweichende Körnungen zu. Je plastischer das Bindemittel ist, desto gröber darf die Körnung sein, um den gleichen Schliff zu ergeben, ohne daß die höhere Abschliffleistung des gröberen Korns merklich vermindert wird.

---

1) Fédération Européenne des Fabricants de Produits Abrasifs

2) American Society for Testing Materials

3. Bindung der Schleifmittel

Forderungen an das ideale Bindemittel lauten:

Fixierung der losen Schleifkörner in gleichmäßiger Volumen- und Flächenverteilung,
Freigabe der Schleifkörner nach Verlust ihrer Schneidfähigkeit,
Beständigkeit gegen Temperaturwechsel,
Kühlungseigenschaften und gute Wärmeleitfähigkeit,
Beständigkeit gegen Chemikalien wie Kühlflüssigkeiten, Schleiffette und -Öle,
ausreichende Elastizität,
Festigkeit gegen die Fliehkraftwirkung.

Es sind mehrere Bindemittel in Gebrauch, die die genannten Forderungen mehr oder weniger gut erfüllen. Die Bindemittel sind anorganischer und organischer Natur.

a) Anorganische Bindung

Die wichtigsten anorganischen Bindungen sind keramischer oder mineralischer Art.

Keramische Bindung. Die geschmolzene keramische Masse (Ton, Kaolin, Feldspat, Kalkstein, Quarz, Borsäureanhydrid) umhüllt die Schleifkörner und kittet sie zusammen. Beim Erstarren tritt ein Schwund ein, der dem Schleifwerkzeug eine erwünschte Porosität verleiht.

Mineralische Bindung. Eine Mischung aus Magnesiumoxid und wäßriger Magnesiumchlorid-Lösung bindet kalt ab. Der Masse kann Ton, Bimsstein, Kupfer, Kupferoxid, Schwefel, Wachs usw. zugemischt werden. Als sogenannte Magnesit- oder Sorell-Zementbindung hat diese Bindungsart den Natursandstein vielfach verdrängt. Mit Stahlarmierung lassen sich Scheiben bis zu 2 Meter Durchmesser herstellen. Die Masse ist wasserlöslich und daher nur für Trockenschliff geeignet.
Die Silicat- oder Wasserglasbindung ist wasserbeständig und wird bei Naßschliff anstelle der Magnesitbindung verwendet. Sie liefert wie diese einen zarten Schliff. Die mineralischen Bindungen werden vorwiegend in der Messerwarenindustrie verwendet.

b) Organische Bindung

Organische Bindungen zeichnen sich durch große Elastizität aus. Derartige Schleifscheiben sind daher auch auf Seitendruck beanspruchbar.

Natur- und Kunstharzbindung. Diese Bindungen lassen sich wie die keramische Bindung zu allen Schleifzwecken vom Schruppen bis zum Polierschleifen verwenden. Infolge ihrer höheren Festigkeit im Vergleich zur keramischen Bindung lassen sich Umfangsgeschwindigkeiten bis 45 m/s beim Schleifen und bis 80 m/s beim Trennschleifen anwenden.

Kautschukbindung. Sehr hohe Elastizität zeichnet diese Bindung aus. Es lassen sich Schleifscheiben unter 1 mm Dicke herstellen. Die Arbeitstemperatur muß allerdings niedrig gehalten werden, da die Bindung sonst „schmiert".

Kunststoffbindung. Als Bindemittel sind spezielle Polyvinylverbindungen geeignet. Diese jüngste Entwicklung der Schleifscheibenherstellung schließt eine Lücke zwischen beleimten Scheiben und den hochporösen keramischen Scheiben. (Bei beleimten Scheiben werden Filzscheiben, mit Leder belegte Holzscheiben und ähnliche auf ihrer Umfangfläche mit Leim bestrichen und mit Schleifmittel belegt. Die Herstellung einer solchen Scheibe erfordert Spezialkenntnis. Derartige, im eigenen Betrieb beleimte Scheiben werden heute nur noch selten verwendet.)

4. Schleifscheibe

Im allgemeinen wird mit Hilfe rotierender Scheiben oder umlaufender Bänder geschliffen und poliert.

a) Härtegrad der Schleifscheibe

Die Härte einer Schleifscheibe darf nicht verwechselt werden mit der mineralischen Härte der Schleifkörner.

> **Unter Härte der Schleifscheibe versteht man die Haftfestigkeit der Schleifkörner in der Bindung.**

Beim Schleifen eines weichen Werkstoffs können die Schleifkörner weitgehend abgenutzt werden, ohne daß die Scheibe ihre „Griffigkeit" verliert. Die Haftfestigkeit der Schleifkörner in der Bindung darf also groß sein. Beim harten Werkstoff verlieren die Schleifkörner ihre Schneidwirkung, wenn die scharfen Kanten und Ecken abgenutzt sind. Es stellen sich dann größere Reibungskräfte ein, die das abgenutzte Korn aus der Bindung herausbrechen sollen. Die Schleifscheibe muß daher weich sein. Daher gilt die Faustregel:

> **Weicher Werkstoff verlangt harte Schleifscheibe,**
> **harter Werkstoff verlangt weiche Schleifscheibe.**

Die Härtegradbezeichnungen für Schleifscheiben sind noch nicht genormt. Sie weichen bei verschiedenen Herstellern von Schleifwerkzeugen voneinander ab. Tabelle I.5 gibt einige Beispiele wieder.

Tabelle I.5: Härtegradbezeichnungen

	sehr weich	weich	mittel	hart	sehr hart	extrem hart
Härteskala nach KRUG	1;2	3; 4	5; 6	7; 8	9; 10	11; 12
Deutsche Norton-Gesellschaft	FG	HIJK	LMNO	PQRS	TUVW	XYZ
Naxos-Union	EFGHI	JotKL	MNO	PQR	STU	
Mayer & Schmitt	FGH	IJotK	LMNO	PQRS	TUVWZ	

Die Bezeichnung z. B. 60 M bedeutet: Körnung 60, Härtegrad M.

b) Gefüge der Schleifscheibe

Bild I.2 zeigt verschiedene Schleifscheibengefüge. Sie unterscheiden sich durch den Porenraum. Er beträgt 25 % bis 70 %, bei Kunststoffbindungen bis zu 90 %. Bei den hochporigen Schleifscheiben bilden Schleifkörner und Bindemittel nur noch Stege, zwischen denen die Poren liegen. Gute Ventilationswirkung beim Trockenschliff und großes Fassungsvermögen für Kühlflüssigkeit beim Naßschliff sorgen für einen kühlen Schliff. Die großen Poren nehmen überdies die Schleifspäne besser auf. Bei weichen Werkstoffen wird dadurch die Gefahr des Schmierens vermindert. Für Entleeren der „Spankammern“ sorgt die Zentrifugalkraft der rotierenden Scheibe. Hochporige Scheiben eignen sich zum Schleifen dünn auslaufender Flächen. Auch Gummi, Leder, Horn, Filz u. ä. lassen sich damit schleifen.

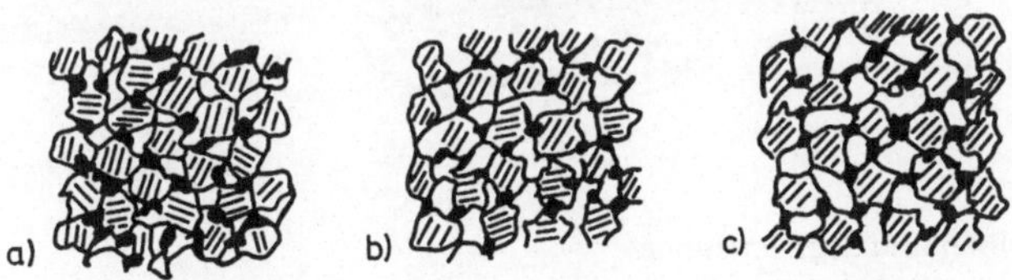

Bild I.2. Schleifscheibengefüge, a) dicht, b) mittel, c) offen

c) Formen der Schleifscheiben

Die Formen der Schleifscheiben sind mannigfaltig und verbunden mit einer Profilgebung jedem Verwendungszweck angepaßt. Bild I.3 zeigt einige Formen.

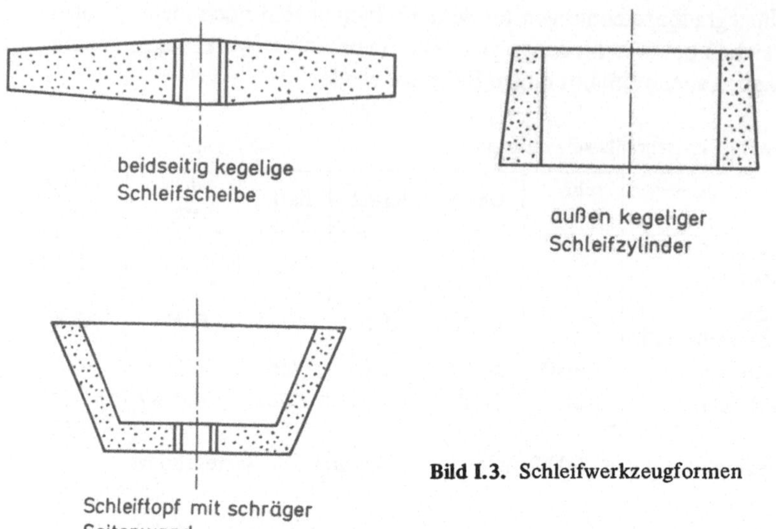

Bild I.3. Schleifwerkzeugformen

Gerade Schleifscheiben besitzen konstante Dicke; einseitig oder beidseitig konische Schleifscheiben sind am Außenrand schmaler als innen. Eine Nut in der Schleiffläche verbessert Griffigkeit, Kühlwirkung und Spanentleerung. Schleifzylinder können gerade, innen oder außen kegelig sein. Schleiftöpfe mit gerader oder schräger Seitenwand dienen zum Seitenschleifen. Schleifstifte mit kleinen Durchmessern werden in gerader, konischer und kugeliger Form sowie pilz- und topfförmig verwendet.

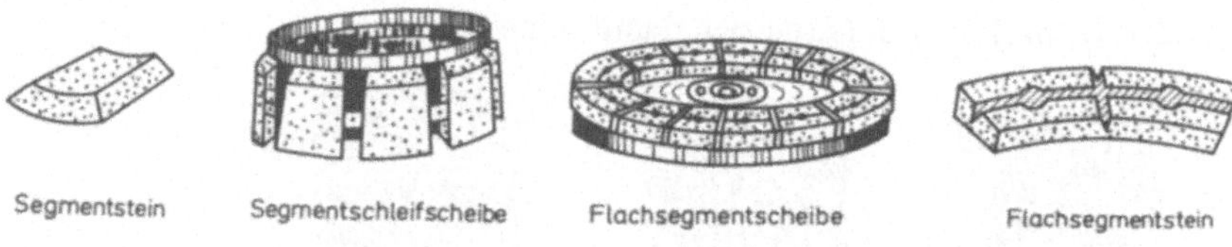

Bild I.4. Segmentscheiben und Segmentsteine

Bei Segment-Schleifscheiben ist der Schleifkörper in mehrere Segmente unterteilt. Bild I.4 zeigt einige Segmentsteine und Segmentscheiben. Die Segmente für Umfangschliff sind gekrümmt, Flachsegmente sind darüber hinaus durch Rillen geviertelt. Die Segmente werden von Stahl oder Gußkörpern getragen und festgekeilt oder angeschraubt.

d) Behandlung der Schleifscheiben

Zur Erstbestellung einer Schleifscheibe füllt man am zweckmäßigsten den Fragebogen der Lieferfirma aus. Zu den Angaben bei einer Bestellung gehört u. a.:

Stückzahl, Scheibenart (Schleifmittel und Bindung),
Abmessungen (Durchmesser, Dickenangaben, Lochdurchmesser),
Körnung des Schleifmittels und Härtegrad der Scheibe.

Die Etiketten verschiedener Schleifscheiben sind nach Inhalt und Aussehen genormt. Die Farbe bezeichnet das Schleifmittel: rosa: Edelkorund, gelb: Halbedelkorund, grün: Siliciumcarbid. Besondere Betriebsbedingungen sind durch Diagonalstreifen gekennzeichnet. Weißer Streifen: nur geringe Betriebsgeschwindigkeit zulässig (z. B. bei Magnesitbindung), blauer Streifen: erhöhte Umfangsgeschwindigkeit zulässig (z. B. bei Kunstharzbindung).

Die Lagerung der Schleifscheiben erfordert große Sorgfalt, um wertvolles Betriebsgut zu schützen. Beschädigte Scheiben können schwere Unfälle der Schleifer verursachen. Zur Prüfung einer Schleifscheibe bei Erhalt und vor dem Einspannen gehört die Klangprobe. Die schwebend gehaltene Scheibe wird mit einem Holz- oder Gummihammer leicht angeschlagen. Der Ton muß rein und abklingend sein.

Nach dem Aufspannen wird die Scheibe ausgewuchtet. Dies kann statisch oder dynamisch erfolgen. Unwuchten lassen sich mit Hilfe von Laufgewichten an den Flanschen ausgleichen. Für das Befestigen von Schleifscheiben ist die Unfallverhütungsvorschrift der Eisen- und Stahlberufsgenossenschaften zu beachten.

Mit Hilfe von Abrichtkreiseln oder ähnlichem oder mittels Abrichtdiamanten lassen sich die Scheiben aufrauhen und abrichten.

Mit Leder besetzte Holzscheiben oder Filzscheiben lassen sich mit Schleifmitteln versehen, wobei Haut- oder Trockenleim als Bindemittel verwendet werden. Diese Arbeit erfordert Übung und das Trocknen nach der Beleimung verlangt Sachkenntnis.

5. Schleifbänder

Als Bandmaterial dient Gewebe oder Papier. Bei Geweben wird vorwiegend Köper (eine der 3 Grundbindungen beim Weben) gewählt. Auf den Träger wird tierischer Hautleim oder Kunstharz als Grundierung und hierauf die Schleifkörner aufgebracht. Die besonders vorteilhafte Anordnung der Schleifkörner in ihrer Längsrichtung erfolgt elektrostatisch. Eine Nachleimung verstärkt die Haftfestigkeit der Körner. Bild I.5 zeigt das Schleifband im Schnitt.

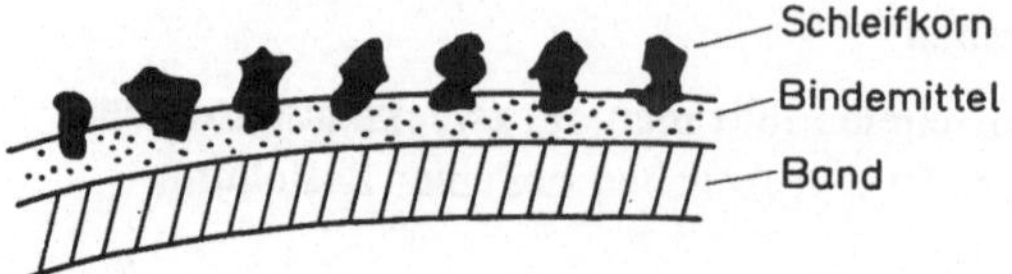

Bild I.5. Schleifband

Die Bandenden werden vorwiegend durch Überlappverleimung miteinander verbunden. Hierbei darf sich die Banddicke an der Verbindungsstelle nicht ändern, damit das Schleifen stoßfrei bleibt. Die Schleifbänder sind im allgemeinen 3,5 m bis 4 m lang. Im Vergleich zur Schleifscheibe legt das Schleifkorn einen größeren Weg zurück, bevor es wieder zum Eingriff kommt. Es hat somit mehr Zeit, sich abzukühlen.

Es sind verschieden schwere Trägergewebe auf dem Markt. Leichte Gewebe sind flexibel bei normaler Reißfestigkeit, schwere Gewebe sind weniger flexibel bei hoher Reißfestigkeit; sie zeichnen sich durch höhere Lebensdauer aus.

Als Schleifkörner werden vorwiegend Edelkorund oder Siliciumcarbid verarbeitet, wobei sich die Körnungen von Nummer 24 bis 500 erstrecken. Für Naßschliff lassen sich wasserfeste Gewebe verwenden.

Die günstigste Lagerung ist bei einer Temperatur von 18 °C bis 20 °C und einer relativen Luftfeuchtigkeit von 60 % bis 70 % gewährleistet. Zu starke Abweichungen der Temperaturen nach oben (Nähe von Heizkörpern) und unten, sowie große Trockenheit lassen das Schleifband hart und spröde werden. Nimmt das Band einseitig Feuchtigkeit auf (Lagerung auf dem Fußboden oder an der Außenwand), so verzieht es sich.

Beim Auflegen des Bandes ist der Laufrichtungspfeil zu beachten. Der Backstand (Bild I.8) muß im allgemeinen vorher entspannt werden. Besondere Vorsicht ist beim Auflegen auf gerillte und harte Kontaktscheiben geboten.

6. Diamantwerkzeuge

Zur Bearbeitung harter Werkstoffe, wie Hartmetall, Germanium, Glas, Quarz, Stein, Keramik und Porzellan werden (nach Vorbearbeitung mit Korund oder Siliciumcarbid) Diamantwerkzeuge erfolgreich eingesetzt. Für die Schleifleistung und Schliffgüte sind Qualität, Korngröße und Belegungsdichte der Diamantkörner sowie ihre Bindung von Bedeutung. Künstliche Diamanten machen den Naturdiamanten bereits qualitätsmäßige Konkurrenz.

Bei Diamantwerkzeugen wird nur die Schleiffläche mit Diamanten belegt. Tabelle I.6 gibt über die Bindemittel und ihre Anwendung Aufschluß.

Tabelle I.6: Diamantscheibenbindung und ihre Anwendung

Bindung	Kurz-zeichen	Merkmal der Bindung	Anwendung
Hartmetall	H	Hohe Kanten-festigkeit	Form-, Kanten- und Profilschleifen. Vor- und Feinschleifen von Hartmetallwerkzeugen.
Stahl	ST	Größere Schleif-leistung als H-scheiben, jedoch raschere Profil-verformung	Vorschleifen
Bronze	BZ	Weicheres Schleifen als mit St-Bindung	Vor- und Feinschleifen von einschneidigen Hartmetallwerkzeugen, von Kalibern, von Meß- und Tastflächen, von Hartmetallbohrungen, für Profilschleifen.
Kunstharz	K	Weiches Schleifen	Feinstschleifen scharfer Profile, Schleifen feinster Hartmetallwerkzeuge.
keramische B.	GK	Weiches Schleifen	siehe K-Scheiben
Sondermetall	S	Diamantkristalle ragen weit aus dem Bindemittel heraus	Trockenschliff. Ausschleifen von kleinen Bohrungen in Hartmetall oder gehärtetem Stahl.

Die Schnittgeschwindigkeiten betragen 20 ... 40 m/s, bei S-Scheiben bis zu 70 m/s.

Als Kühl- und Schmiermittel eignet sich z. B. ein Petroleum-Öl-Gemisch (2 Teile Petroleum, 1 Teil dünnflüssiges Öl) oder das für Diamantscheiben entwickelte „Ewusol“. Trockenschleifen ist mit BZ-, K- und S-Scheiben möglich.

7. Schleifbearbeitung

a) Schleifen mit Schleifscheiben

Für die Umfangsgeschwindigkeiten v von 2 ... 80 m/s für die Scheibendurchmesser d von 10 ... 1 000 mm lassen sich die Umdrehungszahlen pro Minute aus dem Nomogramm Bild I.6 entnehmen. Zur Berechnung dient die Formel:

$$n = \frac{60 \cdot 1000}{\pi} \cdot \frac{v}{d} = 1{,}91 \cdot 10^4 \cdot \frac{v}{d}\,; \quad \left(\begin{array}{l} v \text{ in m/s} \\ d \text{ in mm} \end{array}\right)$$

Für das Schleifen mit der Scheibe gilt DIN 69 102.

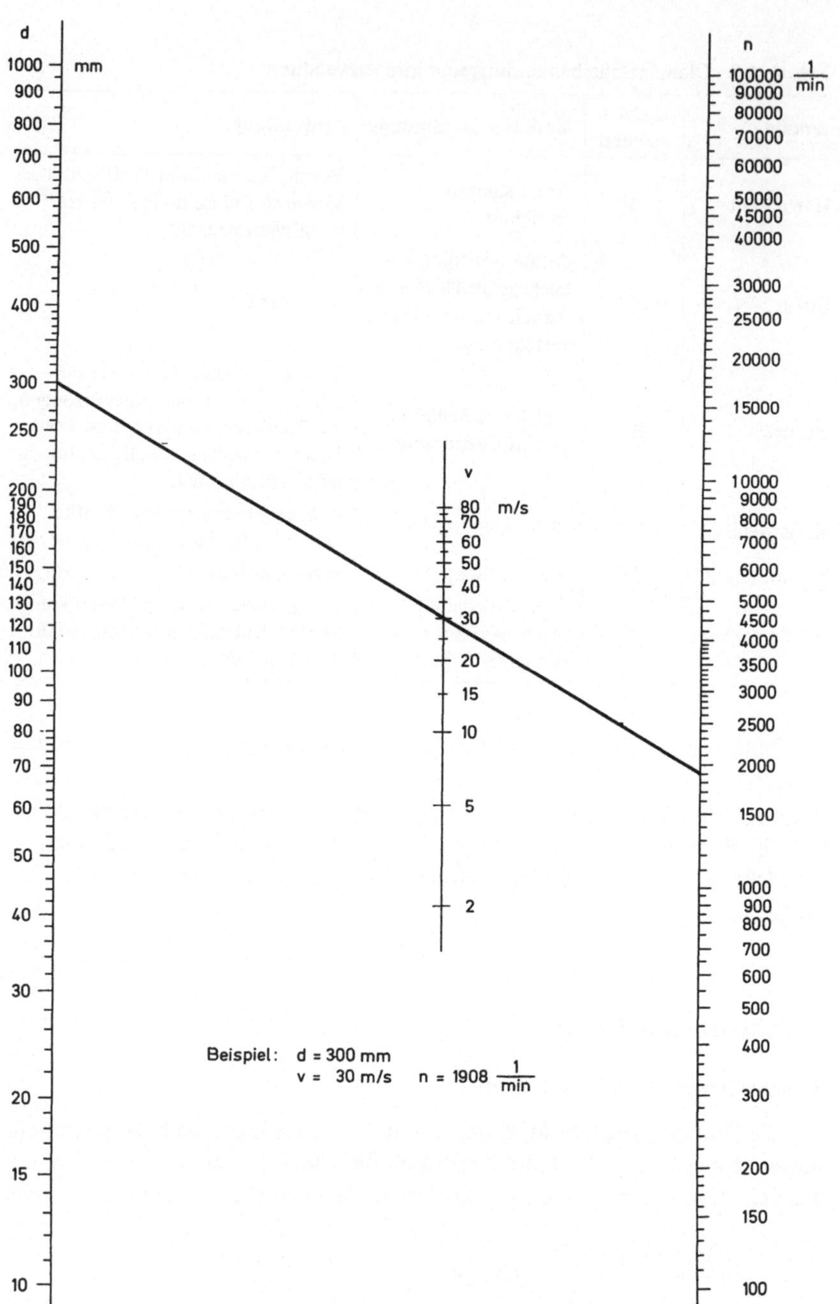

Bild I.6. Nomogramm zur Ermittlung der Drehzahl je Minute als Funktion des Schleifscheibendurchmessers und der Bearbeitungsgeschwindigkeit

Die Schnittgeschwindigkeit hängt von der Härte des Werkstückes ab. Als Faustregel gilt:

> **Je härter der zu bearbeitende Werkstoff ist, desto geringer soll die Umfangsgeschwindigkeit der Schleifscheibe sein!**

Wahl des Schleifmittels. Die Wahl des Schleifmittels richtet sich nach dem Werkstoff.

> Korund wird für langspanende Werkstoffe mit hoher Zugfestigkeit verwendet. (Z. B. Stahl, Schnellstahl, Stellit, geglühter Temperguß, Stahlgußlegierungen, legierte Leichtmetalle.)
> Siliciumcarbid eignet sich für kurzspanende Werkstoffe mit niedriger Zugfestigkeit. (Z. B. Grauguß, Hartguß, ungeglühter Temperguß, Kupfer und Kupferlegierungen, gesinterte Hartmetalle.)

Wahl der Körnung. Die Wahl der Körnung wird vor allem bestimmt durch den Werkstoff, die erwünschte Spanmenge und die verlangte Schliffgüte. Weiche, dehnbare Werkstoffe verlangen gröbere Körnung als harte Werkstoffe. Eine grobe Körnung liefert eine größere Spanmenge. Je feiner das Korn ist, desto besser wird die Schliffgüte.

Wahl der Scheibenhärte. Für die Wahl des Härtegrades der Scheibe sind die Werkstoffhärte, die Größe der Berührungsfläche, die Schnittgeschwindigkeit und der Zustand der Schleifmaschine von Bedeutung.

Ein harter Werkstoff verlangt eine weiche Scheibe; bei kleiner Berührungsfläche darf die Scheibe härter sein. Eine größere Bearbeitungsgeschwindigkeit bedingt einen weicheren Schleifkörper. Vibriert eine Schleifmaschine stärker (z. B. infolge schlechter gewordener Lager), so wird sie für die gleiche Schleifbearbeitung besser mit einer härteren Scheibe bestückt als eine Maschine in besserem Zustand.

Wahl der Schleifscheibenstruktur. Die Wahl der Struktur einer Scheibe berücksichtigt die Werkstoffeigenschaften, die verlangte Schliffgüte und die Art der Schleifarbeit.
Weicher, zäher, dehnbarer Werkstoff erfordert eine porige Struktur. Eine höhere Schliffgüte wird im allgemeinen mit einer niedrig-porigen Struktur erreicht. Flach- und Dünnschliffe werden besser mit großporiger Schleifkörperstruktur erzielt. Zum Rundschleifen (zwischen Spitzen und spitzenlos) wählt man Scheiben mit mittlerer Struktur.

Wahl der Bindung. Bei der Wahl der Bindung einer Scheibe sind die Umfangsgeschwindigkeit, die Scheibendicke und unter Umständen die Schliffgüte zu beachten.

Keramische Bindungen erlauben für das Schleifen Umfangsgeschwindigkeiten bis 35 m/s, organische Bindungen gestatten 45 m/s.

Dünne Scheiben besitzen organische Bindung. Ebenso wird bei besonders hohen Ansprüchen an die Schliffgüte häufig die organische Bindung bevorzugt. Präzisionsschleifen erfolgt mit keramischen Scheiben.

Beim Schleifen von Hand wird das Werkstück, wie Bild I.7 zeigt, tangential an die Scheibe angesetzt und möglichst ohne abzusetzen vorbeigeführt. Vorschub und Andrücken erfolgt durch den Schleifer.

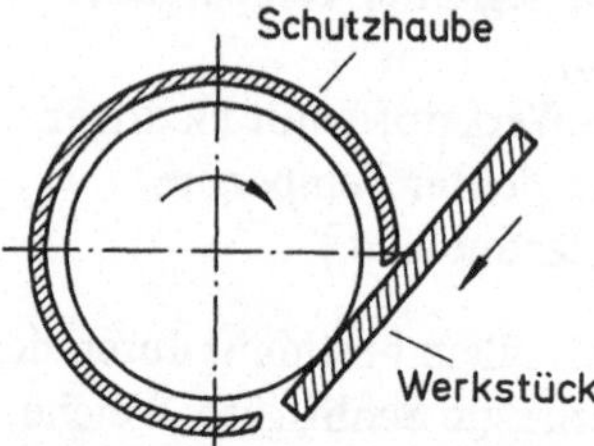

Bild I.7
Ansetzen des Werkstücks an die Schleifscheibe

Große Walzen können außen geschliffen werden, indem die Schleifscheibe an der sich ebenfalls drehenden Walze parallel zur Walzenachse verschoben wird. Scheibe und Walze drehen sich gegensinnig. Die Walze wird zwischen Spitzen gelagert. Beistell-, Schnitt- und Längsvorschubbewegung führt die Schleifscheibe aus. Eine besondere Art des Außenrundschleifens ist das spitzenlose Schleifen.

Glatte, stabförmige Werkstücke ohne Bunde oder Ansätze werden im Durchgangsverfahren bearbeitet, Werkstücke mit Ansätzen im Einstechverfahren[1]).

b) Bandschleifen

Unter Bandschleifen versteht man das Schleifen auf Schleifbandbeleimten Scheiben, das Schleifen auf freiem Band und das Schleifen vor einer Kontaktscheibe. Die erste Art hat sich kaum durchgesetzt, da das Beleimen große Sachkenntnis voraussetzt. Das Schleifen auf freiem Band kann dort eingesetzt werden, wo es auf sauberen, aber nicht unbedingt ebenen Schliff ankommt.

Bandschleifmaschine. Die Schleifmaschine besteht im wesentlichen aus der Kontaktscheibe, die gleichzeitig den Antrieb des Bandes besorgt und dem sogenannten Backstand, der mit Hilfe der Spannscheibe das Schleifband spannen und steuern soll. Er besitzt hierfür nach allen Seiten Verstellmöglich-

---

[1]) Siehe *K.-T. Preger,* Zerspantechnik. Abschnitt II.H. Viewegs Fachbücher der Technik. Friedr. Vieweg + Sohn, Braunschweig 1970.

keiten. Bild I.8 zeigt schematisch eine Bandschleifmaschine. Die Maschinenindustrie liefert für jeden Verwendungszweck geeignete Typen, u. a. auch Handbandschleifmaschinen.

Eine Bandschleifmaschine für gewalztes Blechband zeigt schematisch Bild I.9. Das Schleifband B läuft über die fest gelagerte Antriebs- und Kontaktscheibe K, die verstellbare Spannwalze S und die festgelagerte Umlenkwalze U. Eine Gegendruckwalze G drückt das Werkstück W (Blechband) an das Schleifband an. Der Anpreßdruck und der Schleifpunkt können variiert werden.

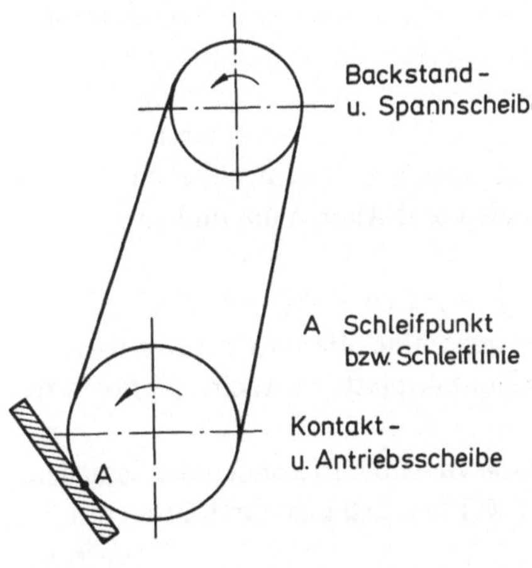

Bild I.8
Bandschleifen (schematisch)

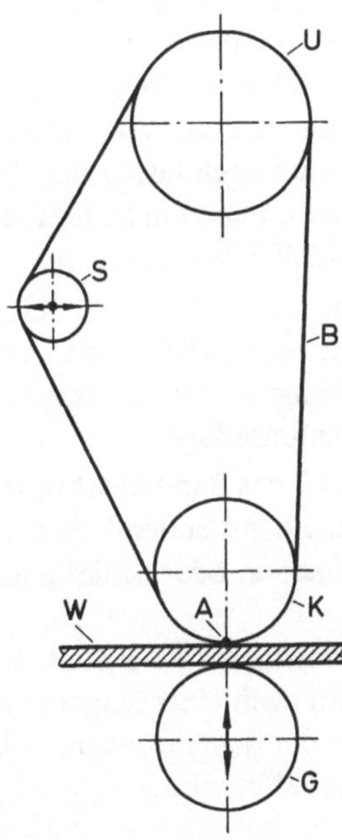

Bild I.9
Blechbandschleifen (schmematisch)

Kontaktscheibe. Die Kontaktscheibe stützt das Band elastisch ab. Schleifbänder und Kontaktscheiben müssen aufeinander abgestimmt sein, um eine optimale Leistung zu erzielen. Kontaktscheiben werden in verschiedenen Härten geliefert. Je härter die Kontaktscheibe ist, desto größere Spanabnahme wird erreicht, wobei sich das Band jedoch rascher abnützt. Zum Schleifen komplizierterer Formen verwendet man weichere Scheiben. Nicht ebene Flächen können mit profilierten Scheiben geschliffen werden. Das Profil wird der Werkstückfläche dabei möglichst gut angepaßt.

Als Faustregel gilt:

Die Kontaktscheibe soll so hart gewählt werden, wie es die Werkstückform beim Schleifen zuläßt.

Die größte Härte besitzt die Stahlscheibe. Sie erzielt die größte Schleifleistung. Flachteile und zylindrische Formen lassen sich damit schleifen. Sie kann auch für das spitzenlose Schleifen eingesetzt werden. (Für Präzisionsschleifen verwendet man Keramikscheiben.) Geringere Härten haben Scheiben mit Leder-, Gummi- oder Kunststoffbelag. Als Kern wird häufig Aluminium genommen. Der Gummi- und der Kunststoffbelag können in Schrägverzahnung ausgeführt sein, um das Schleifband „punktförmig" zum Einsatz zu bringen und damit die Schleifleistung zu erhöhen. Weiche Scheiben besitzen ringförmig angeordnete Baumwoll-Lamellen oder zickzackgefaltete Baumwollstreifen. Härteabstufungen lassen sich durch die Preßart erreichen. Baumwollbelegte Scheiben eignen sich zum Schleifen von Buntmetallen und Aluminium und zum Schleifen von Konturen.

Zum Entgraten, zum Schleifen nicht zu großer Gußstücke und für verschiedene Werkstattaufgaben dient eine Bandschleifmaschine, die statt der Kontaktscheibe eine Kontaktplatte enthält. Als Kontaktplatte dient eine plangefräste Stahlunterlage.

Läuft das Band nicht mittig auf der Kontaktscheibe, so können die Scheiben, ohne Band laufend, dadurch abgerichtet werden, daß man die Kanten mit Bimsstein oder Schleifpapier bricht.

Schnittgeschwindigkeit. Beim Bandschleifen kommt ein und dasselbe Schleifkorn nach einer längeren Abkühlzeit wieder zum Einsatz als beim Schleifen mit der Scheibe, wenn in beiden Fällen mit gleicher Schnittgeschwindigkeit gearbeitet wird.

Zahlenbeispiel: Bei einer Schleifscheibe von 300 mm Durchmesser und einer Arbeitsgeschwindigkeit von 25 m/s ergibt das Nomogramm Bild I.6 eine Drehzahl von 1590 Umdrehungen/Minute d. i. gleich 26,5 Umdr./s. Ein und dasselbe Schleifkorn kommt also nach 1/26,5 s = 0,038 s wieder zum Einsatz. Bei einem Band von 3,5 m Länge kommt dasselbe Schleifkorn bei gleicher Arbeitsgeschwindigkeit nach 0,14 s wieder zur Wirkung.

Die Angaben in Tabelle I.7 sind Richtwerte für die Bearbeitung verschiedener Materialien.

Die oberen Grenzen der Bearbeitungsgeschwindigkeiten gelten für die feineren Körnungen.

Beim Schleifen stark profilierter Werkstücke werden die angegebenen Richtwerte unterschritten.

Tabelle I.7: Schnittgeschwindigkeiten für verschiedene Materialien

Wärmeempfindlicher Kunststoff	6 ... 30 m/s
Sinter- und Hartmetall	8 ... 12 m/s
Glas, Keramik, Stein	8 ... 16 m/s
Schnellstahl, rostfreier Stahl, legierter Werkzeugstahl	18 ... 30 m/s
Hitzebeständiger Kunststoff	18 ... 30 m/s
Grauguß	30 ... 45 m/s
Kohlenstoffstahl	32 ... 38 m/s
Bronze, Zink, Messing, Kupfer	32 ... 45 m/s
Leichtmetall, Aluminium, Magnesium	32 ... 58 m/s

c) Automatisches Schleifen

Ebene Flächen lassen sich relativ leicht automatisch schleifen. Bei Werkstücken, die aus der Ebene heraus verformt sind, ist das automatische Schleifen im allgemeinen recht schwierig zu bewerkstelligen und nur mit großem Aufwand befriedigend durchzuführen. Die zu schleifende Oberfläche soll ohne abzusetzen am Schleifwerkzeug entlang geführt werden. Die Schleifstationen werden der Form des Werkstücks entsprechend aufgestellt. Arbeitet man mit Kopiersteuerung des Werkstückes, so lassen sich etliche Schleifstationen einsparen. (Die Kopiersteuerung des Werkzeuges wie z. B. beim Kopierfräsen hat sich für das Schleifen bisher nicht bewährt.) Die gesamte zu bearbeitende Oberfläche wird in mehrere Schleifzonen unterteilt, die der Werkstückform angepaßt sind. Die Schleifebenen liegen räumlich fest. Das Werkstück wird kontinuierlich transportiert und so bewegt, daß ein Absetzen längs der jeweiligen Schleifzone vermieden wird. Auch in sich verdrehte Teile lassen sich so kopiergesteuert schleifen.

Für gröbere Körnungen werden kürzere, für die dann folgenden feineren Körnungen werden längere Schleifzonen gewählt. Bild I.10 zeigt ein willkürliches Profil im Schnitt und den Schliffbereich der einzelnen Schleifstationen, die von 1 bis 17 numeriert sind. Die Anzahl der Schleifstationen richtet sich nach der erwünschten Oberflächengüte. Bei dem gewählten Beispiel wird bis zu einer Rauhigkeit von etwa 7 μm geschliffen.

Lange Werkstücke (z. B. Stoßstangen) werden im allgemeinen auf Transferstraßen automatisch geschliffen. Die Schleifstationen sind linear aufgestellt. Kurze Teile (z. B. Beschläge, Armaturenteile) werden im allgemeinen auf Rundtischautomaten geschliffen. Die Schleifstationen bzw. die Spindeln zur Aufnahme der Werkstücke sind kreisförmig angeordnet. Die Spindeln bewegen sich nach einstellbarem Takt zu den einzelnen, feststehenden Schleifkörpern.

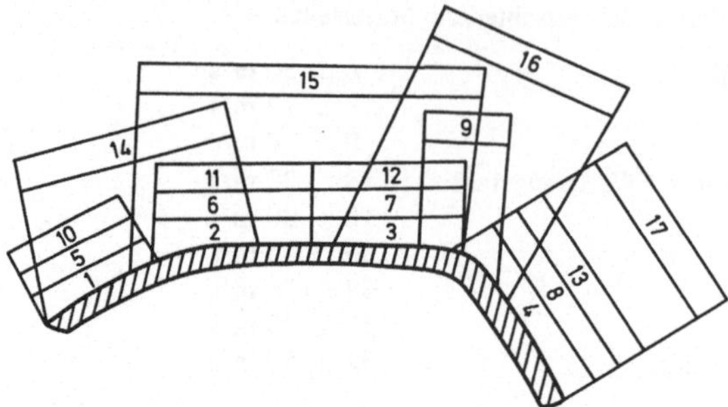

Bild I.10. Schleifstationen für automatisches Schleifen bis zur Oberflächenrauhigkeit von etwa 7 μm.
Schleifstationen:

1 bis 4	Schleifband mit Korngröße 180
5 bis 9	Schleifband mit Korngröße 240 und Schleifhilfsmittel (Fett, Emulsion)
10 bis 13	Schleifscheibe mit Korngröße 280 und Schleifhilfsmittel
14 bis 17	Schleifscheibe mit Korngröße 360 und Schleifhilfsmittel

d) Schleif- und Polierhilfsmittel

Schleif- und Polierhilfsmittel in Form von Pasten unterschiedlicher Härte und als Emulsionen sind in großer Vielfalt auf dem Markt. Da die Pasten und Emulsionen im allgemeinen nicht patentiert werden, wird ihre Zusammensetzung von den Herstellern als Betriebsgeheimnis gewahrt.

Pasten werden von Hand oder selbstätig auf das Schleif- oder Polierwerkzeug aufgebracht. Für eine automatische Pastenzuführung existieren verschiedene Einrichtungen. Emulsionen werden mit Überdruck aufgespritzt. Je höher der Aufspritzdruck gewählt wird, desto geringer sind die Verluste beim tangentialen Abblasen durch rotierende Schleif- bzw. Polierwerkzeuge. Bei Verwendung von Emulsionen können mehrere Spritzgeräte aus einem Vorratsbehälter heraus gespeist werden. Ob Pasten oder Emulsionen günstiger sind, läßt sich nicht generell sagen.

Die Schleif- und Polierhilfsmittel sollen hinsichtlich der zu bearbeitenden Oberflächen chemisch indifferent sein, die Schleifstelle kühlen, indem sie die Wärmeabfuhr begünstigen, das Zusetzen des Schleifwerkzeugs möglichst verhindern, ferner Teilchengrößen unter 5 μm Größe binden oder kleinere Teilchen mindestens zu Größen über 5 μm agglomerieren. Staubteilchen unter 5 μm werden durch die Atmungsorgane nicht mehr zurückgehalten, sondern können in die Lunge gelangen. (Besonders schädlich ist hierbei Aluminiumstaub; er reagiert chemisch mit der Lungenbläschenflüssigkeit.)

Bei der Wahl eines Hilfsmittels sollte bereits in Betracht gezogen werden, wie leicht es sich nach der Bearbeitung wieder von der Oberfläche entfernen läßt. Dies muß in die Kostenüberlegung mit einbezogen werden.
Meistens sind die Wachse, Fette oder Öle, die als Schleif- bzw. Polierkornträger in Frage kommen, in Entfettungsmitteln löslich, verseifbar oder emulgierbar, sofern sie nicht infolge übermäßiger Bearbeitungstemperatur mit Kohlenstoff als Rückstand verbrannt wurden.

B. Mechanisches Polieren

1. Poliervorgang

Beim Polieren werden die noch vorhandenen Schleifriefen eingeebnet.
Der Vorgang kann vermutlich nicht mehr als Zerspannung angesehen werden. Metallteilchen werden zwar noch abgerieben und verschoben, Berge und Grate des Oberflächenmikrogebirges werden aber auch zum Schmelzen gebracht und füllen die Täler auf. Örtlich können Temperaturen von 500 °C bis 1 000 °C auftreten. Zusammen mit der Wirkung des Polierdruckes zeigt auch das härteste Metall plastisches Verhalten, wenn auch nur innerhalb der obersten Schicht von wenigen Hundertstel μm. Das ungestörte Grundgefüge ist erst wieder in etwa 1 μm Tiefe anzutreffen. Die oberste, nahezu amorphe [1]) Schicht wird nach einem Engländer vielfach „Beilby-Schicht" genannt; (zwecks Härteprüfungen des Grundgefüges muß diese Schicht erst weggeätzt werden).
Die beste Einebnung würde erreicht werden, wenn die in Richtung des vorhergehenden Schliffes verlaufenden Erhebungen derart in die Täler hineingedrückt werden, daß sie diese gerade auffüllen. Am Zustandekommen einer Hochglanzpolitur sind die Arbeitsgänge des Schleifens und Polierens in ihrem Zusammenwirken beteiligt. Die Güte eines Poliermittels ist nicht allein ausschlaggebend.

2. Poliermittel

a) Tripel

Die Bezeichnung stammt von "terra tripolitana" (Herkommen früher Nähe Tripolis). Es handelt sich um Diatomeenerde oder Kieselgur. Tripel wird vorwiegend zum Vorpolieren eingesetzt.

---

[1]) amorph = gestaltlos, hier nichtkristallin (Gläser z.B. sind amorph!).

b) Wienerkalk

Als Ausgangssubstanz dient Dolomit ($CaMg(CO_3)_2$), der durch Brennen in ein Calcium-Magnesiumoxidgemisch umgewandelt wird. Mit Wienerkalk wird vorwiegend Nickel und Aluminium poliert. Durch geeignetes Präparieren wird die Rückbildung der Oxide in Carbonate stark verlangsamt.

c) Kreide

Die zum Polieren verwendete Kreide stammt aus Neuburg an der Donau. Sie besteht vorwiegend aus Siliciumdioxid (SiO_2), verunreinigt mit Tonerde (Al_2O_3) und ist etwas gröber strukturiert als Wienerkalk.

d) Polierrot

Polierrot ist ein Eisenoxid (Fe_2O_3), das besonders zu Polierzwecken hergestellt wird. Es dient zum Polieren von Gläsern und Metallen, besonders von Edelmetallen.

e) Poliergrün

Als Poliergrün wird Chromoxid verwendet, das sich durch Härte und besonders hohe Feinkörnigkeit auszeichnet. Stahl und seine Legierungen, Chrom und sonstige harte Metalle werden damit poliert.

f) Tonerde

Dieses Poliermittel läßt sich universell anwenden. Es besteht hauptsächlich aus dem hexagonal kristallisierten Aluminiumoxid (Al_2O_3), in das die weichere kubisch kristalline Form bei etwa 1 100 °C übergeht.
Durch Einbau von Chrom in die Tonerde wird die Polierfähigkeit verbessert. Mit dieser *Diamantine* genannten Tonerde werden vorzugsweise Platin und Gold poliert.

g) Diamant

In seinen feinsten Körnungen kann Diamant ohne Bindemittel oder gebunden zum Polieren von Hartmetall, gehärtetem Stahl, sowie Glas, Stein, Kunststoff, Edelstein u. a. verwendet werden. Genormte Feinstkörnungen sind:
D 7 (5 ... 10 μm), D 3 (2 ... 5 μm), D 1 (1 ... 2 μm) und D 0,7 (0,5 ... 1 μm).

3. Polierscheiben und Polierbänder

Als Träger der Poliermittel dienen stets nachgiebige Scheiben bzw. Bänder. Vorwiegend werden Tuchscheiben benutzt. Bei verformten Werkstücken passen sie sich durch entsprechendes Ausweichen mehr oder weniger der zu bearbeitenden Oberfläche an. Mehrere Stoffarten werden zur Polierscheibenherstellung verarbeitet. Die eine Scheibe bildenden Stoffpakete unterscheiden sich außerdem durch die Stepp- und Legeart.

a) Tuchschwabbeln

Schwabbelscheiben bestehen aus losen, ganzen Einzelblättern zur Erzielung einer einwandfreien Politur und aus verschieden großen Einzelstoffstücken, die mehr oder weniger dicht gesteppt sind, wenn es nicht auf beste Politur ankommt. Solche Scheiben heißen Flatterscheiben.

b) Polierringe

Zur Herstellung von Polierringen wird das Tuch innen zusammengezogen und über einen Ring vernäht, so daß nach außen Falten entstehen. Die Faltung kann regelmäßig oder unregelmäßig ausgeführt sein. Als Vorteil bietet diese Legart bessere Kühlung und gleichmäßige Abnutzung, da die Gewebefäden alle unter dem gleichen Winkel nach außen stehen (z. B. 45°). Mehrere Polierringe können zu *Polierwalzen* zusammengefaßt werden.

c) Zungenringe

Werden zu schmalen Bündeln gefaltete Stoffe radial zusammengefaßt, so entstehen Zungenringe. Sie bestehen meistens aus mehreren Lagen. Die Einzelbündel sind außerdem noch schräg angeordnet. Hierdurch schmiegen sie sich gut an das Werkstück an.

d) Schleifmop

Eine Anordnung, bei der Schleifpapier- oder Tuchstreifen übereinandergelegt und an einem Ende zu einem Ring zusammengenommen werden, ergibt den Schleifmop. Er kann, mit Schleifpapier bestückt, zum Schleifen und, mit Tuch ausgerüstet, zum Polieren verwendet werden.

e) Polierfilz

Zum Schleifen lassen sich Filzsorten aus Ziegen-, Rinder-, Hasenhaaren und anderen härteren Haararten heranziehen. Für Polierzwecke eignen sich Filze aus Merinowolle. Sie lassen sich, der Werkstückform angepaßt, profilieren.

f) Polierband

Als Grundlage des Polierbandes dient Faser- oder Kunstfasergarn in Teppichknüpfart, in das Woll- oder Baumwollflor von etwa 20 mm Höhe eingewebt ist. Die Bänder lassen sich auf normalen Bandschleifmaschinen aufspannen.

4. Automatisches Polieren

Durch automatische oder halbautomatische Poliermaschinen werden im allgemeinen Polierkosten eingespart. Verglichen mit dem Schleifen erweist sich automatisches Polieren als wesentlich einfacher. Bei der Konstruktion der Werkstücke sollte auf die automatische Schleif- und Polierbearbeitung Rücksicht genommen werden, indem auf scharfe Kanten und Ecken verzichtet wird und alle Formteile, die aus der Mittelachse des Werkstückes herausragen, möglichst kurz gehalten werden, bzw. das Werkstück als Ganzes „kompakt" gebildet wird. Sobald seitliche Stutzen u. ä. um mehr als 20 mm herausragen, kann ein automatisches Polieren problematisch werden, da der Tuchscheibenverschleiß zu groß wird.

Automatische Poliereinrichtungen können als Polierstraßen aufgebaut oder wie bei Rundtisch-Automaten im Kreis angeordnet sein.
Längliche Werkstücke werden im allgemeinen auf Polierstraßen mittels Förderband an Polierwinden vorbeigeführt. Unter Polierwinden seien Scheiben verstanden, die beliebig im Raum geschwenkt werden können. Sie werden der Werkstücklänge entsprechend angeordnet. Jede Winde ist mit einer Schutzhaube, einer Absaugung und einer Vorrichtung zum kontinuierlichen Zuführen des Polierhilfsmittels versehen.
Kleinere Werkstücke wie Wasserhähne, Ventilhandräder, Türdrücker u. ä. werden im allgemeinen von rasch zu betätigenden Spannvorrichtungen gehalten, die ihrerseits auf Spindeln sitzen, die sich während der Polierbearbeitung drehen. Dabei stehen die Rotationsachse des Werkstücks und die Polierscheibenachse senkrecht zu einander. Die Drehrichtung kann umschaltbar sein. Während die Polierscheiben oder Polierwalzen räumlich fest angeordnet sind, wandern die Werkstücke im Taktverfahren oder kontinuierlich bewegt unter die Polierwerkzeuge. Beim Taktverfahren werden die jeweils freien Spanneinrichtungen von fertigpolierten Werkstücken befreit und mit unpolierter Ware neu bestückt.

Bei Ausrüstung mit Polierwalzen können die Werkstücke kontinuierlich gefördert werden. (Polierwalzen entstehen, indem man mehrere Polierringe zusammenfaßt, wobei zwischen jedem Ring ein Mindestabstand von 15 mm bestehen sollte. Jeder Ring kann dann für sich ausweichen und sich an das Werkstück anschmiegen; andernfalls wird der Tuchverschleiß sehr hoch.)
Die erforderliche Gesamtbreite b der Polierwalzen ergibt sich aus der Sollpolierzeit t, dem Abstand der Spannvorrichtungen a und der stündlichen Stückzahl z bei einer „Automatenstunde" von 50 min = 3000 s zu:

$$b = t \cdot a \cdot \frac{z}{3000}$$

Für die Transportgeschwindigkeit v gilt dann:

$$v = \frac{a \cdot z}{3000}$$

Zahlenbeispiel: t = 30 s; a = 342 mm; z = 500 Stück/h;

$$b = \frac{30 \cdot 342 \cdot 500}{3000} = 1710 \text{ mm}; \quad v = 57 \frac{\text{mm}}{\text{s}} = 3{,}42 \frac{\text{m}}{\text{min}}$$

Man wird also zweckmäßig drei Walzen von je 570 mm Breite einsetzen. Von Walze zu Walze kann sich die Drehrichtung des Werkstückes ändern.

Während beim Polieren von Hand Umfangsgeschwindigkeiten von etwa 40 m/s möglich sind, werden beim automatischen Walzenpolieren nur Umfangsgeschwindigkeiten von 20 ... 22 m/s, bei glatten, nahezu ebenen Teilen von 25 ... 28 m/s gewählt.
Teile wie z. B. Bügeleisenhauben u. ä. erfordern manchmal eine Kopiersteuerung für das Polieren, wobei das Werkstück durch entsprechende Führungskurven vorgeschriebene Drehbewegungen unter der Polierscheibe ausführt.

5. Polieren von Massengütern

Kleinteile, die in großen Stückzahlen gefertigt werden, lassen sich gemeinsam in Trommeln, Glocken oder Vibratoren entgraten, glätten und glanzpolieren. (Gleichzeitig wird die Oberfläche von Zunder, Walzhaut u. ä. befreit.)
Bild I.11 zeigt einige Trommel- und Glockenformen, Bild I.12 einen Vibrator.

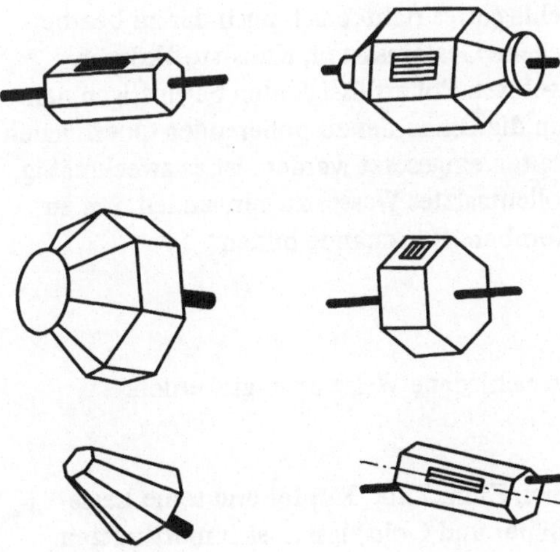

Bild I.11
Trommel- und Glockenformen für Schleifen und Polieren von Massengütern

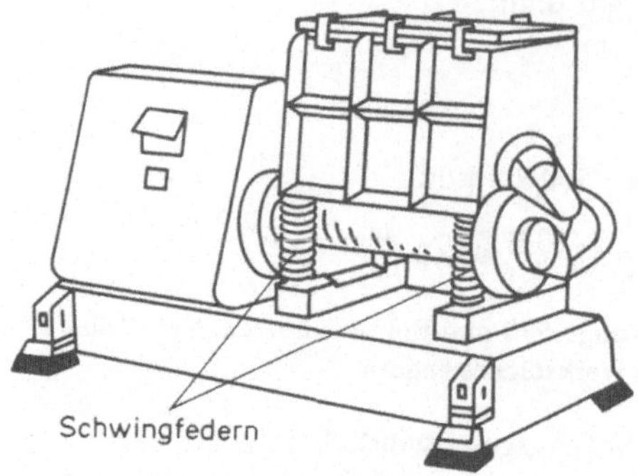

Bild I.12
Vibrator zum Entgraten, Schleifen oder Polieren von Massengütern

Folgende Faktoren beeinflussen die Bearbeitung:

Korngröße und Art des Zuschlaggutes, beim Naßverfahren Art und Konzentration des flüssigen Zuschlages, sowie die Lösungsmenge, ferner das Verhältnis von Warenmenge zur Menge des Zuschlaggutes, die Drehzahl der Trommel oder Glocke, sowie die Bearbeitungsdauer. Bei Vibratoren wirken als Einflußgrößen die Frequenz und Amplitude der Schwingung mit.

Das feste und flüssige Zuschlaggut bewirken den Materialabtrag und haben damit für die Polierleistung die größte Bedeutung. Das Gewichtsverhältnis von Zuschlaggut zu Ware kann wesentlich größer als „eins“ sein.

In Vibratoren erfolgt der Materialabtrag rascher als in Glocken oder Trommeln. Bei sonst gleichen Bedingungen wird nur etwa der dritte bis fünfte Teil der Zeit benötigt.

Die Korngröße und Art des Zuschlaggutes richtet sich nach der zu bearbeitenden Ware. Es werden verschiedene Gesteinsarten, Kunststoffkörper, Stahlkugeln oder -stifte u. ä. eingesetzt. Polierflüssigkeiten begünstigen den Gleitvorgang und tragen vor allem die Oxide der zu polierenden Oberflächen ab. Wenn seifenhaltige Polierflüssigkeiten eingesetzt werden, ist es zweckmäßig, abgekochtes, destilliertes oder vollentsalztes Wasser zu verwenden, um zu verhindern, daß sich schwer entfernbare Rückstände bilden.

6. Mattieren und Kratzen

Mattierungseffekte können auf verschiedene Weise erzeugt werden.

a) Kratzen

Weiche Metalloberflächen (wie Blei, Zinn, Zink, Kupfer und seine Legierungen, Cadmium, Aluminium, Silber und Gold) lassen sich mattkratzen.

Die völlig fett- und fleckenfreien Oberflächen werden mit umlaufenden Bürsten mit dünnen, gewellten Drahtborsten (Stärke der Borsten 0,06 . . . 0,08 mm) aus Messing oder Neusilber gekratzt. Häufig wird naß gearbeitet. Als „Kratzwasser“ dienen Lösungen von Poliersalzen, Seifenwurzel oder z. B. Panamaspänen u. ä. (Konzentrationen: etwa 20 g Substanz auf 1 *l* Lösung.)

b) Mattieren

Bei mattierten Oberflächen unterscheidet man verschiedene Mattierungseffekte wie Mattkorn, Mattglanz und Mattstrich.

Mattkorn wird durch Strahlen mit Glasstaub, Schmirgelpulver, feinem Sand u. ä. erzielt oder durch *Mattschlagen* mit Hilfe einer rotierenden Bürste, deren Stahldrahtborsten in beweglichen Ringen gehalten werden, so daß jede Borstenspitze eine kleine Vertiefung schlägt. Feines Mattkorn kann chemisch durch Beizen oder Brennen erzeugt werden. *Mattglanz* entsteht nach leichtem Überkratzen einer mattgekörnten Oberfläche.

Mattstrich (Strichmatt) erreicht man, wenn die Oberfläche mit Hilfe eines Scheuermittels (z. B. wäßriger Bimssteinpulverbrei) mit einer Stahldraht- oder Fiberbürste bearbeitet wird.

C. Elektrolytisches Polieren [1)]

1. Mechanismus des elektrolytischen Polierens

Während mechanisch eine weitgehend ebene Fläche durch Schleifen und Polieren erzielt werden kann, bleibt nach dem chemischen oder elektrolytischen Polieren eine großzügige Welligkeit des Mikrogebirges erhalten, wie es Bild I.13 zeigt. Wenn es nicht auf eine absolute Ebenheit ankommt, stört diese Welligkeit nicht. Charakteistisch für den Poliereffekt ist ein Einebnungseffekt, ohne daß Korrosion auftritt. Das Ausbleiben der Korrosion kann damit erklärt werden, daß an der Metalloberfläche eine Anionenschicht adsorbiert wird, die den Angriff des Elektrolyten ausreichend reduziert. Die Einebnung läßt sich durch Diffusionsvorgänge in der äußersten Metallschicht erklären. Die passivierende, adsorbierte Schicht ist in den Tälern dicker. Die reagierenden Ionen des Elektrolyten gelangen beim Durchqueren daher leichter zu den „Bergspitzen“ des Mikrogebirges und tragen diese ab. Abtragungsgeschwindigkeit und Einebnungseffekt müssen aufeinander abgestimmt sein, was offenbar innerhalb eines bestimmten Spannungsbereiches der Fall ist.

---

1) Es empfiehlt sich das Kapitel I des Bandes „Galvanische Schichten und ihre Prüfung“ zu lesen.

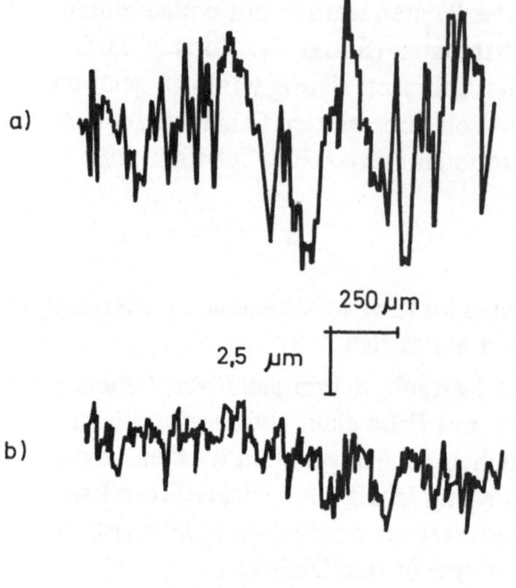

Bild I.13
Mit einem Profiltastgerät aufgenommene Profile von Messing
a) geschliffen mit Korn Nr. 80
b) geschliffen mit Korn Nr. 120
c) elektrolytisch poliert

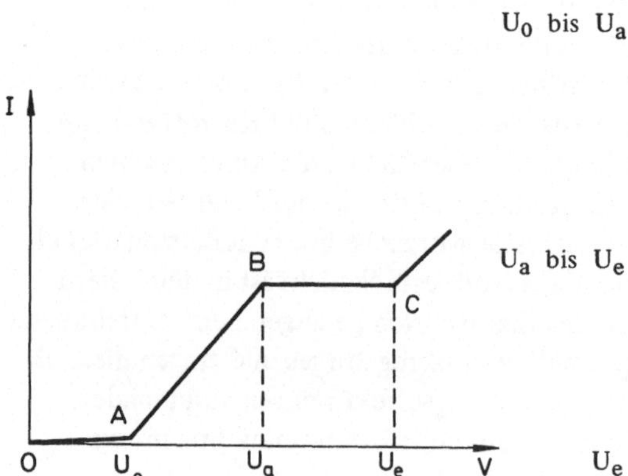

0 bis U_0	Bereich der Anodenpolarisation
U_0	Beginn der Elektrolyse
U_0 bis U_a	Kein Poliereffekt! Die elektrische Feldstärke in der Anionenschicht ist noch zu gering, um eine ausreichend große Wanderungsgeschwindigkeit der reagierenden Teilchen zu bewirken.
U_a bis U_e	Polierbereich. Die Wanderungsgeschwindigkeit der reagierenden Teilchen ist größer als die Teilchendiffusion in der Anionenschicht in Richtung Metalloberfläche.
U_e	Beginn des Ätzbereichs

Bild I.14. Strom-Spannungsverlauf für einen Glänzelektrolyten

Bild I.14 gibt den Strom-Spannungsverlauf wieder, der für Glänzelektrolyte charakteristisch ist. Von einer Mindestspannung U_0 ab setzt die Elektrolyse ein, innerhalb des Spannungsbereichs U_a und U_e bleibt die Stromstärke nahezu konstant, um erst mit weiterem Spannungsanstieg wieder anzuwachsen. Zwischen U_a und U_e liegt der Bereich der Polierwirkung; unterhalb und oberhalb dieses Spannungsintervalls korrodiert die Oberfläche.

2. Anwendung des elektrolytischen Polierens

Das elektrolytische Polieren dient der dekorativen Glanzerzeugung, der Verbesserung der technischen Eigenschaften durch Vermindern der Rauhtiefe, zum Entgraten und zum Aufdecken von Fehlstellen an der Oberfläche. Der Reibungswert wird mit Vermindern der Rauhigkeit herabgesetzt. Hierbei ist allerdings nicht die Rauhtiefe allein entscheident sondern auch die Art und Form der Rauhigkeiten, so daß selbst bei Rauhtiefenunterschieden um den Faktor 10 u. U. fast gleiche Reibungswerte erhalten werden können.

Der Verschleiß nimmt mit zunehmender Glättung ebenfalls ab. Elektrolytisch polierte Lagerflächen machen ein „Einfahren“ gewöhnlich überflüssig. Sich drehende Teile einer Maschine wie Zahnräder usw. laufen leiser, wenn die beanspruchten Flächen elektrolytisch poliert wurden.

Polierte Schneidwerkzeuge zeigen erhöhte Haltbarkeit. Durch Polieren der Drallnut von Bohrern, die zur Aufnahme der Späne dient, kann die Haltbarkeit verdoppelt bis verdreifacht werden, vor allem wenn tiefe Löcher gebohrt werden müssen.

Die Eigenschaften magnetischer Werkstoffe werden durch elektrolytisches Polieren verbessert[1]). Das elektrolytische Entgraten schont die Werkstücke, die beim mechanischen Entgraten beschädigt werden können. Das Verfahren hat sich bewährt bei Teilen die für Rechen-, Schreib- und Buchungsmaschinen verwendet werden.

Das elektrolytische Polieren wird nicht durch die Härte des Metalls beeinflußt und empfiehlt sich daher besonders für Metalle, die sehr hart oder weich sind.

3. Polierelektrolyte

Man kann im wesentlichen zwei Gruppen von Polierelektrolyten unterscheiden:

1. Gruppe der Perchlorsäure-Essigsäureanhydrid-Polierbäder,
2. Gruppe der Phosphorsäure-Schwefelsäure-Polierbäder.

---

[1]) Die Permeabilität nimmt um 10 ... 15 % zu, die Hystereseverluste nehmen um 10 ... 12 % ab.

Die zweite Gruppe wird vielseitiger angewandt, während sich die erste Gruppe auf Stähle und Sonderstähle beschränkt.

a) Perchlorsäure-Essigsäureanhydrid-Elektrolyt

Umgang mit dem Elektrolyten und seine Anwendung. Dieses Gemisch enthält mit der Überchlorsäure einen Bestandteil, der explodieren kann. Es muß daher auf folgendes geachtet werden:

1. Die beim Mischen der Überchlorsäure mit Essigsäureanhydrid entstehende Wärme muß abgeführt werden; d. h. es muß so langsam gemischt werden, daß die Temperatur nicht über 35 °C ansteigt. Ein temperaturabhängiges Relais muß den Zulauf an Überchlorsäure unterbinden, wenn die Temperatur den zulässigen Wert übersteigt.
2. Überschreitet die Raumtemperatur 70 °C, so muß der Elektrolyt mit Wasser durchmischt und gleichzeitig abgelassen werden.
3. Poröse Stoffe wie Holz, Tonrohre, Kohleanoden usw. dürfen den Elektrolyten nicht aufsaugen. Nach Verdunsten der Essigsäure könnte mit Überchlorsäure getränktes Material zurückbleiben, das leicht entzündlich verpuffen könnte.
   Der Fußboden im Bereich eines Polierbades soll zweckmäßig aus keramischen Platten bestehen.
4. Die Konzentration der Überchlorsäure im Elektrolyten darf 230 g/l $HClO_4$ nicht überschreiten.

Im Überchlorsäure-Essigsäureanhydrid-Polierbad werden vorwiegend Stähle und Sonderstähle wie Chrom-Nickel-Stahl poliert. Die Ware wird als Anode geschaltet. Die Polierqualität hängt ab:

1. Von der Homogenität, Reinheit und Korngröße des Werkstoffs. Die Seigerung [1]) soll möglichst wenig in Erscheinung treten, unerwünschte Beimengungen wie Phosphide, Sulfide, Fremdmetalloxide oder -nitride sollen möglichst gering gehalten werden, feinkörniges Gefüge wird bevorzugt.
   Durch geeignete Wahl der Stromdichte kann man bis zu einem gewissen Grade vermeiden, daß das Material unterschiedlich abgetragen wird.
   Für Stahlsorten mit größerer Konzentration der Inhomogenitäten eignet sich ein Polierbad auf der Basis Phosphorsäure-Schwefelsäure unter Umständen besser.
2. Von der Vorbehandlung der Oberfläche.
   Je feiner der mechanische Vorschliff erfolgt, desto glatter fällt auch die Politur aus. Dies ist besonders zu beachten, wenn Hochglanz entweder direkt durch das elektrolytische Polieren oder kurzzeitiges Nachbehandeln durch Schwabbeln erzielt werden soll. Wenn beim Kaltwalzen oder -ziehen auf eine entsprechend gute Oberflächenbeschaffenheit der Werkzeuge geachtet wird, kann ohne weitere mechanische Vorbehandlung elektrolytisch mit gutem Erfolg poliert werden.

---

1) Seigerung nennt man die teilweise Trennung der erwünschten und unerwünschten Beimengungen des Stahls.

3. Vom Elektrolyten.
   Der Wassergehalt des Elektrolyten muß dem Werkstoff angepaßt sein. Zum Polieren gewöhnlicher Kohlenstoffstähle wird der Wassergehalt gering gehalten, bei Chromnickelstählen (18 % Chrom, 8 % Nickel) erwies sich ein Wassergehalt von 10 % als notwendig.
   Da das Essigsäureanhydrid hygroskopisch (wasseranziehend) ist, nimmt das Polierbad laufend Wasser aus der Luft auf. (Im Januar wurde eine Wasseraufnahme von 3,05 g/dm^2, im Juli von 9,1 g/dm^2 je Tag beobachtet; die Flächenangabe bezieht sich auf die Badoberfläche.)
   Zur Verhinderung der Wasseraufnahme kann das Bad mit einer dünnen Ölschicht bedeckt werden. Das Öl darf in Essigsäure nicht gelöst werden und darf die Wannenauskleidung (z. B. Hartgummi) nicht angreifen.
   Die Ölmenge wird so gewählt, daß die Oberfläche mit einer dünnen Schicht bedeckt wird. Beim Einblasen von Luft wird die Ölschicht nach den Seiten abgedrängt, so daß die Gestelle eingehängt und herausgenommen werden können, ohne einen Ölfilm mitzunehmen.
   Bei größeren Bädern kann man aus einem Vorratsgefäß Elektrolyt zufließen lassen; dabei hebt sich der Flüssigkeitsspiegel und das Öl fließt ab. Zur Bedeckung wird ein Teil des Elektrolyten wieder herausgepumpt und das Öl zurückgepumpt.

4. Von der Nachbehandlung.
   Nach dem Polieren und Spülen werden die Teile in alkalischer Lösung neutralisiert und gut gespült. Der Bildung von Eisenhydroxid in der Lösung wirken Komplexbildner entgegen, die dem Neutralisationsbad zugesetzt werden. Wenn diese Zusätze fehlen, empfiehlt es sich, die Werkstücke anschließend in verdünnte Säurelösung zu tauchen; diese entfernt Eisenhydroxide, die sich an der Oberfläche festgesetzt haben und eine leichte Verfärbung hervorrufen könnten. Die Säurelösung wird wieder abgespült.

Anlage: Stahlblechwanne mit Auskleidung (z. B. Hartgummi); Absaugvorrichtung, auch für den Neutralisierbadbehälter, Temperaturfühler;

Kühlschlangen aus rostfreiem Stahl (durch eingebrannten Kunstharzlack elektrisch isoliert), die so dimensioniert sind, daß die Temperatur im Polierbad unter 25 °C gehalten wird. Bei größeren Anlagen ist eine Kältemaschine wirtschaftlich.

Druckluftrührung. Die Druckluft wird durch ein mit entsprechenden Löchern versehenes Rohr zugeführt, das etwas über dem Boden des Gefäßes so angebracht wird, daß eine gleichmäßige Durchwirbelung im Bereich der Werkstücke gewährleistet wird. Die Durchwirbelung muß so eingestellt werden, daß die für den Poliermechanismus erforderliche Anodenschicht nicht abgerissen wird und andererseits keine Überhitzung der Oberfläche eintritt; diese würde zum Anätzen Anlaß geben.

Kosten für Energie und Chemikalien

Stromkosten:

Es bedeuten: S = Stromdichte in A/dm^2; A = Gesamtwarenoberfläche in einer Badfüllung in dm^2; U = Spannung in V; t = Zeit in Stunden (h); η = Wirkungsgrad der Stromquelle; P = Leistung der Absaugeinrichtung in kW/m^2 Badoberfläche, k = Kosten je Kilowattstunde in DM/kWh; K = Stromkosten je Quadratmeter Werkstückoberfläche; A_B = Oberfläche des Polierbades in m^2.

Damit ist:

$$K = \frac{S \cdot U \cdot t \cdot 100 \cdot k}{1\,000 \cdot \eta} + \frac{P \cdot t \cdot A_B \cdot 100 \cdot k}{A}$$

Zahlenbeispiel: $S = 5\ A/dm^2$; $U = 40\ V$; $t = 10\ min = 0{,}166\ h$
$P = 4\ kW/m^2$ (Polierbadoberfläche); $\eta = 75\ \%$

$$K = 4{,}44 \cdot k + 0{,}67 \cdot \frac{A_B}{A} \cdot k\ \ DM/m^2\ \text{(Werkstückoberfläche)}$$

Chemikalienkosten: Wenn ein Grammatom Eisen in Lösung gehen soll, werden $2 \cdot 26{,}8 = 53{,}6$ Amperestunden benötigt; eine Amperestunde bringt also 1,04 g Eisen in Lösung. Bei einer Stromdichte von 5 A/dm^2 und einer Polierzeit von 0,166 h beträgt die Eisenmenge m, die in Lösung geht:

$$m = 100 \cdot S \cdot t \cdot 1{,}04\ g = 100 \cdot 5 \cdot 0{,}166 \cdot 1{,}04\ g/m^2 = 86{,}7\ g/m^2.$$

Neben Eisenchlorat bildet sich vorwiegend Eisencitrat der Form $Fe(CH_3COO)_2$ Mit dem Molekulargewicht 60 g/mol für Essigsäure, ergibt sich zur Bindung von 86,7 g/m^2 Eisen ein Bedarf an Essigsäure von $\frac{86{,}7}{55{,}8} \cdot 120 g/m^2 = 186{,}5 g/m^2$ (polierter Oberfläche). Beträgt der Preis für Essigsäure e DM/kg, so ergeben sich die Kosten C zu:

$$C = \frac{100 \cdot S \cdot t \cdot 1{,}04 \cdot 120}{M_{Fe} \cdot 1000} \cdot e = 186{,}5 \cdot e \cdot 10^{-3}\ DM/m^2$$

Zum Chemikalienverbrauch durch die Eisensalzbildung sind die Verluste, die ausgeschleppt werden, hinzuzufügen. Die Ausschleppverluste hängen von der Formgebung der Werkstücke und der Abtropfzeit ab. Zur Kalkulation kann man annehmen, daß etwa 1 g Elektrolyt je dm^2 hängenbleibt; je Quadratmeter also 0,1 kg. Die Kosten C' betragen (als Essigsäure gerechnet):

$$C' = 0{,}1 \cdot e\ DM/m^2.$$

Kühlkosten: Die Stromwärme und die Reaktionswärme müssen abgeführt werden, damit die Raumtemperatur des Polierbades nicht überschritten wird. Mit Q als Wärme, die bei der Bildung von einem Mol Eisencitrat frei wird, dem elektrischen Wärmeäquvalent 860 kcal/kWh, der Dichte und der spezifischen Wärme des Kühlwassers von $\rho = 1\ kg/dm^3 = 1000\ kg/m^3$ und $c = 1\ kcal/kg \cdot {}^\circ C$, der Temperaturdifferenz zwischen einlaufendem und auslaufendem Kühlwasser $\Delta\tau$, sowie dem *Kühlwasserbedarf V* in m^3 je m^2 polierter Oberfläche ergibt sich die kalorimetrische Gleichung:

$$\rho \cdot V \cdot c \cdot \Delta\tau = \frac{S \cdot U \cdot t \cdot 860 \cdot 100}{1000} + \frac{186{,}5}{M_{Fe\text{-}citrat}} \cdot Q$$

Daraus:

$$V = \frac{S \cdot U \cdot t \cdot 860 \cdot 100}{1000 \cdot \rho \cdot c \cdot \Delta\tau} + \frac{186{,}5 \cdot Q}{M_{Fe\text{-}citrat} \cdot \rho \cdot c \cdot \Delta\tau}\ .$$

Zahlenbeispiel: S, U, t, ρ, c, wie oben; $\Delta\tau = 2\ {}^\circ C$; $M_{Fe\text{-}citrat} = 173{,}8$ g/mol
$Q \approx 120$ kcal/mol (abgeschätzt)
$V = 1{,}43 + 0{,}06\ m^3/m^2$ (polierter Oberfläche)
$V = 1{,}49 \approx 1{,}5\ \frac{m^3}{m^2}$ = Kühlwasserbedarf in m^3 je m^2 polierter Oberfläche.

b) Phosphorsäure-Schwefelsäure-Elektrolyt

Phosphorsäure im Gemisch mit Glycerin, Glykol oder Äthylalkohol oder Phosphorsäure, gesättigt mit Chromsäure eignet sich zum elektrolytischen Polieren von Kupfer und seinen Legierungen. (Temperatur 20 °C; Stromdichte 10 ... 30 A/dm^2.)
Phosphorsäure im Gemisch mit Schwefelsäure und Glycerin ergibt ein Polierbad, das anodisch Aluminium glänzt.

Beispiel einer Badzusammensetzung:

Phosphorsäure	(H_3PO_4)	600 ml/l
Schwefelsäure	(H_2SO_4)	400 ml/l
Glycerin		1 ml/l

60 °C; 15 A/dm^2; 5 ... 15 V; 15 Minuten

Eisen und Stahl lassen sich in Mischungen anodisch polieren wie beispielsweise:

	1	2	3	4
Phosphorsäure	67 %	80 %	80 %	37 %
Schwefelsäure	20 %	–	–	–
Chromsäure	4 %	gesättigt	ges.	–
kolloidale Kieselsäure	–	–	10 %	–
Glycerin	–	–	–	56 %
Temperatur	50 °C	20 °C	20 °C	100 … 120 °C
Stromdichte	10 A/dm²	20 … 30 A/dm²		75 A/dm²
Zeit	3 … 10 min			5 min

Das Polierbad 3 wird nach Zugabe der Kieselsäure auf das vorherige Volumen eingedampft. Bad 4 eignet sich zum anodischen Polieren rostfreier Stähle.

Viele Polierelektrolyte sind patentrechtlich geschützt. Sie können im Fachhandel bezogen werden, der auch die Betriebsvorschriften gibt.

II. Oberflächenreinigung

A. Grobreinigung

Die Verfahren zur Grobreinigung metallischer Oberflächen lassen sich in mechanische, thermische und chemische Reinigungsverfahren einteilen. Eine Walzhaut läßt sich auch abwittern.

Oberflächenreinheit kann drei Reinigungs- bzw. Entrostungsgraden gemäß erzielt werden:

Reinigungsgrad 1
(Entrostungsgrad 1) verlangt eine Reinigung und Entrostung, bei der die vorhandenen Poren noch schwarz erscheinen und festhaftende Inseln z. B. alten Anstrichs bestehen bleiben dürfen. (Er ist z. B. ausreichend für Öl-, Bitumen- und Teeranstriche und bedingt ausreichend für Alkydharz-, Kautschuk- und Polyvinylharzanstriche.)

Reinigungsgrad 2
(Entrostungsgrad 2) bedeutet metallisch reine Oberfläche, wobei die Poren wie oben noch schwarz aussehen dürfen. (Er wird im allgemeinen verlangt für die meisten Harz-, Kunstharz- und Kautschukanstrichmittel.)

Reinigungsgrad 3
(Entrostungsgrad 3) erzielt eine metallisch blanke Oberfläche. Verunreinigungen, Oxide u. ä. werden vollständig entfernt. (Einige spezielle Anstrichmittel und z. B. alle galvanischen Metallabscheidungsverfahren setzen Grad 3 voraus.)

1. Mechanische Grobreinigung

Die mechanische Grobreinigung kann von Hand, mittels maschinell angetriebener Geräte und durch Strahlbearbeitung erfolgen.

a) Grobreinigung mittels mechanischer Reinigungsgeräte

Von Hand kann durch Abschaben, Abbürsten, Abmeißeln, Abschleifen mit Schleifpapier oder sonstigen Schleifmitteln und ähnlichen Bearbeitungen entrostet werden. Bild II.1 zeigt einen handlichen Rostschaber. Von Hand läßt sich nur Reinigungsgrad 1 erreichen.

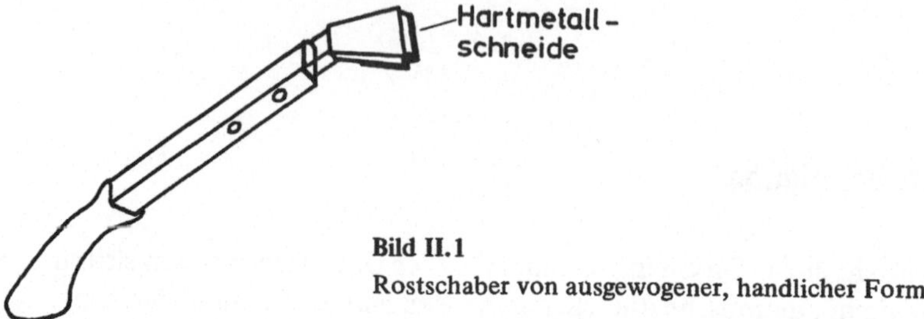

Bild II.1
Rostschaber von ausgewogener, handlicher Form

Rationeller arbeitet man mit maschinell angetriebenen Reinigungs- bzw. Entrostungswerkzeugen.

Umlaufende Bürsten werden mittels Elektromotor direkt oder über eine biegsame Welle oder durch Druckluft angetrieben. Bei größerem Durchmesser sind die Bürsten als Topfbürsten ausgebildet, d.h. nur der Randbereich ist mit Borsten besetzt. Für spezielle Arbeiten wie z.B. Nietkopfentrostung kann die Größe der Bürste der zu bearbeitenden Fläche genau angepaßt sein.

Die Borsten sind im allgemeinen aus Stahldraht; bei Borsten aus Messing oder einer anderen Kupferlegierung wird Funkenbildung vermieden. Sie lassen sich – allerdings mit geringerem Wirkungsgrad – dann einsetzen, wenn Explosionsgefahr vorliegt, und daher keine Funken auftreten dürfen. Festhaftende Rostnester oder Walzhaut werden durch Bürstenbearbeitung nicht entfernt.

Reinigung und Entrostung kann auch durch Schleifen erreicht werden; dies sei der Vollständigkeit halber hier erwähnt.

Mit Klopf- und Schlagaggregaten lassen sich vor allem bei räumlich verformten Werkstücken alle Oberflächenbereiche bearbeiten. Dies ist mit Bürsten nicht immer möglich.

Bild II.2 zeigt ein Scheibenschlagaggregat, das aus gehärteten, gezinkten Scheibenpaketen besteht. Durch Rotation werden die Scheiben nach außen bewegt. Bei Bestückung mit gerillten Stahlrohren erhält man Rostfräser (Bild II.3). Mit beiden Aggregaten lassen sich sehr hohe Schlagzahlen erzielen.

Bild II.4 stellt eine Druckluftentrostungspistole dar, die im Kopf Pakete von Meißeln trägt, die mittels Druckluft rasch hin und her bewegt werden können. Je nach der zu bearbeitenden Stelle können die Größen der Meißel variieren von etwa Bleistiftstärke bis Stopfnadelgröße. Die hochverschleißfesten Meißel sind stumpf oder scharf geschliffen. Die Spitzen können mehrfach nachgeschliffen werden, so daß für gewöhnliche Entrostung 800 ... 1 000 Betriebs-

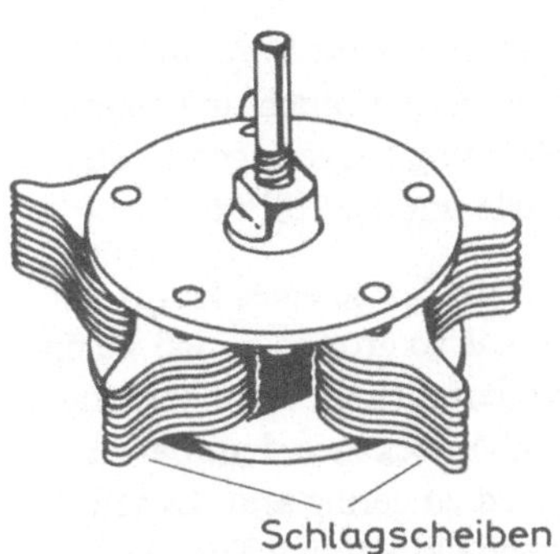

Bild II.2. Scheibenschlagaggregat

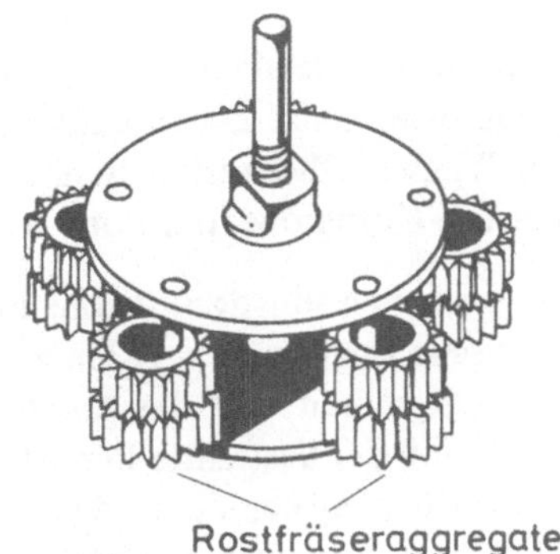

Bild II.3. Rostfräser

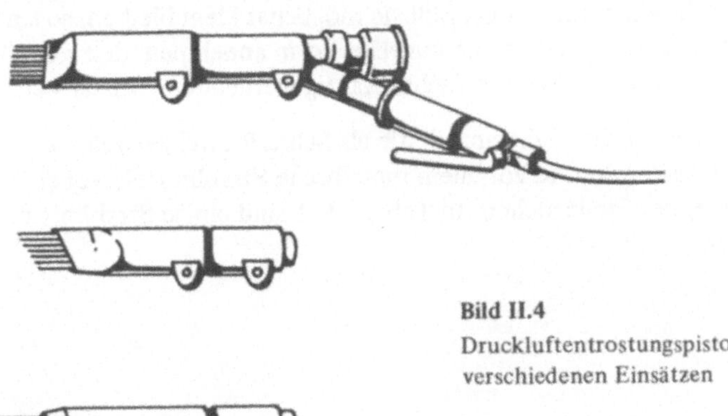

Bild II.4
Druckluftentrostungspistole mit verschiedenen Einsätzen

stunden als Lebensdauer angesetzt werden können. Je Stunde lassen sich 2 ... 4 m^2 mittlerer Rostschicht entfernen. Bei einem Betriebsdruck von 6 ... 8 atü liegt der Luftverbrauch je nach Pistolengröße zwischen 80 und 650 l/min. Um Augenverletzungen zu verhindern, sollen Schutzbrillen getragen werden.

b) Strahlverfahren

Strahlverfahren werden als mechanische Entzunderungs- und Reinigungsverfahren vorwiegend in der industriellen Fertigung angewandt. Sie treten in steigendem Maße an die Stelle von chemischen Verfahren, da sie keine Abwasserreinigung oder Schlammablagerungsstätten verlangen. Die Strahlmittel werden mittels Schleuderrad oder Druckluft und Düse auf die Werkstückoberfläche gestrahlt.

Strahlmittel-Übersicht. An ein Strahlmittel werden gewisse Forderungen gestellt wie: lange Lebensdauer, d. h. Widerstand gegen Bruch und Verschleiß, gute Wirtschaftlichkeit, d. h. hohe Reinigungsleistung bei geringen Kosten. Günstige Korngröße und Form bei richtiger Härte und Duktilität.

Bei gegebenen sonstigen Bedingungen bestimmt die Masse eines Korns seine kinetische Energie ($W = 1/2\ m\ v^2$). Sie muß gerade so groß sein, daß sie die Reinigungsarbeit, z. B. das Abschlagen von Zunderteilchen, verrichten kann. Dabei muß der bestrahlte Bereich ausreichend überdeckt werden. Bei zu großer Körnung kann u. U. der Überdeckungsgrad zu gering sein. Es soll sich daher ein Betriebsgemisch bilden, das ausreichende kinetische Energie der Körner mit guter Überdeckung der bestrahlten Fläche gewährleistet.

Für die Weiterverarbeitung spielt die Aufrauhung der Oberfläche, die beim Strahlen verursacht wird, eine Rolle. Soll sie möglichst klein bleiben, so sind kugelige Strahlmittel bzw. solche, die kugelige Form annehmen, den scharfkantigen oder den durch Zerspringen scharfkantig werdenden vorzuziehen.

Als Strahlmittel eignen sich Substanzen, die als Schleifmittel verwendet werden, ferner Glaskugeln und vor allem metallische Strahlmittel, wobei Eisenmetalle an erster Stelle stehen. In Tabelle II.1 sind einige Strahlmittel zusammengestellt.

Tabelle II.1: Strahlmitteleinteilung

<table>
<tr><th colspan="5">nichtmetallische Strahlmittel</th><th colspan="5">metallische Strahlmittel</th></tr>
<tr><td colspan="3">natürliche Strahlmittel</td><td>Aufbereitete Str.</td><td>künstliche Str.</td><td rowspan="2">Nichteisenmetalle</td><td colspan="4">Eisenmetalle</td></tr>
<tr><td colspan="2">Sand</td><td>Halbedelstein</td><td colspan="2">aus Schmelzmasse gewonnen</td><td colspan="3">Granulate</td><td>plastisch verformte Metalle</td></tr>
<tr><td rowspan="4">Quarzsand</td><td rowspan="4">Flußsand</td><td>Naturkorund</td><td>Quarzkorn</td><td>Siliciumcarbid</td><td rowspan="4">Kupfer und seine Legierungen</td><td colspan="2">Hartguß</td><td>Stahlguß</td><td rowspan="4">Stahldrahtkorn</td></tr>
<tr><td rowspan="3">Granat</td><td rowspan="3">Elektrokorund (Edelkorund)</td><td>Borcarbid</td><td rowspan="3">Hartgußschrot</td><td rowspan="3">Hartgußkies</td><td rowspan="3">Stahlgußschrot</td></tr>
<tr><td>Wolframcarbid</td></tr>
<tr><td>Glaskugeln</td></tr>
</table>

Sand (Quarzsand, Flußsand, selten Schlackensand) wird vorwiegend dann eingesetzt, wenn das Strahlmittel nur einmal verwendet wird. Gegenüber anderen Strahlmitteln hat Sand so viele Nachteile, daß er in stationären Anlagen praktisch kaum noch vorkommt.

Naturkorund und Granat kommen selten in Frage.

Quarz (Quarzkernkristallkörner) kristallisieren aus geschmolzenem, feldspathaltigem Urgestein unter Druck in gleichen Korngrößen als reines Siliciumdioxid aus und sind wesentlich bruchfester als z. B. Sandkörner. In doppelter Menge eingesetzt, erreicht man etwa dieselbe Strahlleistung wie mit Elektrokorund in Form des Edelkorunds.

Edelkorund wird verwendet, um hochwertige Stähle und um Metalle zu bearbeiten, die nicht mit Eisenstrahlmitteln beaufschlagt werden dürfen wie Aluminium und seine Legierungen (wegen Lochfraßgefahr!).

Siliciumcarbid (selten Bor- oder Wolframcarbid) stellt ein sehr hartes hochwertiges Strahlmittel dar, mit dem hochverschleißfeste Metalle bearbeitet werden können.

Kupfer (Messing, Bronze u.ä.) ist ein relativ duktiles Strahlmittel, mit dem ähnliche Metalle und Legierungen gestrahlt werden.

Glaskugeln werden beim Druckluftstrahlverfahren verwendet. Die Perlen sind in verschiedenen Fraktionen von unter 50 μm bis zur Siebfraktion 420. . .840 μm im Handel. Der Vorteil dieses Strahlmittels liegt in der Kugelgestalt seiner Körner, die keine großen Rauhtiefen verursachen. Luftdruck, Perlenfraktion, Auftreffwinkel und Bearbeitungsabstand lassen sich so variieren, daß auch empfindliche Werkstückoberflächen, entzundert und gereinigt, entgratet und verdichtet werden können. Auch Mattieren und Polieren kann erreicht werden.

Eisenstrahlmittel. In stationären Anlagen werden zur Oberflächenbearbeitung von Eisen und Stahl vorwiegend Eisenstrahlmittel eingesetzt, die als Hartgußkies, Hartgußschrot, Stahlgußschrot und Stahldrahtkorn zur Verfügung stehen. Daneben wird der amerikanische Steel-shot verwendet, der eine patentierte Zusammensetzung hat und lizenzpflichtig ist.

Als Maß für die Lebensdauer einer Kornart kann die Zunahme der Kornzahl in Prozent, bezogen auf die Ausgangskornzahl, als Funktion der Anzahl der Durchgänge genommen werden, wobei sich die Körner jeweils durch Zerplatzen vermehren. Nach Messungen von *Zieler* sind die Kurven in Bild II.5a und b zusammengestellt.

Hartgußkies zerplatzt nach einer geringen Zahl von Durchgängen bis zur Unbrauchbarkeit. Stahlgußschrot einschließlich Steel-shot, zeigt eine längere Lebensdauer, während Qualitätsstahldrahtkorn weit herausragt.

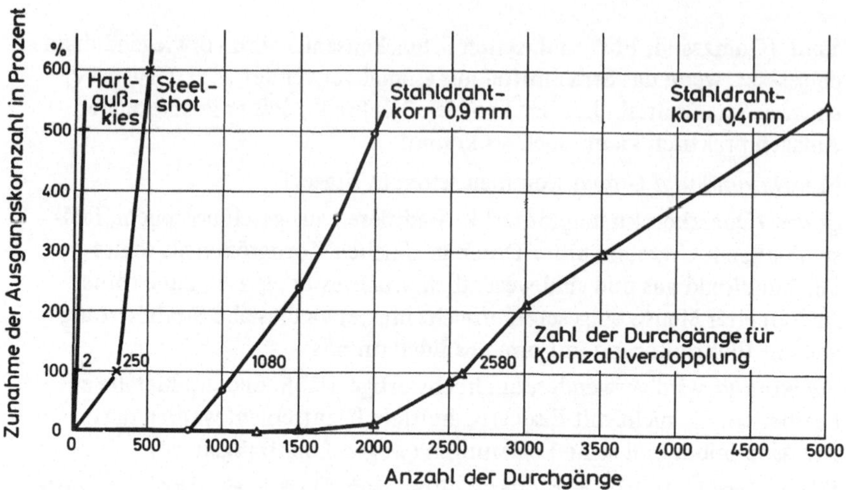

Bild II.5a. Prozentuale Kornzunahme als Funktion der Zahl der Durchgänge beim Strahlen mit verschiedenen Eisenstrahlmitteln (mit Angabe der Zahl der Durchgänge für Kornverdopplung) (nach *Schmithals* und *Zieler*)

Zum Vergleich mag auch die Zahl der Durchgänge dienen, nach der sich die Ausgangskornzahl durch Zerspringen der Körner gerade verdoppelt hat. Dies zeigt Tabelle II.2.

Tabelle II.2: Durchgangszahl für Kornverdopplung durch Zerplatzen

<table>
<tr><th>Kornart</th><th>Hartgußkies</th><th>Stahlschrot
1,2 mm ϕ</th><th>Steel-shot</th><th>Stahlschrot
0,8 ... 1,1 mm ϕ</th></tr>
<tr><td>Durchgangszahl
für Kornverdopplung</td><td>2</td><td>172</td><td>250</td><td>360</td></tr>
<tr><td>Durchgangszahl
für Kornverdopplung</td><td colspan="2">Stahldrahtkorn
0,8 mm Durchmesser</td><td colspan="2">Stahldrahtkorn
0,4 mm Durchmesser</td></tr>
<tr><td>Kornart</td><td colspan="2">1080</td><td colspan="2">2580</td></tr>
</table>

Entscheidend für die Wahl der Kornart sind die Kosten und der Zeitbedarf zur Reinigung von 1 Quadratmeter Oberfläche. Beim Vergleich zweier Kornarten sind neben den Preisen für das Strahlmittel Frachtkosten, Lagerhaltungskosten, Standzeit der Filteranlage, Ausschleppverluste durch die Ware und ein eventuell schlechter Filterwirkungsgrad zu beachten.

Tabelle II.3 enthält Angaben über zweckmäßige Korngrößen für Qualitätsstahldrahtkorn für verschiedene Bearbeitungen.

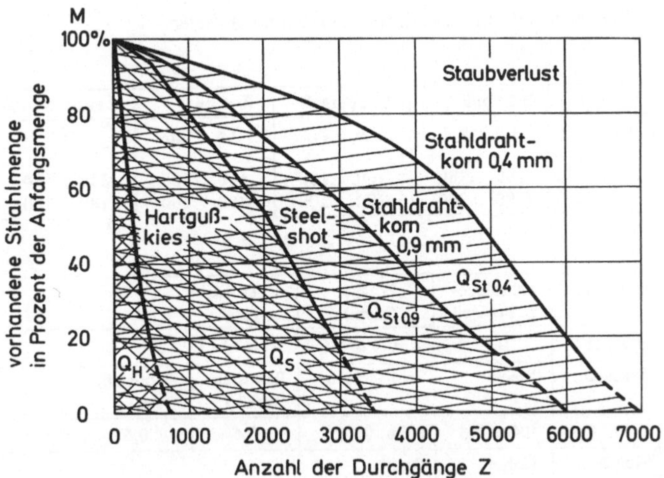

Bild II.5b. Verschleißmessungen durch Ermittlung der Abnahme der Ausgangskornmenge mit der Zahl der Durchgänge (nach *Schmithals* und *Zieler*)

Q Gesamtverschleißwert, z Anzahl der Durchgänge

Definition von Q: $Q = \int \frac{M\ (\text{in}\ \%)}{100}\, dz$ = Fläche unter der jeweiligen Kurve

Werte von Q:			
	Q (Hartgußkies)	Q_H	275
	Q (Steel-shot)	Q_S	1928
	Q (Stahldrahtkorn 0,9)	$Q_{St/0,9}$	3250
	Q (Stahldrahtkorn 0,4)	$Q_{St/0,4}$	4256

Mittelwert der Strahlmittelmenge:

Definiert man als Mittelwert der Strahlmittelmenge $\overline{M} = \frac{Q}{z_m}$ mit z_m als maximaler Durchgangszahl (bis M = 0), so stellt $\overline{M}$ die effektive Strahlmittelmenge für die mögliche Durchgangszahl z_m dar.

Es ergeben sich die Werte:

$\overline{M}_H = 38\ \%$; $\overline{M}_S = 56\ \%$; $\overline{M}_{St/0,9} = 54\ \%$; $\overline{M}_{St/0,4} = 60\ \%$.

Hierbei wurden aus dem Diagramm für z_m folgende Werte entnommen:

$z_{mH} = 723$; $z_{mS} = 3430$; $z_{mSt/0,9} = 6000$; $z_{mSt/0,4} = 7000$.

Für relative Vergleiche kann man die Q-Werte auch definieren: $Q = \overline{M} \cdot z_m$.

Spröde Strahlmittel werden für die in Tabelle II.3 angegebenen Werkstückbearbeitungen meistens in gröberen Körnungen eingesetzt als Stahldrahtkorn.

Bei Druckluftanlagen empfiehlt es sich, zu den angegebenen Korngrößen etwa halb so große Körnungen im Gewichtsverhältnis 1 : 1 zuzusetzen. Dadurch wird die Volumenkonzentration des Strahlmittels im Luftstrom in günstigen Grenzen gehalten und der Wirkungsgrad verbessert.

Tabelle II.3: Stahldrahtkorngrößen und Bearbeitungsarten nach *Zieler*

Gußputzen

Werkstück	Grauguß	Stahlguß	Temperguß	Rotguß	Leichtmetallguß
Korngröße in mm	0,9...1,2	1,2...1,3	0,4...0,9	0,4...0,6	0,4
Festigkeit in kp/mm²	160...180	160...180 (180...200)	160...180 (80...100)	160...180 (80...100)	160...180 (80...100)

Entrosten

Werkstück	Halbzeug	Schmiede- u. Preßteile	Profile (klein)	Profile (groß)	
Korngröße in mm	0,6...1,0	0,9	0,4 u. 0,6	0,9...1,2	
Werkstück	Stabstahl	Bleche	Schiffsbleche	Bandstahl (weich)	Bandstahl (hart)
Korngröße in mm	0,4...0,75	0,4 u. 0,6	0,6 u. 0,75	0,4	0,6
Werkstück	Rohre (klein)	Rohre (groß)	Draht		
Korngröße in mm	0,4 u. 0,6	0,75...0,9	0,4 u. 0,6		
Festigkeit in kp/mm²	Für alle Werkstücke im allgemeinen 160...180, für weiche Materialien 140...160				

Oberflächenaufrauhen als Haftgrund für

Lackierung	Plattierung (aus Cu, Ni, Ms)	Metallspritzen	Emaillieren	Entemaillieren	Gummieren Kunststoffüberzug
0,4...0,9	0,9...1,5	0,6	0,9...1,5	0,4...0,9	0,4...1,5

Festigkeit in kp/mm² in allen Fällen
160...180

Oberflächenverfestigung

Werkstück	Blattfedern	Spiralfedern	allgemein
Korngröße in mm	0,4 u. 0,6	0,6...0,9	0,4...1,2
Festigkeit in kp/mm	200... 220	200...220	180...240

Strahlverfahren. Der Entwurf der DIN 8200 unterscheidet folgende Strahlverfahren:

Druckstrahlen: Das Strahlmittel wird durch gasförmige oder flüssige Trägermittel gefördert und beschleunigt in Druckluft- oder Druckflüssigkeitsstrahlanlagen.

Schleuderstrahlen: Das Strahlmittel wird durch ein Schleuderrad beschleunigt und auf die zu bearbeitende Oberfläche gestrahlt.

Nach dem Verwendungszweck lassen sich die Strahlverfahren einteilen in:

Reinigungsstrahlen: wie Putz-, Entzunderungs- und Entrostungsstrahlen.
Oberflächenveredelungsstrahlen: wie Verfestigungs-, Rauh- und Glattstrahlen.

Prüfstrahlen zur Verschleißprüfung von Werkstoffen und Verformungsstrahlen ist ein Verfahren der spanlosen Formgebung.

Die Schleuderräder sind mit Wurfschaufeln bestückt, die nach einem gewissen Verschleiß durch Kavitation ausgewechselt werden. Die Bestrahlung erfolgt in geschlossenen Kabinen.

Bei Druckluftanlagen wird das Strahlmittel durch feststehende oder in einer beweglichen Handpistole eingebaute Düsen aufgestrahlt. Kleinere Werkstücke lassen sich in einer geschlossenen Kabine bestrahlen, wobei sich der Arbeiter außerhalb befindet. Falls erforderlich kann er die Pistole von außen bewegen, z. B. mit Hilfe von Lederhandschuhen, die an der Kabine angebracht sind. Massenteile können die Strahlkabine auf einem Transportband durchlaufen. Größere Werkstücke wie z. B. Schiffsmotorengehäuse werden in Kabinen bestrahlt, die den Arbeiter mit beherbergen, der Schutzanzug und Schutzbrille trägt.

Bleche werden in Durchlaufanlagen mittels Schleuderrad gestrahlt. Sie bewegen sich mit Geschwindigkeiten von 2 . . . 5 m/min [1]) in senkrechter oder waagerechter Lage am Strahlmittel vorbei. Hierbei können zu beiden Seiten des Bleches bzw. oberhalb und unterhalb Schleuderräder angebracht sein. Senkrechter Durchlauf bietet den Vorteil, daß Strahlgut und Staub weitgehend abfallen und leicht ein Oberflächenschutz durch Spritzen oder Sprühen aufgebracht werden kann. Der waagerechte Durchlauf ist günstig, wenn das Blech in Einzelstücke zerteilt werden soll.

Das Strahlmittel wird dem Schleuderrad oder der Druckluftpistole wieder zugeführt, nachdem der anfallende Staub und die zu klein gewordenen Strahlmittelteilchen herausgefiltert wurden.

Freistrahlen, mit der Möglichkeit das Strahlmittel mehrfach zu verwenden, gestattet das *Vacu-Blast-Verfahren.* Hierbei mündet die Strahldüse in eine Haube, die an der Oberfläche dicht aufsitzt und verhindert, daß das Strahlmittel wegfliegt (Bild II.6). Nach der Arbeitsleistung wird das Strahlmittel seitlich wieder abgesaugt und erneut zugeführt. Nachteilig ist der größere Zeitbedarf. Er ist vier- bis sechsmal größer als der des Freistrahlens mit Verlust des Strahlmittels.

---

[1]) Die größte mechanische Entzunderungsanlage schleudert mittels 16 Schleuderrädern 7250 kg Strahlmittel je Minute auf Bänder von 600 . . . 1100 mm Breite, die mit 76 m/min laufen.

Bild II.6. Vacu-Blast-Verfahren; Schnitt durch den Strahlkopf (nach *Munk* und *Schmitz)*

Walzzunderentfernung durch Strahlen. Für die Strahlentzunderung ist der Aufbau der zu entfernenden Zunderschicht von Bedeutung. Sie besteht vom Grundmetall her nach außen aus FeO (Wüstit), Fe_3O_4 (Magnetit) und Fe_2O_3 (Hämatit). Bild II.7 zeigt die Zusammensetzung des Zunders als Funktion der Temperatur. Zwischen 700 °C und 900 °C besteht der Zunder fast ganz aus FeO, oberhalb 900 °C beginnt sich Fe_2O_3 zu bilden, während der Mol-Anteil von FeO zugunsten von Fe_3O_4 abnimmt.

Am schwersten läßt sich das relativ duktile Wüstit durch Strahlen entfernen, während Magnetit und Hämatit leichter abgestrahlt werden können. Diese Oxide sind härter und erhalten während ihres Wachstums bereits mannigfaltige Risse infolge innerer Spannungen. Diese Rißbildung erleichtert das Abschlagen des Zunders. Die Zunderschichtdicke nimmt mit steigendem Anteil von Fe_3O_4 und Fe_2O_3 zu. Dickere Oxidschichten enthalten daher mehr Magnetit und Hämatit als dünnere.

(Für die chemische Entzunderung gilt dagegen: Wüstit läßt sich leichter abbeizen als Magnetit oder Hämatit.)

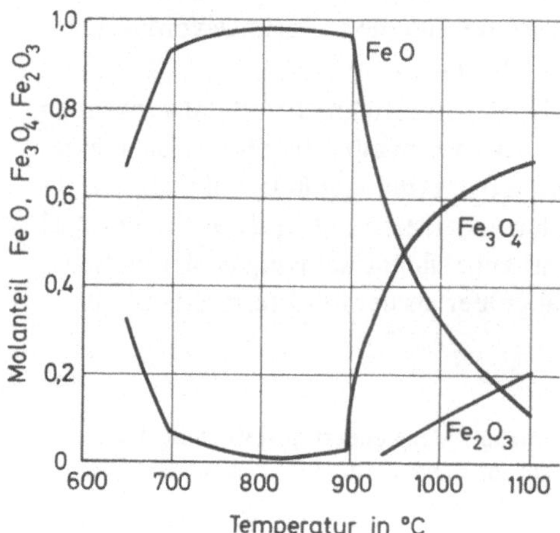

Bild II.7
Aufbau einer Zunderschicht als Funktion der Temperatur (nach *Benard* und *Coquelle*)

Strahldüsen für Druckluftanlagen. Der Verschleiß der Düsen hängt ab von der Reibungszahl des Strahlmittels an der Düseninnenwand, dem Wanddruck, der Geschwindigkeit und der Strahlmittelkonzentration in der Luft. Die Luft mit dem Strahlmittel wird der Düse durch ein konisches Eingangsstück zugeführt. Am Düsenende kann wieder ein konisches Ausgangsstück anschließen. Hierdurch wird die Wirbelbildung am Düsenausgang herabgesetzt.

Hartgußdüsen haben eine Standzeit von wenigen Stunden, Chromnickelstahldüsen halten etwa 100 und mehr Betriebsstunden aus, Düsen aus Wolfram-, Silicium- und Borcarbid sowie Stellit und Volomit u. ä. ertragen 1 000 und mehr Betriebsstunden, bevor sie unbrauchbar werden. Da verschleißfeste Düsen sehr teuer sind, wird nur das zylindrische Mittelstück als Düsenfutter aus diesen Werkstoffen eingesetzt. Die harten Düsenfutter sind sehr spröde und daher stoßempfindlich. Die Düsenquerschnitte sind vorzugsweise rund oder flach elliptisch.

Strahlmittelverbrauch, Luftbedarf, Kostenabschätzung. Der Strahlmittelverbrauch (Eisenstrahlmittel) beträgt 15 . . . 20 g/m^2 zu bestrahlender Oberfläche. Die Strahlleistung ist eine Funktion der je Zeiteinheit aufgestrahlten Menge des Strahlmittels, wobei vorausgesetzt wird, daß die kinetische Energie zur Zunderabsprengung ausreicht.
Die mit einem Kilogramm Strahlmittel zu entzundernde Oberfläche (in m^2) läßt sich berechnen. Beträgt die zur Entzunderung von 1 m^2 Fläche benötigte Strahlmittelmenge G kg/m^2, ist p der Prozentsatz der durch Ausschleppen und schlechten Filterwirkungsgrad bei jedem Durchsatz verloren gehenden Strahlmittelmenge und n die Anzahl der Durchsätze, die das Strahlmittel erlaubt, bis es unwirksam wird, so beträgt die Fläche, die mit 1 Kilogramm Strahlmittel entzundert werden kann:

$$A = \frac{100}{G \cdot p}\left[1 - \left(1 - \frac{p}{100}\right)^n\right] \quad (\text{in m}^2/\text{kg})$$

Zahlenbeispiel: G = 2,5 kg/m^2
p = 1,1
für n = 300 A = 36,36 · 0,9634 = 35,0 m^2
für n = 30 A = 36,36 · 0,2822 = 10,3 m^2

Die Kosten zur Entzunderung von 1 Quadratmeter Oberfläche ergeben sich mit K als Preis für 1 Kilogramm Strahlmittel zu:

$$M = \frac{K}{A} = \frac{G \cdot p}{100} \cdot \frac{K}{\left[1 - \left(1 - \frac{p}{100}\right)^n\right]} \quad (\text{in DM/m}^2)$$

Bei gleichem prozentualen Anteil der Verluste sind die Kosten M_1 bei Verwendung eines Strahlmittels S_1 geringer als bei Einsatz des Strahlmittels S_2, wenn

$$R_1 = G_1 \cdot K_1 \left[1 - \left(1 - \frac{p}{100}\right)^{n_2}\right] < G_2 \cdot K_2 \left[1 - \left(1 - \frac{p}{100}\right)^{n_1}\right] = R_2$$

Ist $R_1 = R_2$, so sind die Kosten in beiden Fällen gleich groß; ist $R_1 > R_2$, so sind die Kosten bei Verwendung von S_1 höher als bei Verwendung von S_2.

Bei Druckluftanlagen kann der Luftverbrauch je Zeiteinheit als eine der Arbeitsleistung proportionale Größe angenommen werden. Der Druck wird so groß gewählt, daß das Strahlmittel die erwünschte Oberflächenbearbeitung durchführen kann. Der Luftverbrauch je Stunde ist eine Funktion von Luftdruck und Düsendurchmesser und kann aus dem Nomogramm Bild II.8 entnommen werden.

Leichte Strahlmittel (Sande usw.) werden mit niedrigen Drücken (1 ... 3 atü) schwerere Strahlmittel (Stahlteilchen usw.) werden mit höheren Drücken (4 ... 6 atü) gestrahlt.

2. Thermische Grobreinigung (Entzunderung)

Bei der thermischen Entzunderung wirkt neben einer chemischen Reduktion in starkem Maße ein mechanischer Effekt mit. Dieser beruht auf dem Unterschied zwischen den thermischen Ausdehnungskoeffizienten des Zunders und des Grundmaterials. (Ausdehnungskoeffizient = relative Volumenänderung je Grad Temperaturunterschied: $\alpha = \frac{\Delta v/v}{\Delta t}$.) Wird nur die mechanische Wirkung ausgenutzt, so ist es im Prinzip gleichgültig, ob die kalte Oberfläche erwärmt oder die heiße Oberfläche abgeschreckt wird. Warmband läßt sich entzundern, indem es durch einen kräftigen Strahl kalten Wassers abgeschreckt wird.

a) Flammstrahlen

Durch Flammstrahlen lassen sich Bleche entzundern. Hiervon wird häufig beim Schiffsbau Gebrauch gemacht. Das Blech wird bahnenweise mit Flammstrahlbrennern bestrichen. Diese werden serienmäßig von Firmen der Autogen-Industrie hergestellt. Die genormten Brennerbreiten erstrecken sich von 20, 50, 60, 100 bis 250 mm und sind mit Bohrungen von 0,55 . . . 0,65 mm versehen. Die Brenner werden mit einem Acethylen-Sauerstoffgemisch gespeist, wobei etwa 200 Liter Sauerstoff und 180 Liter Acethylen je Stunde und Zentimeter Brennerbreite verbraucht werden. (Zu beachten: Aus einer Acethylenflasche dürfen maximal 1 000 l/h Gas entnommen werden. Bei Mehrbedarf Batterie von Flaschen parallel schalten!)

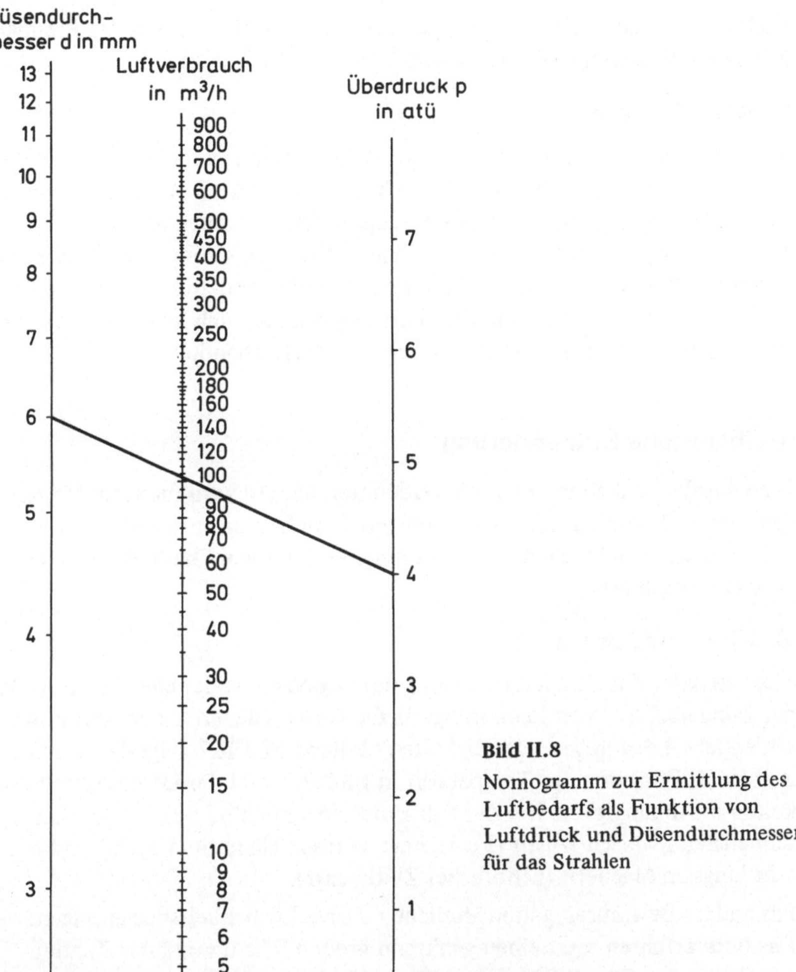

Bild II.8
Nomogramm zur Ermittlung des Luftbedarfs als Funktion von Luftdruck und Düsendurchmesser für das Strahlen

Bei einer Flammtemperatur von 3 200 °C beträgt die Flammleistung 10,7 kcal/cm² s.

Arbeitsfolge: Bestreichen der Fläche mit der Flamme mit einem Vorschub von ca. 3 m/min. Rost wird teilweise reduziert. Lose Teile werden durch die heißen Flammgase zum Teil mitgenommen. Als Rückstand bleibt ein weißgrauer Belag. Falls erforderlich, kann das Flammbestreichen wiederholt werden.

Abbürsten des Belags (z. B. mit maschinell angetriebener Topfbürste), Aufbringen des ersten Grundanstrichs, solange das Blech noch warm ist und sich nocht nicht wieder mit einer Feuchtigkeitshaut bedeckt hat.

Dicke, unterrostete Anstrichbeläge lassen sich abheben, wenn der Brenner mit einem Spachtel kombiniert wird.

b) Schutzflammen

Beim sogenannten Schutzflammen wird das Blech nach dem Flammen mit einer Schutzlösung (z. B. „Wicolan“) bestrichen. Nach 5 Minuten Einwirkungsdauer wird die Lösung durch nochmaliges Flammstrahlen mit 3 . . . 5 m/min Vorschub eingebrannt. Es entsteht eine organische, strukturlose, zusammenhängende, elastische Schicht, die für den nachfolgenden Anstrich einen guten Haftgrund bildet. Eine grauweiße Färbung zeigt an, daß keine Feuchtigkeit mehr vorhanden ist. Fehlstellen lassen sich nachbehandeln.

3. Chemische Entzunderung

Die Oberflächenbehandlung mit verdünnten Säuren wird meistens Beizen genannt, während zum Brennen konzentrierte Säuren verwendet werden. Bei einer elektrolytischen Entzunderung wird die Ware kathodisch oder anodisch geschaltet.

a) Beizen und Brennen

Eisenmetalle. Zur Zunderentfernung durch Beizen ist der chemische Aufbau der Zunderschicht von Bedeutung, da die verschiedenen Oxide sehr unterschiedliche Lösungsgeschwindigkeiten besitzen Bild II.7 zeigt den Zunderaufbau als Funktion der Temperatur in Bild II.9 sind die Lösungsgeschwindigkeiten in Abhängigkeit von der Salzsäurekonzentration dargestellt. Am schnellsten löst sich Wüstit (FeO), halb so rasch Hämatit (Fe_2O_3) und nur sehr langsam Magnetit (zehnfacher Zeitbedarf).

Für andere Beizsäuren gelten ähnliche relative Löslichkeitsbeziehungen. Das Beizverfahren setzt einen genügend großen Wüstitanteil der Zunderschicht voraus. Durch Poren und Risse dringt die Beizlösung zum Wüstit vor und löst es auf. Die schwer löslichen Oxide schwimmen dann an die Oberfläche ab.

Eisen und Stahl werden vorwiegend in Schwefelsäure gebeizt, an zweiter Stelle folgt Salzsäure, in Sonderfällen Phosphor-, Salpeter-, Fluß- oder Mischsäure (Säuregemisch). Beim Schwefelsäurebeizen laufen folgende Reaktionen ab:

$$FeO + H_2SO_4 = FeSO_4 + H_2O$$
$$Fe_2O_3 + 3\,H_2SO_4 = Fe_2(SO_4)_3 + 3\,H_2O$$
$$Fe_3O_4 + 4\,H_2SO_4 = Fe_2(SO_4)_3 + FeSO_4 + 4\,H_2O$$

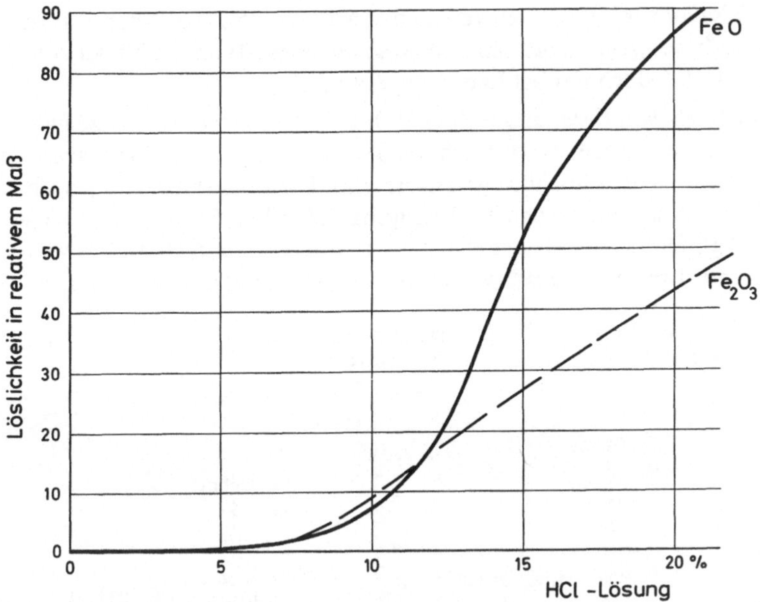

Bild II.9. Lösungsgeschwindigkeiten für Eisenoxide in Abhängigkeit von der Salzsäurekonzentration

Für die Eisenauflösung gilt:

$Fe + H_2SO_4 = FeSO_4 + H_2$

Entsprechende Reaktionen finden mit anderen Beizsäuren statt.

Die Auflösung des Grundmetalls beginnt, sobald sich die Beizlösung durch die FeO-Schicht hindurchgefressen hat. Hierdurch ergeben sich Eisenverluste. (Die Löslichkeit für Eisen ist etwa 12,5 mal so groß wie diejenige für Wüstit.) Außerdem entsteht Wasserstoff, der teilweise in das Grundmetall hineindiffundiert. Hierdurch können die Festigkeitseigenschaften herabgesetzt werden und es kann sogenannte Wasserstoffbrüchigkeit [1]) auftreten.

Durch Hemmstoffe (Inhibitoren), die dem Beizbad zugesetzt werden, läßt sich der Beizangriff auf das Grundmetall stark herabsetzen. Gute Inhibitoren ergeben Hemmwirkungen von 98 . . . 99 %. (Die Hemmstoffe werden auch „Sparbeizen" genannt.) Die brauchbaren Hemmstoffe sind alle organischer Natur (Hexamethylentetramin, Thioharnstoff, Dibenzylsulfoxid u. a.).

Die Beizzeiten werden bei Sparbeizzusätzen um 10 . . . 50 % verlängert.

[1]) Vgl. Fußnote auf Seite 54.

Schwefelsäure wird in Konzentrationen von 15 ... 25 % bei Temperaturen bis zu 90 °C verwendet, *Salzsäure* im Mischungsverhältnis mit Wasser von 2 : 1 bis 4 : 1, jedoch nur bei Raumtemperatur.

Mit zunehmendem Eisensalzgehalt ($FeSO_4$; $Fe(Cl)_2$) steigt die Beizdauer an. Beim Schwefelsäurebeizen läßt sich die Beizdauer konstant halten, wenn die Beizbadtemperatur allmählich gesteigert wird. Die Beizlösung wird jedoch praktisch unbrauchbar, wenn der Eisengehalt 80 g/l für Schwefelsäurebäder und 120 g/l für Salzsäurebäder übersteigt [1]). Bild II.10 enthält zwei Nomogramme zur Ermittlung des Eisengehalts. Beträgt z.B. das mittels Spindel

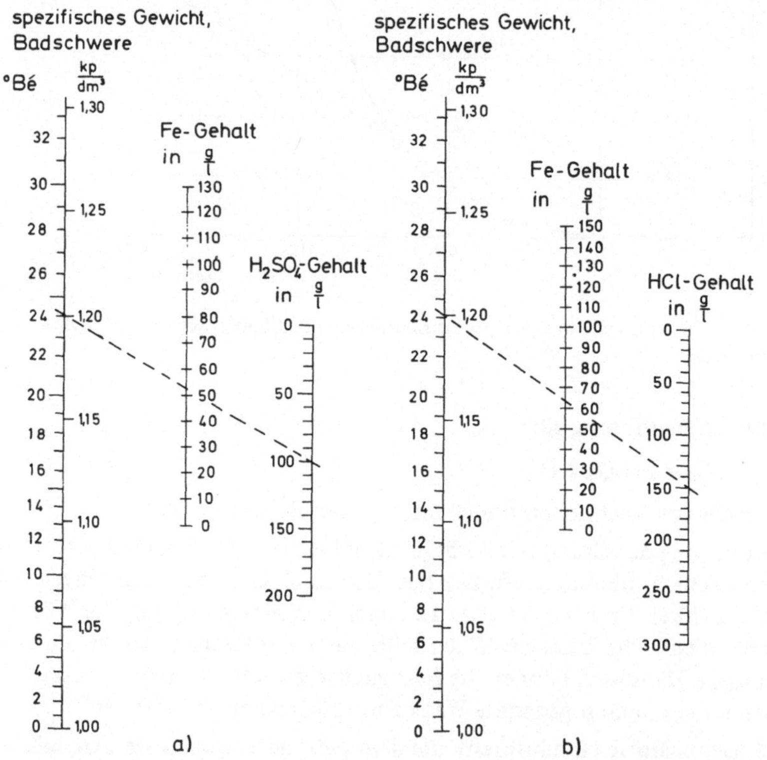

Bild II.10a und b. Nomogramme zur Ermittlung des Eisengehaltes in Beizbädern in Gramm je Liter in Abhängigkeit von der Säurekonzentration und dem spezifischen Gewicht (Badschwere) der Beizlösung (nach *Machu*)

a) für Schwefelsäurebeize (H_2SO_4) b) für Salzsäurebeize (HCl)

---

[1]) Nach *Winterbottom* und *Read* (80 g/l Fe entsprechen 400 g/l $FeSO_4 \cdot 7\,H_2O$, 120 g/l Fe entsprechen 500 g/l $FeCl_2 \cdot 6\,H_2O$)

festgestellte spezifische Gewicht γ eines Salzsäurebeizbades 1,20 kp/dm^3 bzw. 24,2° Baumé [1]) und der durch Titration mit Natronlauge ermittelte Säuregehalt 150 g/l, so beträgt der Eisengehalt im Beizbad 62 g/l. Zieht man für ein Schwefelsäurebeizbad die entsprechende Gerade von der Skala des spezifischen Gewichts zur Skala des Schwefelsäuregehalts (z. B. 100 g/l), so schneidet sie die Eisengehalt-Skala bei 52 g/l.

Chassisteile, Stahlrahmenkonstruktionen, Schreibmaschinenteile u. ä. werden vorteilhaft in *Phosphorsäure* (10 . . . 15 %; 40 . . . 50 °C, max. 80 °C) gebeizt, wobei sich gleichzeitig eine dünne Phosphatschicht bildet, die vor nachträglichem Rosten schützt.

Gußeisen wird in *Flußsäure* (20 %; 35 °C) oder *Salpetersäure* (1 : 1) entzundert, Eisenlegierungen, besonders Edelstähle bevorzugen Säuregemische aus Schwefelsäure, Salzsäure, Salpetersäure und seltener Flußsäure.

Regenerieren der Beizbäder: Beizsäuren lassen sich praktisch vollständig ausnutzen, wenn es gelingt den Eisensalzgehalt unter der kritischen Grenze zu halten. Bei *Schwefelsäure* ist dies durch Abkühlen möglich, da die Löslichkeit von Eisensulfat in Schwefelsäurelösung merklich temperaturabhängig ist. Das Beizbad kann z. B. dadurch abgekühlt werden, daß man wassergekühlte Bleitaschen einhängt. Wählt man hierzu einen besonderen Behälter, der durch ein Umpumpsystem mit dem Beizbehälter verbunden ist, so kann der Vorgang kontinuierlich während des Beizbetriebs vor sich gehen. Eine andere Abkühlmöglichkeit besteht darin, daß man die Beizlösung an der Innenwand eines Kunststoffrohres (PVC) herabrieseln läßt, das außen durch Wasser gekühlt wird (Rohrlänge 8 m und mehr). Ein darunter gestellter Behälter fängt die Beizflüssigkeit und das ausgefallene Eisensulfat auf, während das Kühlwasser vorher abgeleitet wird. Die überstehende Flüssigkeit wird in den Beizbehälter zurückgepumpt.

Diese und ähnliche Verfahren haben den Nachteil, daß die Beizlösung immer wieder auf Betriebstemperatur aufgeheizt werden muß. Im allgemeinen läßt sich so der Eisengehalt unter 30 g/l halten.

Bei *Salzsäure* versagt dieses Verfahren. Die Löslichkeit von Eisenchlorid in Salzsäurelösung ist nur wenig temperaturabhängig. Hier läßt sich das Eisen durch Ionenaustauscher [2]) entfernen, ein Verfahren, das auch bei Schwefelsäurebeizbädern angewandt werden kann.

Bei einem Preisvergleich zwischen Schwefelsäure- und Salzsäurebeizen ist zu beachten, daß Schwefelsäure billiger ist als Salzsäure und in konzentrierter

[1]) Vgl. Fußnote auf Seite 51.

[2]) Siehe *W. Müller*, Galvanische Schichten und ihre Prüfung. Abschnitt III. C. 6. Viewegs Fachbücher der Technik. Friedr. Vieweg + Sohn, Braunschweig 1972.

Form in Eisenbehältern transportiert und gelagert werden kann. Für Salzsäure werden meist Steingutbehälter verwendet. Salzsäure-gebeizte Oberflächen sehen gleichmäßiger aus als Schwefelsäure-gebeizte.

Beizgut, das einem Ziehvorgang unterworfen werden soll, wird in Schwefelsäurelösung gebeizt, da anhaftendes Sulfat den Ziehvorgang nicht stört. Chlorid würde zum „Kreischen" neigen.

Anschließend an jeden Beizvorgang wird gründlich gespült, in alkalischer Lösung neutralisiert und wieder gespült.

Buntmetalle. Kupfer und seine Legierungen werden in Gemischen konzentrierter Säuren gebrannt, die neben Salpetersäure Schwefelsäure und/oder Salzsäure oder Natriumchlorid enthalten.

Häufig wird zweistufig in einer Vorbrenne und einer Glanz- oder Mattbrenne gebrannt.

Vorbrennen:

1. Allgemein für Kupfer und seine Legierungen:
   Schwefelsäure (5...20 %ig; 20 °C, zur Entzunderung bis 60 °C).
2. Für Messingguß: Salpetersäure (1,38)[1]) und 1 ... 2 % konz. Salzsäure (1,17).
3. Für feinmechanische Werkstücke:
   30 *l* Salpetersäure (1,38), 100 *l* Salzsäure (1,17), 20 *l* Schwefelsäure (1,84). (Bei Neuansatz etwas Messing zusetzen!)

Für empfindliche Werkstücke können die Säuren mit 1/3 Wasser verdünnt werden.

Glanzbrennen:

1. 50 *l* Salpetersäure (1,38), 50 *l* Schwefelsäure (1,84), 1 *l* Salzsäure (1,17), 1 kg Natriumchlorid oder
2. 7,5 kg Salpetersäure (1,38), 10 kg Schwefelsäure (1,84), 0,1 kg Natriumchlorid, 0,1 kg Kollophonium

Mattbrennen:

1. 3 kg Salpetersäure (1,38), 2 kg Schwefelsäure (1,84), 10 g Natriumchlorid, 10 g Zinksulfat (nach dem Erkalten zugeben!).
2. 1 kg Salpetersäure (1,38), darin 50 g Zink lösen, 1 kg Schwefelsäure (1,84), 50 g Salmiak (fest), 50 g Schwefelblüte, 50 g Kollophonium.

Beim Ansetzen wird stets die Schwefelsäure vorsichtig in die Salpetersäure gegossen; die Mischsäure erwärmt sich hierbei. Andere Säuren oder Zutaten werden erst nach dem Erkalten zugegeben.

---

[1]) Die Zahlen in Klammern geben das spezifische Gewicht an.

Die beim Ansetzen oder beim Brennen entstehenden rotbraunen Stickoxide sind sehr giftig. Sie müssen abgesaugt und vor dem Abblasen in die Außenluft neutralisiert werden. Dies kann z. B. dadurch erfolgen, daß durch einen Wasserschleier hindurch abgesaugt wird. Die Stickoxide bilden mit Wasser Salpetersäure, die neutralisiert werden kann.

Die Reaktionsgeschwindigkeit und die Bildung von Stickoxiden wird vermindert, wenn man Chromsäure zusetzt. Messing wird bis zu einem gewissen Grad hierbei passiviert (Passivieren bedeutet reaktionsträge werden). Ein Beizbad dieser Art enthält z. B.

80 *l* Schwefelsäure, 20 *l* Salpetersäure, 1 *l* Salzsäure,
55 ... 60 kg Chromsäure und 200 *l* Wasser.

Ein Beizbad aus verdünnter Schwefelsäure (ca. 20 %ig) und Natriumbichromat (30 g/l) verzichtet ganz auf Salpetersäure. Es dient als Halbglanzbrenne.

Aluminium und seine Legierungen. Reinaluminium und Legierungen mit geringem Kupfer- und Eisengehalt werden in Natronlauge (10 . . . 15 %ig, 40 . . . 45 °C, max. 5 Minuten) oder in Natronlauge (15 . . . 20 %ig, 75 . . . 80 °C, max. 2 Minuten) gebeizt.

AlMgSi- und AlSi-Legierungen werden nach Vorbehandeln in o. g. Natronlauge in Flußsäure (1 %ig, 20 °C) behandelt.

AlMgCu-Legierungen werden bei Raumtemperatur nacheinander gebeizt in:

1. Natriumfluorid (9,5 g/l) + Schwefelsäure (60 cm^3/l)
2. Salpetersäure-Lösung (Mischungsverhältnis mit Wasser 1 : 1)
3. Salpetersäure konz. (1 *l*), Schwefelsäure (1,77 = 66° Be, 1 *l*) [1]), Salzsäure 15 cm^3 oder Natriumchlorid 15 g/l)

(Arbeitstemperatur für alle drei Lösungen 20 °C)

Rostfreier Stahl. Rostfreie Stähle werden vor- und nachgebeizt. Bei nur geringer Verzunderung kann das Vorbeizen entfallen.

Vorbeizbäder: Schwefelsäure (10 %ig, 80 °C) oder konz. Schwefelsäure (1 *l*) + konz. Salzsäure (1 *l*) + Wasser (8 *l*) bei 55 . . . 60 °C oder Gemisch aus 90 Vol % Salpetersäure (36 Bé) und 10 Vol % Wasser bei 20 . . . 50 °C bis 60 Minuten Beizdauer.

---

[1]) Rationelle Baumé-Skala, Normaltemperatur 15 °C.
Mit n als Ablesung in Grad Baumé (°Be) ist das spez. Gew. in kp/dm^3:

$$\gamma = \frac{144{,}30}{144{,}30 - n} \quad \text{und umgekehrt} \quad n = 144{,}3 - \frac{144{,}3}{\gamma} \quad \text{für } \gamma > 1$$

$$\gamma = \frac{144{,}30}{144{,}30 + n} \quad \text{und} \quad n = \frac{144{,}3}{\gamma} - 144{,}3 \quad \text{für } \gamma < 1$$

Nachbeizbäder: konz. Salpetersäure 12 Vol% + Flußsäure 3 Vol% + Salzsäure 1,5 Vol% bei 25 ... 50 °C oder konz. Schwefelsäure 6,25 Vol% + Flußsäure 6,25 Vol% + Chromsäure 60 g/l. bei 20 °C oder insbesondere für Cr-Ni-Stähle: Schwefelsäure (66° Bé) 200 cm^3 + Natriumnitrat 65 g/l + Natriumchlorid 110 g/l + 1 *l* Wasser bei 80 ... 88 °C, 30 ... 90 Minuten. Für austenitische Stähle: Schmelze von Natriumhydrid (NaH) 1,5 ... 2 % und Natriumhydroxid (NaOH) wasserfrei 98,5 ... 98 %; Temperatur 370 ... 380 °C, Bearbeitungsdauer 3 ... 20 Minuten. Abschrecken in kaltem Wasser und anschließend kurzes Tauchen in 10 %iger Salpetersäure mit 1,5 % Flußsäure bei 60 ... 70 °C. Loser Zunder wird beim Abschrecken abgesprengt.

Zink und seine Legierungen. Blankbeize: Chromsäure 225 ... 300 g/l + Natriumsulfat 15 ... 30 g/l; 20 °C, 5 ... 30 s

oder konz. Schwefelsäure + Salpetersäure (1,33) 1 : 1 bei 20 ... 25 °C 2 ... 5 s
oder Schwefelsäure 5 ... 10 %ig, 20 ... 25 °C, mehrmals 2 ... 5 s
oder Salzsäure 5 ... 10 %ig, 20 °C
oder für Zinklegierungen: Natronlauge 10 ... 40 %ig; 20 °C, 2 ... 5 Minuten.

Blankbeize für Knetlegierung:

1. Chromsäure (70 %ig) 1 *l* + konz. Salzsäure 300 cm^3; 20 ... 25 °C, 30 ... 60 s.
2. Chromsäure (70 %ig); 20 ... 25 °C, 30 s.

Magnesium und seine Legierungen. Passivierungsbeizen:

Guß- und Knetlegierungen: Natriumdichromat 150 g/l + Salpetersäure (1,42) 270 g/l; 20 °C, 30 ... 120 s.
milder arbeitend: Na-Dichromat 75 g/l + Salpetersäure (1,42) 78 g/l; 20 °C, 15 s.
Magnesiumlegierungen: Alkali[1])-dichromat 5 kg, Chromalaun 1 kg, Salpetersäure (0,7 %ig) 100 *l*; 20 °C, 5 ... 15 s.
oder: Lösung aus Alkalidichromat 5 % und Chromalaun 1 %; 60 ... 80 °C, 10 ... 30 s.
Magnesiumlegierungen:
(fertig bearbeitete Werkstücke) Kaliumdichromat 4 kg + Magnesiumsulfat 6 kg + Schwefelsäure (0,4 %ig) 100 *l*; 80 ... 90 °C, mehrere Minuten.

[1]) Alkali = Natrium oder Kalium

Magnesiumdruckguß:

1. Natronlauge 700 g/l + Natriumnitrat 100 g/l; 120 ... 130 °C, 30 ... 120 s.
2. Natriumdichromat 15 kg in Salpetersäure (10 %ig) 100 *l* + 410 g Schwefelsäure (konz.); 20 °C, 10 ... 30 s; Warenbewegung erforderlich!

Blankbeizen:

Magnesiumlegierungen:

1. Salpetersäure (1,42) 200 cm^3/l und ohne Zwischenspülung
2. Salpetersäure (1,42) 20 cm^3/l. In beiden Lösungen 20 °C, 5 ... 15 s.

Magnesium und Legierung: Chromsäureanhydrid (CrO_3) 180 g/l + Magnesiumnitrat 30 g/l + Magnesium- oder Calciumfluorid 0,9 g/l; 20 °C.

Netzmittel. Setzt man dem Beizbad Netzmittel zu (z. B. organische Sulfonate, org. Ammoniumverbindungen), die entsprechend säure- oder laugenbeständig sind, so wird die Beizzeit gekürzt, die Neigung des Schlammes, an der Oberfläche haften zu bleiben, vermindert und der Ausschleppverlust verringert; damit wird gleichzeitig weniger Entgiftungs- bzw. Neutralisationsmittel benötigt. Eine geringe Schaumbildung durch das Netzmittel ist erwünscht, da der Schaum Flüssigkeitsnebel von der Außenluft fernhält.

Vor- und Nachbehandlung. Öle oder Fette auf der Oberfläche verhindern oder verlangsamen den Beizprozeß. Ist ein solcher Belag merklich vorhanden, so muß die Ware vor dem Beizen oder Brennen entfettet werden (siehe nächstes Kapitel).

Säure- oder Laugenreste dürfen auf der Oberfläche und vor allem auch in den Poren nicht verbleiben. Sie führen zu rascher Korrosion und zu sogenannten Ausblühungen aus nachfolgend aufgebrachten Oberflächenschutzschichten. Durch gründliches Spülen eventuell in kalten und heißen Wechselbädern müssen alle Badreste entfernt werden. Hierbei muß die Ware genügend lange im Heißwasserbad verbleiben, damit sie sich erwärmen kann. Wechselbäder sind oft bei Gußteilen erforderlich.

Gebeizter Stahl neigt zu raschem Rosten. Die Oxydation wird merklich verlangsamt, wenn dem letzten Heißspülbad Kalk oder Phosphorsäure (etwa 1 %) zugesetzt wird. Im letzten Fall bildet sich ein dünner, schützender Phosphatfilm (vgl. Phosphatieren). Die vor dem Feuerverzinken übliche Tauchbehandlung in wäßriger Zink- oder Ammoniumchloridlösung setzt die Rostanfälligkeit für mehrere Stunden ebenfalls herab; die Oberfläche überzieht sich mit einem Flußmittelfilm.

b) Elektrolytische Entzunderung

Allgemeine elektrolytische Entzunderung. Bei der elektrolytischen Entzunderung darf die Ware kathodisch (neg. Pol) oder anodisch (pos. Pol) geschaltet werden. Durch Umpolen kann die Schaltung gewechselt werden. Bei kathodischer Schaltung besteht die Gefahr der Wasserstoffbrüchigkeit[1]), da an der Kathode Wasserstoff entwickelt wird, bei anodischer Schaltung kann die Oberfläche angegriffen werden.

Die Elektrolyte können sauer, alkalisch-cyanidisch oder alkalisch-cyanfrei sein. Alkalisch-cyanidische Bäder bieten den Vorteil, daß das Grundmetall nicht angegriffen wird. Bei 20 . . . 50 °C wird mit Stromdichten von 5 . . . 30 A/dm^2 bei einem Spannungsbedarf von 10 . . . 15 V gearbeitet. Die Anlage besteht aus einem mit Hartgummi oder Kunststoff ausgekleideten Stahlbehälter, einer Heiz- und Kühleinrichtung und einer Dunstabsaugungseinrichtung. Nach gründlicher Spülung kann ohne weiteres eine Metallabscheidung erfolgen.

Cyanfreie Bäder zeigen einen geringeren Reinigungseffekt. Zunder ($Fe_2O_3/Fe_3O_4/FeO$) wird nur nach sehr langer Behandlungszeit entfernt, so daß chemisches Beizen vorausgehen muß.

Bullard-Dunn-Verfahren: Das bekannteste elektrolytische Beizverfahren wurde von Bullard-Dunn entwickelt. Es wird für schwierige Beizvorhaben eingesetzt, z. B. zum Beizen von Präzisionsstahlteilen. Der Elektrolyt besteht aus heißer, verdünnter Schwefelsäure (oder einem Säuregemisch) mit etwa 0,1 % Zinnsulfat. Die als Kathode geschaltete Ware wird mit 6,5 . . . 8,5 A/dm^2 behandelt. Die Anoden bestehen aus Blei oder Eisen mit hohem Silicium-gehalt (Silit) mit einem Anteil an Zinnanoden, um den Zinngehalt der Lösung konstant zu halten.

Auf von Zunder befreiten Flächen scheidet sich metallisches Zinn ab; ein Beizangriff des Grundmetalls wird dadurch vermieden. Die Wasserstoffüberspannung des Zinns ist groß genug, um Wasserstoffbildung und weitere Elektrolyse an den zunderfreien Stellen zu verhindern. An den noch mit Zunder behafteten Stellen erhöht sich dadurch die Stromdichte, wodurch dort beschleunigt gebeizt wird. Der Zinniederschlag bleibt sehr dünn, da eine dickere Schicht schwammig und nicht haftend ausfällt. Der eindiffundierte Wasserstoff kann durch nachfolgende Wärmebehandlung wieder ausgetrieben werden.

---

[1]) Diffundiert Wasserstoff in atomarer Form in Metall ein, so reichert er sich zunächst in Oberflächennähe an. Weitere Diffusion führt zur Sammlung in größeren Gasblasen im Metall oder unter einer Oberflächenplattierungsschicht, wobei erhebliche Drücke auftreten können. Die Festigkeitseigenschaften werden merklich herabgesetzt. Oberflächenschichten können zum Abplatzen gebracht werden.

Arbeitsgang: Vorreinigung in Tri- oder Perchloräthylen
Elektrolytische Entfettung (5 ... 8 V, 80 ... 90 °C, 2 ... 10 min)
Bullard-Dunn-Entzunderung (5 ... 10 min)
Falls erforderlich anodische Schaltung der Ware zur Entfernung des Zinn-Niederschlags im gleichen Bad (3 ... 4 A/dm^2, 80 ... 90 °C, 3 ... 5 min).

c) Abwittern

Das Verfahren ist zur Walzzunderentfernung vorwiegend auf Schiffsbleche beschränkt. Man setzt die Bleche einige Monate der Seeluft aus, bis der Walzzunder abgewittert ist.

B. Feinreinigung (Entfettung)

Verschiedene Oberflächenschutzverfahren setzen eine vollständig saubere, fettfreie Oberfläche voraus, wenn ausreichende Haftfestigkeit gewährleistet sein soll.

Unter Feinreinigung wird im wesentlichen die Entfernung von Verunreinigungen verstanden wie:

Ölen, Fetten, Zieh- und Schmiermitteln als Rückstände nach mechanischen Bearbeitungen wie Walzen, Pressen, Tiefziehen usw.,
Polier- und Schleifhilfsmitteln, einschließlich der Rückstände von Polier- und Schleifwerkzeugen,
Anlauffilme, leichte Rostüberzüge und anhaftender Staub.

Die Hersteller von Polier- und Schleifhilfsmitteln, Schmiermitteln und ähnlichem nehmen bereits vielfach darauf Rücksicht, daß diese Stoffe in einem Feinreinigungsverfahren wieder entfernt werden müssen. An ein Feinreinigungsmittel werden als Idealanforderungen gestellt:

niedriger Preis; wirksam für alle Arten von Fetten und Ölen, Wachsen, Teeren, Harzen u. ä.; unbrennbar; ungiftig; geringe Viskosität und Oberflächenspannung; auch bei hoher Temperatur nicht korrodierend; rückgewinnbar.

Die gebräuchlichen Feinreinigungsmittel kommen derartigen Forderungen mehr oder weniger gut nach. Sie sind organischer und anorganischer Natur.

1. Organische Feinreinigungsmittel

Brennbare Lösungsmittel wie Benzin, Benzol, Soventnaphtha und Petroleum werden in geringem Umfang zur Beseitigung größerer Fettansammlungen u. ä.

als Vorreinigungstauchbad eingesetzt. Die technisch wichtigsten organischen Lösungsmittel sind jedoch Tri- und Perchloräthylen. Sie gehören zu den allgemein nicht brennbaren chlorierten Kohlenwasserstoffen.

a) Trichloräthylen

Trichloräthylen (oft kurz Tri genannt) ist relativ zu anderen organischen Mitteln weniger giftig und kommt den Idealanforderungen nahe.

Physikalische Daten von Trichloräthylen und (zum Vergleich) Wasser:

	Trichloräthylen	Wasser
Siedepunkt	86,7 °C	100 °C
spezifische Wärme	0,241 kcal/kg	1,000 kcal/kg
Verdampfungswärme	57,24 kcal/kg	539 kcal/kg
spezifisches Gewicht	1,47 kp/dm³	1 kp/dm³
Viskosität (bei 25 °C)	$0{,}56 \cdot 10^{-3}$ kp · s/m²	$1{,}02 \cdot 10^{-3}$ kp · s/m²

Um einen Liter Trichloräthylen von 18 °C zu verdampfen, werden

$$1{,}47 \cdot 0{,}241 \cdot (86{,}7-18) + 1{,}47 \cdot 57{,}24 \text{ kcal/l} = 108{,}5 \text{ kcal/l}$$

Wärmemenge benötigt. Um einen Liter Wasser von 18 °C zu verdampfen, sind 611 kcal/l erforderlich. Der Wärmemengenbedarf zur Verdampfung des Trichloräthylens beträgt also nur 17,75 % der zur Wasserverdampfung aufzuwendenden Wärmemenge.

Mit zunehmendem Fettgehalt steigt die Siedetemperatur, während das spezifische Gewicht abnimmt. Tabelle II.4 gestattet aus der Messung des spezifischen Gewichts auf den Fettgehalt zu schließen.

Tabelle II.4: Spezifisches Gewicht und Fettanreicherung im Trichloräthylen in Gewichtsprozenten

spez. Gewicht in kp/dm³	1,47	1,41	1,36	1,30	1,25	1,19
bei 15 °C in °Bé	46,1	42,0	38,2	33,3	28,8	23,0
Fettanteil in %	0	10	20	30	40	50
Trichloräthylenanteil	100	90	80	70	60	50

Trichloräthylen kann sich zersetzen, wobei Salzsäure entsteht:

> oberhalb 130 °C; durch Einwirken von ultraviolettem Licht (Sonnenlicht); durch Säure oder fein verteiltes Aluminium als Katalysatoren (Beschleuniger einer chemischen Reaktion).

Eine einfache Prüfung auf Salzsäure: Eine Näh- oder Stopfnadel darf keinen Rostanflug zeigen, wenn sie einige Stunden (vor Licht geschützt) in Trichloräthylen gelegen hat. *Stabilisatoren* hemmen die Zersetzung durch UV-Licht in starkem Maße. Geeignete Stoffe sind: Dibutylamin, Diphenylamin, Monoäthylamin, Kresol, Anilin, Pyridin, Cyclohexanol, um einige zu nennen. Sie werden in Konzentrationen von 0,1 g je 100 ml Lösungsmittel angewandt. Technisches Trichloräthylen zu Entfettungszwecken ist im allgemeinen bereits stabilisiert.

Der geringe Wärmemengenbedarf zum Verdampfen bietet an, Trichloräthylen dampfförmig einzusetzen. Moderne Tri-Entfettungseinrichtungen bestehen daher aus einer Flüssigkeitszone, die das zu verdampfende Tri aufnimmt, einer Tri-Dampfzone, in die die zu entfettende Ware hineingebracht wird, aus einer Kondensationszone, in der der restliche Tri-Dampf wieder kondensiert wird und einer Absaugung. Bild II.11 zeigt schematisch eine Tri-Entfettungsanlage für Dampfentfettung. Will man die bessere Spülwirkung der Flüssigkeit und die größere Reinheit des Dampfes ausnützen, so taucht man erst in kaltes oder heißes Tri und geht dann in die Dampfzone (Zweikammersystem). Tri-Entfettungsanlagen gibt es in verschiedenen Größen. Für große Werkstücke lassen sich Dampf- und Sprühentfettung kombinieren, wobei zusätzlich warmes Trichloräthylen aufgespritzt wird. Alle derartigen Anlagen können anstelle von Trichloräthylen auch mit anderen organischen Lösungsmitteln beschickt werden.

Gewöhnlich gehört zu einer Entfettungsanlage für organische Entfettungsmittel auch eine *Destilliereinrichtung,* in der das mit Fett angereicherte Lösungsmittel destilliert und somit gereinigt zurückgewonnen wird. Lösungsmittelverluste treten dann, abgesehen von einem Destillierrückstand, nur durch die Absaugung und Verdunsten auf. Bei geringer Absauggeschwindigkeit kann das mitgeführte Lösungsmittel weitgehend wiedergewonnen werden, wenn die Abluft durch Aktivkohle geleitet wird. Diese belädt sich mit Lösungsmittel. Von Zeit zu Zeit wird es durch Destillieren wiedergewonnen.

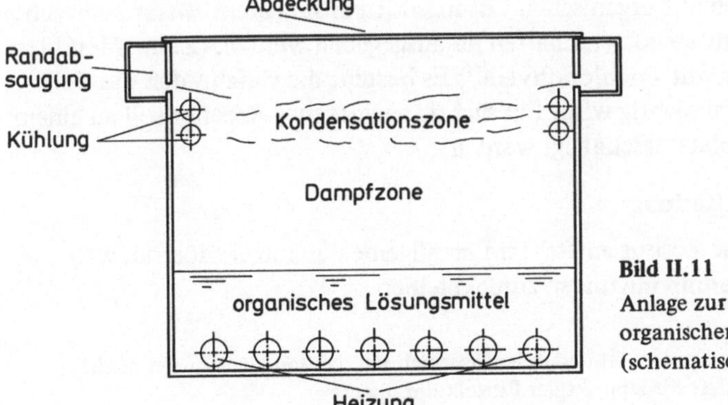

Bild II.11
Anlage zur Entfettung mit organischen Lösungsmitteln (schematische Darstellung)

b) Perchloräthylen ($Cl_2C = CCl_2$)

Wenn das preisgünstigere Trichloräthylen nicht verwendet werden darf, wie zur Entfettung von Aluminium oder Magnesium und deren Legierungen, so wird gewöhnlich Perchloräthylen (kurz Per genannt) eingesetzt. Es ist auch dann vorzuziehen, wenn in offenen Gefäßen gearbeitet werden muß, da es nicht so rasch verdunstet.

Physikalische Daten von Perchloräthylen:

Siedepunkt: 121, 1 °C; spez. Wärme: 0,2183 kcal/kg · Grad;
Verdampfungswärme: 50,1 kcal/kg; spez. Gewicht: 1,625 kg/l
Viskosität (bei 25 °C): $0{,}86 \cdot 10^{-3}$ kps/m^2.

Zum Verdampfen von einem Liter Perchloräthylen von 18 °C ergibt sich ein Wärmebedarf von 118 kcal/l, also etwa so groß wie für Trichloräthylen. Perchloräthylen beginnt sich oberhalb 150 °C zu zersetzen.

Sauer gewordenes Lösungsmittel (Tri- oder Perchloräthylen) kann regeneriert werden. Vor dem Destillieren setzt man je 250 *l* Lösungsmittel 1 *l* einer wäßrigen Aufschlämmung aus 150 g Schlämmkreide oder gelöschtem Kalk zu (kein gebrannter Kalk!). Die Destillation erfolgt als Wasserdampfdestillation. Hierbei wird Wasserdampf von 0,6 . . . 0,8 at in die Lösung eingeblasen.

Auch zur Rückgewinnung des reinen Lösungsmittels nach einer Fettanreicherung ist die nasse Destillation zu bevorzugen. Das organische Lösungsmittel und Wasser bilden ein azeotropes Gemisch[1]). Der Siedepunkt z. B. eines Tri-Wassergemisches liegt bei 73 °C. Er steigt gegen Ende der Destillation nur wenig über 100 °C an, so daß Überhitzen und eine damit verbundene Zersetzung des Trichloräthylens vermieden wird. Das Verfahren benötigt einen Wasserabscheider, der mitgerissene Wassertropfen zurückhält. Der schmutzige Rückstand kann mit dem Wasser abgelassen werden, wodurch das Reinigen der Destillieranlage erleichtert wird.

Für das Arbeiten mit organischen Lösungsmitteln sind *Merkblätter* zu beachten, die von den Berufsgenossenschaften herausgegeben werden. (Z. B. „Merkblatt für das Arbeiten mit Trichloräthylen") Es besteht die Gefahr, daß das Bedienungspersonal süchtig wird. Ein süchtig gewordener Arbeiter soll an einem andern Arbeitsplatz beschäftigt werden.

c) Emulsionsentfettung

Reine organische Lösungsmittel sind im allgemeinen nur fettlösend, während mechanische Verunreinigungen zurückbleiben.

---

[1]) Ein azeotropes Gemisch ist dadurch ausgezeichnet, daß sein Siedepunkt niedriger liegt als der tiefste Siedepunkt der Einzelkomponenten.

In stabilisierten Lösungsmittel-Wasser-Emulsionen wird der Fettfilm der Oberfläche emulgiert, d.h. in submikroskopisch [1]) kleine Tröpfchen unterteilt, von der Oberfläche abgehoben und meistens als Öl- und Schmutzschicht an der Oberfläche abgeschieden. Von dort wird die Schicht kontinuierlich oder von Zeit zu Zeit abgezogen. Mechanische Teilchen wie Schleifkornrückstände u. ä. werden unterwandert und mit abgehoben.
Nicht ionenbildende [2]) Emulgatoren [3]) werden bevorzugt, da hierbei kein enthärtetes Wasser erforderlich ist. Sie gestatten auch Säurezugabe, so daß gleichzeitig entfettet und entrostet werden kann. Setzt man außerdem noch Passivierungsmittel zu, wie z. B. Phosphorsäure, so kann in einem Arbeitsgang entfettet, entrostet und passiviert werden.

Emulsionsreiniger werden konzentriert geliefert und vor Gebrauch verdünnt für Tauchentfettung im Verhältnis 1 : 3 bis 1 : 5, für Spritzenfettung im Verhältnis 1 : 30 bis 1 : 100. Die Arbeitstemperaturen erstrecken sich je nach Verschmutzungsgrad von Raumtemperatur bis maximal 80 °C.
Beim Spritzverfahren werden aus Flachstrahldüsen etwa 10 ... 35 l/min Flüssigkeit bei einem Druck von 1,1 ... 1,4 atü (vor dem Düsenaustritt) ausgespritzt. Die Düsen müssen sorgfältig derart ausgerichtet werden, daß alle Oberflächenbereiche ausreichend bespritzt werden.
Die Emulsionsreinigung stellt ein wirtschaftliches Verfahren dar, das für viele nachfolgende Oberflächenschutzverfahren (z. B. Lackierung) ausreicht oder diese sogar begünstigt. So wird eine Phosphatschicht feinkristallin, wenn Emulsionsentfettung vorausgeht.

2. Anorganische, alkalische Reinigungsmittel

Wie organische Lösungen sollen auch alkalische Lösungen alle Arten von Fetten und Ölen von der Oberfläche entfernen und darüber hinaus feste, körnige Rückstände abheben. Pflanzliche und tierische Öle und Fette werden verseift, mineralische werden peptisiert und emulgiert. Verseifen ist ein chemischer, peptisieren und emulgieren ein physikalischer Vorgang.

a) Verseifen

Fette und Öle sind Sammelnamen, die die Konsistenz „fest“ oder „flüssig“ bezeichnen. Im folgenden wird für beide die Bezeichnung „Fett“ genommen.

---

[1]) Submikroskopisch bedeutet kleiner als die Auflösungsgrenze des Lichtmikroskops, die im Sichtbaren etwa 0,2 μm beträgt (1 $\mu m = 10^{-6}$m).

[2]) Organische, neutrale Moleküle, die nicht aufspalten.

[3]) Emulgierung: Siehe d) alkalische Reinigungsmittel.

Pflanzlich-tierische Fette sind Gemische verschiedener Einzelfettverbindungen. Die Einzelverbindungen heißen Glyceride. Ihr chemischer Aufbau ist der folgenden Reaktionsgleichung zu entnehmen. Die beste verseifende Wirkung besitzen die Alkalihydroxide Natronlauge (NaOH) und Kalilauge (KOH).

Reaktionsbeispiel:

$$\begin{array}{lcccl} CH_2-O-CO-C_nH_{2n+1} & & & CH_2OH & \\ | & & & | & \\ CH\ -O-CO-C_nH_{2n+1} & +\ 3\ NaOH & = & CH\ \ OH & +\ 3\ C_nH_{2n+1}COONa \\ | & & & | & \\ CH_2-O-CO-C_nH_{2n+1} & & & CH_2OH & \end{array}$$

Glycerid (Fett)	+ Natronlauge =	Glycerin (Höherwertiger Alkohol)	+ Seife

Gewöhnliche Seife (Kern- und Schmierseife) sind die Alkalisalze einer Fettsäure. Bei Fetten hat n Werte von 4 bis etwa 18, Stoffe mit n größer 18 werden meistens Wachs genannt (Palmitin n = 15, Stearin n = 17).

Bei zu hartem Wasser oder bei Anwesenheit von Schwermetallverbindungen können sich wasserunlösliche Seifen bilden, die auf der Oberfläche Rückstände ergeben, die schwierig zu entfernen sind.

b) Peptisieren

Unter Peptisieren versteht man das Verhindern einer Flockung, z. B. derart, daß Fetteilchen nicht zu größeren Agglomeraten zusammenlagern können. Das Peptisierungsmittel wird an der Oberfläche der Fetteilchen adsorbiert und vermindert dadurch die Kohäsionskräfte[1]), die den Fettfilm zusammenhalten. Durch Netzmittelwirkung der alkalischen Reinigungslösung wird der feinzerlegte Fettfilm von der Oberfläche abgehoben und in der Lösung emulgiert.

c) Emulgieren

Ein Emulgator ist eine Substanz, die die Fähigkeit besitzt, das Wiederzusammenlagern der feinstverteilten Fettröpfchen in der wäßrigen Lösung zu verhindern. Er bewirkt dies, indem er sich an der Grenzfläche zwischen Fetteilchen und Wasser anlagert. Gleichnamige elektrische Grenzflächenladungen unterstützen die emulgierende Wirkung.

Vorwiegend die nicht verseifbaren mineralischen Fette werden in alkalischen Reinigungslösungen durch Peptisieren und Emulgieren von der Oberfläche entfernt.

---

[1]) lat.: coherere = zusammenhängen

d) Zusammensetzung alkalischer Reinigungsbäder

Die Zusammensetzung eines Reinigungsbades richtet sich nach der Art des zu entfettenden Metalls und dem Verschmutzungsgrad. Die Metalle lassen sich hinsichtlich ihrer Laugenempfindlichkeit in fünf Gruppen einteilen:

1. Eisen und Stahl und seine Legierungen werden praktisch nicht angegriffen.
2. Buntmetalle, vorwiegend Kupfer und seine Legierungen sind nur wenig empfindlich.
3. Aluminium und seine Legierungen werden angegriffen.
4. Magnesium und seine Legierungen werden weniger durch die Lauge, sondern mehr durch die Salze der Lösung angegriffen.
5. Weichmetalle wie Blei, Zinn, Zink werden stark angegriffen.

Ein Maß für die Stärke einer Lauge ist ihr pH-Wert [1]). Dieser ist um so größer, je höher die Konzentration an Natron- oder Kalilauge im Entfettungsbad ist. Im Allgemeinen weisen die Entfettungsbäder folgende pH-Werte auf: 11,5 . . . 13, bei stärkerer Verschmutzung bis 14 für Gruppe 1, 11 . . . 13 für Gruppe 2, 8 . . . 10 für die Gruppen 3 ... 5. Die oberen Grenzen gelten für stärkere Verschmutzungen.

Am einfachsten mißt man den pH-Wert mit Hilfe von Farbindikatoren bzw. Indikatorpapieren. Letztere werden in die zu prüfende Lösung getaucht. Sie nehmen eine bestimmte Farbe an, die mit einer beigegebenen, in pH geeichten Skala verglichen wird [1]).

Alkalische Reinigungsbäder enthalten folgende Komponenten:

Alkalihydroxide ($NaOH$ und KOH): Natron- und Kalilauge wirken am stärksten verseifend. Sie sind gut löslich. Wegen der Wärme, die sich beim Auflösen bildet, ist Vorsicht geboten. Die Alkalihydroxidkonzentration bestimmt im wesentlichen den pH-Wert des Entfettungsbades. Kalilauge ist teuerer als Natronlauge, wird jedoch manchmal wegen seiner besseren Leitfähigkeit bevorzugt.

Natriumcarbonat (Soda) (Na_2CO_3): Soda ist das billigste Reinigungsmittel. Am wirtschaftlichsten ist das wasserfreie Salz, während sich das Monohydrat ($Na_2CO_3 \cdot H_2O$) am besten löst. Als Kaustische Soda werden Gemische aus Soda und Natronlauge bezeichnet. Natriumcarbonat ist nicht so gut verseifbar wie Natronlauge und besitzt auch nur geringe physikalische Wirkung.

Alkalisilicate: Silicate besitzen gute emulgierende und peptisierende Eigenschaften und zählen zu den wertvollen Reinigungsmitteln. Sie sind Salze der

---

[1]) Siehe *W. Müller,* Galvanische Schichten und ihre Prüfung. Abschnitt I. 1c. Viewegs Fachbücher der Technik, Friedr. Vieweg + Sohn, Braunschweig 1972.

als solche nicht beständigen Kieselsäure; deren Anhydrid [1]) ist Quarz (SiO_2). Fügt man formal ein, zwei oder drei Moleküle H_2O zu einem Molekül SiO_2, so erhält man verschiedene Kieselsäuren. Ersetzt man ferner den Wasserstoff durch Na oder K, so entstehen verschiedene Formen der Silikate, die als Gemisch vorkommen und schwierig chemisch zu trennen sind. Häufig werden Alkalimetasilikate (wie $Na_2SiO_3 \cdot xH_2O$, x = 5 und größer) verwendet. Bei der Entfettung von Aluminium und seinen Legierungen, sowie von Zink, Zinn und Blei wirken Silicate darüber hinaus als Korrosionsinhibitoren [2]).

Alkaliphosphate: Trinatriumphosphat (Na_3PO_4) ist ein mildes Reinigungsmittel. Seine peptisierende Wirkung ist geringer als die des Natriummetasilikats, es ist jedoch gut abspülbar. Es wird gerne verwendet in Entfettungsbädern für Aluminium und Zink. Natriumpyrophosphat ($Na_4P_2O_7$) ist nicht so gut löslich wie Trinatriumphosphat, enthärtet jedoch das Wasser und liefert einen pH-Wert, der dem einer Neutralseife (ca. 10) entspricht.

Cyanide [3]): Vorwiegend Natriumcyanid wird in beschränktem Umfang Entfettungsbädern zugesetzt wegen seiner Fähigkeit, Anlauffilme von polierten Oberflächen zu entfernen (namentlich bei Kupferlegierungen). Zweckmäßiger wäre es, ein cyanidisches Tauchbad der Entfettung nachzuschalten, doch erfordert dies einen Taucharbeitsgang mehr. Aus abwassertechnischen Gründen sollte Cyanid, wenn irgend möglich, vermieden werden (eventuell durch Kaliumbitartrat-(Weinstein-)Lösung (20 g/l) zu ersetzen).

Netzmittel: Netzmittel verbessern die Peptisierung und Emulgierung und setzen die Oberflächenspannung herab. Sie müssen ausreichend löslich und ph-beständig sein. Je stärker oberflächenaktiv ein Netzmittel ist, um so schwieriger ist es auch abzuspülen. Es soll möglich niedrig konzentriert gehalten werden.

Seifen (Harzseifen, Natriumoleat) haben Netzmitteleigenschaften und sind in warmen bis heißen Bädern genügend löslich, um gute Reinigungseigenschaften zu besitzen. Selbst wenn sie nicht als solche zugegeben werden, bilden sie sich während des Betriebes durch die Verseifungsprozesse. In hartem Wasser können Calcium- und Magnesiumseifen entstehen, die wasserunlöslich und von der Oberfläche schwierig zu entfernen sind. Natriumhexametaphosphat („Calgon“) verhindert die Fällung [4]) derartiger Seifen.

---

[1]) Anhydrid bedeutet Säure ohne Wasser (z. B. $H_2SO_4 - H_2O = SO_3$)

[2]) Inhibitor = Hemmstoff

[3]) Kein Bestandteil in Abkochentfettungslösungen wegen Gefahr der Blausäurebildung.

[4]) Das Entstehen unlöslicher chemischer Verbindungen in einer Lösung wird Fällung genannt.

Neben den in Tabelle II.5 enthaltenen Badzusammensetzungen gibt es eine Reihe patentierter Lösungen, die von den Fachfirmen angeboten werden. Damit können spezielle oder schwierige Entfettungsaufgaben besser gelöst werden.

Bei Verwendung von Alkalilauge (NaOH, KOH) ist zu beachten, daß infolge Seifenbildung in unerwünschter Menge Schaum auftreten kann. In diesem Fall wird die Konzentration an Alkalilauge erniedrigt und diese ganz oder teilweise durch Carbonat oder Phosphat ersetzt. ***Kalt gewalzter Stahl*** ist sehr schwierig zu reinigen, da sich häufig Zersetzungsprodukte des Walzschmiermittels auf der Oberfläche adsorptiv festsetzen und schwer entfernbare Rückstände bilden. In emulgierter Form oxydieren die Öltröpfchen besonders leicht und ergeben vor allem nach dem Blankglühen in sauerstofffreier Atmosphäre störende Niederschläge. Wenn die normale Heißtauch- oder Heißspritzentfettung mit anschließender elektrolytischer Entfettung nicht ausreicht, kann zusätzlich Ultraschallreinigung angewandt werden.

3. Reinigungsverfahren mit alkalischen Lösungen

a) Abkochentfettung und elektrolytische Entfettung

Vor der elektrolytischen Reinigung wird die Ware (einzeln oder in geeigneten Körben untergebracht) in ein meist heißes Reinigungsbad getaucht. Größere Teile lassen sich abspritzen. Sie wandern hierbei mittels Förderband durch die Anlage. Die Spritzdüsen müssen sorgfältig angeordnet werden. Die üblichen Drucke in den Düsen betragen etwa 3 Atmosphären (1 at = 1 kp/cm^2).

Die elektrolytische Reinigung nimmt den elektrischen Strom zu Hilfe. Hierzu wird die Ware meistens als Kathode geschaltet. An der Kathode bildet sich Wasserstoff. Seine Menge ist doppelt so groß wie die Sauerstoffmenge, die sich an der Anode bildet. Die Gase unterstützen mechanisch die Reinigungswirkung. Nachteil der kathodischen Schaltung der Ware: Wasserstoffgas kann in Stahlwerkstücke eindiffundieren und ihre Festigkeitswerte herabsetzen (Wasserstoffbrüchigkeit); Spuren gelöster Weichmetalle können auf der Warenoberfläche abgeschieden werden. Durch Umpolung kurz vor Beendigung der Entfettung kann die Schicht wieder entfernt werden.

Die Reinigungsbäder sind mit Heizung, eventuell Kühlung, Dunstabsaugung und manchmal mit einer Flutungseinrichtung versehen, die an der Oberfläche schwimmendes Fett abscheidet.

Tabelle II.5: Alkalische Entfettungslösungen

Werkstoff	Entfettungslösung		Temp. °C	Beh.-dauer min	Stromdichte A/dm²	Spannung V
Tauchbäder:						
Stahl (starke Verschmutzung)	Trinatriumphosphat	35 %	85 ... 90	5 ... 10	–	–
	Natriumpyrophosphat	5 %				
	Na-metasilicat	50 %				
	Na-hydroxid	8 %				
	Netzmittel	2 %				
(mäßige Verschmutzung)	Na-metasilicat	45 g/l	85 ... 95	5 ... 10	–	–
	Tri-Na-Phosphat	45 g/l				
	Netzmittel	1,5 g/l				
	Emulsionsentfetter: Konzentrat aus:					
Auch für *Leicht-* und *Buntmetalle*	Triäthanolamin	2 l				
	Ölsäure	4 l				
	Buthylmethylketon	2 l				
	Terpentinöl	15 l				
	Petroleum	15 l				
	Tauchreinigung: 1 Teil Konzentrat 4 Teile Wasser		20 ... 80	–	–	-
	Spritzreinigung: 1 Teil Konzentrat 30 ... 40 Teile Wasser		50 ... 80	–	–	–
NE-Metalle	Na-metasilicat	30 g/l	75 ... 85	–	–	–
	Tri-Na-Phosphat	30 g/l				
	Netzmittel	1,5 g/l				
Aluminium	Tri-Na-Phosphat	100 g/l	40 ... 50	5 ... 10	–	–
	Netzmittel	1,5 g/l				
und seine Legierungen	Na-carbonat [1])	75 g/l	18 ... 20	5 ... 10	–	–
	Na-chromat	20 g/l				
	Na-carbonat [1])	50 ... 100 g/l	20 ... 70	3 ... 10	–	–
	Netzmittel	1,5 g/l				
Magnesium	Na-hydroxid	15 g/l	88 ... 95	3 ... 10	–	–
	Na-carbonat	22,5 g/l				
	Netzmittel	0,75 g/l				
Elektrolytische Entfettungsbäder:				Beh.-dauer in Sek.		
Alle Metalle	Na-carbonat [1])	20 g/l	20 ... 25	30 ... 90	3 ... 5	6 ... 8
	Tri-Na-phosphat	5 g/l				
	Alkalisilicat	15 g/l				
	Netzmittel	0,1 ... 0,2 g/l				
Stahl	Na-hydroxid	150 g/l	18 ... 25	30 ... 60	5 ... 8	12 ... 15
	Na-carbonat	5 g/l				
	Na-cyanid	10 g/l				
	Na-hydroxid	50 g/l	18 ... 25	40 ... 60	3 ... 5	3 ... 6
	Na-carbonat	50 g/l				
	Na-cyanid	50 g/l				
	Cu-cyanid [2]) (einwertig)	12,5 g/l				

Werkstoff	Entfettungslösung		Temp. °C	Beh.-dauer Sek.	Strom-dichte A/dm^2	Spannung V
Kupfer und Messing	Tri-Na-Phosphat Na-metasilicat Na-cyanid	275 g/l 45 g/l 30 g/l	20	30 ... 60	3	6 ... 12
Kupfer, Zink, Silber u. Leg.	K[3])-silikat K-hydroxid K-cyanid Netzmittel	60 g/l 30 g/l 10 g/l 0,01 ... 2 g/l	20 ... 25	30 ... 60	3 ... 6	4 ... 6
Zink u. Leg.	Tri-Na-Phosphat	4,5 %	70 ... 90	90 ... 120	–	6 ... 8
Zinkspritzguß	Tri-Na-Phosphat Na-hydroxid Na-cyanid	45 g/l 30 g/l 30 g/l	25 ... 30	15 ... 30	5 ... 8	6 ... 12
Aluminium	K-silicat K-carbonat K-hydroxid K-cyanid Netzmittel	45 g/l 35 g/l 15 g/l 5 g/l 0,01 ... 2 g/l	20 ... 25	–	–	6
Magnesium	Tri-Na-Phosphat Na-carbonat	25 g/l 25 g/l	95	–	1 ... 2	–
Bandstahl (automatische Reinigung)	Na-metasilicat Na-carbonat	12,5 ... 31 g/l 12,5 g/l	80 ... 85	3 (Durchlauf mit 7,5 $\frac{m}{s}$)	5 ... 10	–

[1]) wasserfrei

[2]) Enthält das elektrolytische Entfettungsbad Kupfercyanid (zusammen mit Natriumcyanid), so schlägt sich auf der Warenoberfläche eine dünne Kupferhaut nieder, die als Untergrund für nachfolgende galvanische Abscheidung dient. Da die Kupferabscheidung nicht gut haftet, ist das Verfahren wenig empfehlenswert. (Kupfercyanid nur in Natriumcyanid löslich; keine direkte Wasserlöslichkeit.)

[3]) K = Kalium

b) Ultraschallreinigung

Ultraschallschwingungen sind Tonschwingungen, deren Frequenzen außerhalb des Hörbereichs liegen, dessen obere Grenze mit 20 000 Schwingungen je Sekunde (20 000 Hertz) angenommen wird. Der Ultraschall wird durch mechanische Schwinger erzeugt. Magnetostriktive [1]) Schwinger werden so bemessen, daß sie mit 20...40 Kiloherz (kHz) schwingen, piezoelektrische [2]) Schwinger (z. B. aus Quarz oder Bariumtitanat) schwingen meistens mit einigen hundert Kilohertz.

Die Schwinger werden am Boden des Reinigungsbehälters angebracht, der ein organisches Lösungsmittel wie Trichloräthylen oder eine wäßrige Lösung enthält. Welcher Flüssigkeit der Vorzug gegeben werden soll, entscheidet das bessere Reinigungsergebnis.

Die Schwingungen laufen als Druckwellen durch die Flüssigkeit. Vorstehende Oberflächenteile, wie sie z. B. die Schmutzpartikelchen darstellen, wirken als Kavitationskeime. An diesen zerplatzen Gasbläschen, die sich zwischen Warenoberfläche und Flüssigkeit bilden, und reißen die Schmutzteilchen ab. In organischen Lösungen stellt sich das Optimum der Reinigungswirkung ein, wenn dicht unterhalb des Siedepunktes gearbeitet wird, bei wäßrigen Lösungen zwischen 50 °C und 70 °C. Die Ultraschallreinigung wird der elektrolytischen Entfettung vorgeschaltet.

c) Nachbehandlung

Nach der Entfettung in alkalischen Lösungen wird die Ware in sauren Lösungen neutralisiert. Da hierbei meistens auch ein leichter Oxidfilm entfernt wird, wird der Vorgang auch *Dekapieren* genannt. Zur Neutralisation eignen sich Lösungen schwacher Säuren bzw. deren Salze (Kaliumbitartrat (Weinstein) 5 . . . 20 g/l), zum Dekapieren Salzsäure (1 : 10 bis 1 : 1) oder Schwefelsäure (1 : 50 bis 1 : 10). Kupfer und Silber, sowie Kupfer- und Silberlegierungen werden zusätzlich in Alkalicyanidlösungen (50 . . . 100 g/l) dekapiert. Spezielle Dekapiersalze liefern die Fachfirmen.

---

1) In magnetischen Wechselfeldern führen ferromagnetische Stäbe Längsschwingungen aus. Gebräuchliches Material: Nickelstäbe in gleichstromgespeisten Spulen mit Wechselstromüberlagerung.

2) In elektrischen Wechselfeldern führen piezo (= Druck)-elektrische Stoffe Dickenschwingungen aus. Merkliche Amplituden im Resonanzfall. Die Eigenschwingungsfrequenz ist nur von den geometrischen Abmessungen der piezoelektrischen Kristalle abhängig.

III. Anstrichmittelüberzüge

A. Anstrichmittel, allgemeine Grundlagen

Ein für jeden Zweck geeignetes Universalanstrichmittel gibt es nicht. Die Zahl der Anstrichmittel ist jedoch so groß, daß für jeden Bedarfsfall geeignete Anstrichmittel auf dem Markt sind. Sie werden laufend verbessert und ergänzt. Es ist zweckmäßig, daß Hersteller und Verbraucher dauernd in Verbindung miteinander bleiben.

1. Anstrichmittelaufbau

Anstrichmittel enthalten im allgemeinen Bindemittel, Pigment (unlösliche Farbkörper), Lösungsmittel und eventuell Zusatzstoffe wie Sikkative (Trocknungszusätze), Katalysatoren (zur Beschleunigung der Trocknung) u. ä. Klarlacke enthalten kein Pigment.

Der durchgetrocknete Anstrichfilm besteht aus Bindemittel und Pigment bzw. nur aus Bindemittel. Kohäsionskräfte halten den Film zusammen, Adhäsionskräfte halten ihn auf dem Untergrund fest. Beide Kräfte sollen aufeinander abgestimmt sein. Ein Mißverhältnis kann z. B. eintreten, wenn ein Einzelanstrich zu dick ausfällt; die Kohäsionskräfte können überwiegen und Runzeln verursachen. Ist bei mehreren Anstrichschichten die jeweils folgende zu „mager", so können die Adhäsionskräfte zu groß werden und beim Trocknen Risse entstehen *lassen.* „Mager" bedeutet bindemittelarm. Für den Gesamtaufbau eines mehrschichtigen Anstrichs gilt im allgemeinen die Regel: *von mager nach fett,* d. h. der erste Anstrich enthält eine größere Pigmentkonzentration als der folgende usw.

Die Güte eines Anstrichmittels wird nicht nur durch die Einzelkomponenten bestimmt, sondern auch durch deren Verarbeitung. Optimale Kohäsion wird dann erreicht, wenn jedes Pigmentteilchen allseitig von Bindemittel umgeben ist, d. h. keine Pigmentagglomerate vorhanden sind. Hierzu muß das Anstrichmittel genügend *gut* angerührt („angerieben") werden.

a) Aufbau von Außenanstrichen

Gegen atmosphärische Dauerbeanspruchung schützen im allgemeinen zwei Grund- und zwei Deckanstriche in ausreichendem Maße. Die Grundanstriche übernehmen den Korrosionsschutz, die Deckanstriche verhindern das Verwittern der Grundanstriche und dienen der Farbgebung. Die Pigmente sind ein wichtiger Bestandteil der Grundanstriche. Ihre Wahl wird bestimmt durch die Schutzanforderungen (z. B. Schutz gegen Atmosphäre, gegen Seewasser, gegen chemische Agenzien usw.).

Bei Konstruktionen aus U-, I-, Winkel- oder Flacheisen u. ä. empfiehlt sich ein zusätzlicher Kantenanstrich, da eine Unterrostung stets von der Kante ausgeht. Reklamationen können leichter bearbeitet werden, wenn man die Einzelanstriche in verschiedenen Farben oder Farbtönen ausführen läßt.

Die Gesamtschichtstärke des Anstrichs richtet sich nach der maximalen Rauhigkeit des Untergrundes; sie soll mindestens dreimal so stark sein wie die maximale Rauhtiefe. Bei einer Oberflächenvorbehandlung durch Strahlen ist die Wahl der Korngröße hierfür von Bedeutung. Nach DIN 55 928 werden für Rostschutzanstriche 120 μm empfohlen. Im Stahleisenbetriebsblatt 104 230–58 werden 160 μm vorgeschrieben.

b) Kostenfragen

Dient der Anstrichmittelüberzug dem Korrosionsschutz, so ist der auf ein Jahr umgerechnete Kostenaufwand zur Instandhaltung praktisch von alleiniger Bedeutung. Mit p = Kosten des Anstrichmittels in DM/kp, B = Ergiebigkeit in m^2/kp, k_2 = Kosten für Vorbehandlung (Entfernen alter Anstriche, Entrostung u. ä.) in DM/m^2, k_3 = Kosten für Anstrichmittelauftrag in DM/m^2, A = Gesamtfläche in m^2, T = Lebensdauer in Jahren (a), k_1 = p/B = Anstrichmittelkosten in DM/m^2, R = Gesamt-Unterhaltskosten in DM/Jahr = DM/a und r = R/A = Unterhaltskosten je m^2 in DM/(m^2 · a) gilt:

$$r = \frac{p/B + k_2 + k_3}{T} = \frac{k_1 + k_2 + k_3}{T}.$$

Betragen für ein besseres Anstrichmittel, das eine um Δ T längere Lebensdauer gewährleistet, die entsprechenden Mehrkosten je Quadratmeter Anstrich Δk_1, Δk_2, Δk_3, so vermindert sich der jährliche Instandhaltungskostenaufwand, wenn

$$\frac{\Delta k_1 + \Delta k_2 + \Delta k_3}{\Delta T} \, (\leqq) \, r.$$

Das Gleichheitszeichen gilt für den Fall, daß keine Kostenverminderung eintritt. Wird der Quotient größer r, so tritt Kostenvermehrung ein. Für die Änderung relativ zum ersten Wert r der jährlichen Instandhaltungskosten je Quadratmeter Oberfläche in % gilt:

$$100 \cdot \frac{\Delta r}{r} = \frac{100}{1 + T/\Delta T} \left(1 - \frac{(\Delta k_1 + \Delta k_2 + \Delta k_3)}{(k_1 + k_2 + k_3)} \cdot \frac{T}{\Delta T} \right).$$

Wird der Wert rechts vom Gleichheitszeichen negativ, dann bedeutet dies eine prozentuale Vermehrung der Kosten.

Zahlenbeispiel

Alle Kosten sollen auf k_1 bezogen werden. Es sei:

$k_2 = 1{,}833\,k_1$, $k_3 = 3{,}166\,k_1$, $\Delta k_1 = (25/100)\,k_1$ (25 % von k_1),

$$\Delta k_2 = \frac{15}{100}\,k_2 = \frac{15 \cdot 1{,}833}{100}\,k_1, \quad \Delta k_3 = -\frac{25}{100}\,k_3 = -\frac{25 \cdot 3{,}166}{100}\,k_1,$$

$$\Delta T = \frac{20}{100}\,T. \qquad \text{(neg. Vorzeichen bedeutet Kostenverminderung)}$$

Eingesetzt gilt:

$$100 \cdot \frac{\Delta r}{r} = \frac{100}{1 + \frac{1}{0{,}2}}\left(1 - \frac{0{,}25 + 0{,}15 \cdot 1{,}833 - 0{,}25 \cdot 3{,}166}{(1 + 1{,}833 + 3{,}166) \cdot 0{,}2}\right)$$

$$= \frac{100}{6}\left(1 + \frac{0{,}26655}{1{,}2}\right) = 20{,}4\ \%$$

Die jährliche Kostenersparnis je Quadratmeter zu behandelnder Oberfläche beträgt bei Verwendung des neuen Anstrichmittels also 20,4 %, trotzdem es je Quadratmeter Fläche um 25 % teurer und die Kosten für die Vorreinigung um 15 % höher liegen bei allerdings gleichzeitiger Verminderung der Verarbeitungskosten um 25 % und einer Erhöhung der Lebensdauer um 20 %.

Ist das Gewicht einer Blech- oder Gliederkonstruktion gegeben, so kann die Oberfläche A je Megapond in Abhängigkeit von der Blechstärke bzw. dem Normalprofil aus Bild III.1 entnommen werden.

Handelt es sich um Feinlackierung wie z. B. um Lackierung von Uhrengehäusen, Taschenbügeln, Schnallen, Beleuchtungskörpern u. ä., so spielt der Lackpreis eine untergeordnete Rolle. Entscheidend ist hier der Verkaufswert, der bezüglich des Anstrichmittels durch das Aussehen der Oberfläche bestimmt wird. Wenn eine Lackierung, die z. B. um 50 % teurer ist, den Verkaufswert um 75 % des Lackierungspreises steigert, dann ist eben diese Lackierung die günstigere.

2. Filmbildung

Allen Bindemitteln gemeinsam ist die Fähigkeit, aus der flüssigen Phase heraus, in der sie aufgebracht werden, einen festen oder quasifesten Film zu bilden. Die Filmbildung ist daran gebunden, daß das Bindemittel mehr oder weniger vollständig Makromoleküle bildet. Diese können entweder bereits im flüssigen Anstrichmittel vorgebildet sein oder sich mit dem Trocknungsvorgang ausbilden.

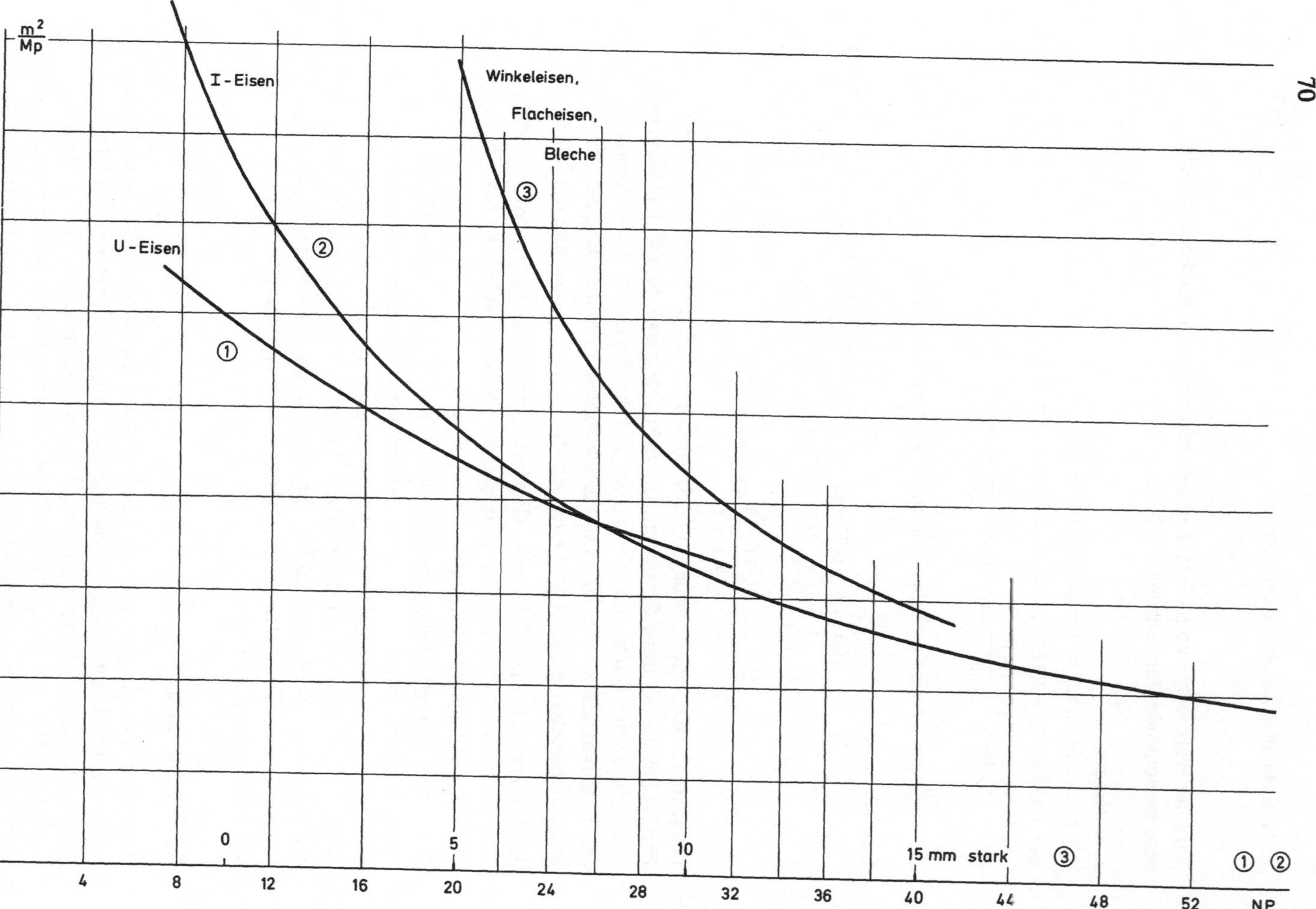

Bild III.1. Oberfläche in Quadratmeter je Megapond (m^2/Mp) für unterschiedliche Normalprofile bzw. Blechstärken

Bei trocknenden Ölen bildet sich innerhalb des Anstrichfilms unter Aufnahme von Luftsauerstoff kolloidal-chemisch ein Gelgerüst (Gel von Gelatine), das den Gesamtfilm als quasifest erscheinen läßt. Bei Harzen und Kunstharzen produzieren vorwiegend drei Reaktionstypen Makromoleküle: *Polykondensation, Polyaddition* und *Polymerisation.*

Die Makromoleküle zeigen eine gewisse Größenverteilung, aus der sich eine mittlere Molekülgröße ergibt. Von dieser hängt im wesentlichen die Viskosität von Harzen gleicher Ausgangsstoffe ab. Bei künstlichen Harzen läßt sich die mittlere Molekülgröße und damit die Viskosität oft in gewünschter Weise steuern.

a) Polykondensation

Unter Polykondensation versteht man einen stufenweisen Makromolekülaufbau, wobei ein niedrig-molekulares Produkt (häufig Wasser) abgespalten wird. Die Wachstumsreaktion kann jederzeit unterbrochen und beliebig neu fortgesetzt werden. Man kann also bei einer für die Verarbeitung erwünschten Viskosität das Wachstum unterbrechen und sich nach dem Auftragen als Trocknungsvorgang fortsetzen lassen.

Einfaches Beispiel einer Polykondensation: Reaktion einer zweiwertigen, organischen Säure mit einem zweiwertigen Alkohol wie z. B.:

$HOOC \cdot (CH_2)_2 \cdot COOH + HO \cdot (CH_2)_2 \cdot OH \rightarrow HOOC(CH_2)_2COO(CH_2)_2OH + H_2O$

Bernsteinsäure + Äthylenglykol → Bernsteinsäuremonoester + Wasser.

An der endständigen COOH-Gruppe kann sich weiter Äthylenglykol, an der OH-Gruppe weiter Bernsteinsäure anschließen jeweils unter Abspalten von je einem H_2O-Molekül. Es entstehen schließlich Ketten-Makromoleküle der Form: $H\,[OOC\,(CH_2)_2]_n \cdot OH$ bzw. $[(CH_2)_2COO]_n \cdot H_2O$, wobei n im allgemeinen zwischen 20 und 100 liegt.

Geht man statt von zwei- von drei- und mehrwertigen Säuren und Alkoholen aus, so ergeben sich eben oder räumlich vernetzte Makromoleküle, wie es für Lackrohstoffe auf Kunstharzbasis stets der Fall ist. Je nach Konzentration des einen oder anderen Reaktionspartners und der Reaktionstemperatur läßt sich die mittlere Molekülgrößenausbildung und damit die Viskosität steuern. Setzt man zu einem späteren Zeitpunkt, z. B. kurz vor der Verarbeitung, eines der Mittel weiter zu, so schreitet zusammen mit der Trocknung die Makromolekülbildung weiter fort.

Diesem Reaktionstyp entsprechen Phenol-, Harnstoff-, Melamin-, Formaldehyd-, Polyester-, Alkydharze u. a. m.

b) Polyaddition

Unter Polyaddition versteht man eine Makromolekülbildung bei zwei organischen Ausgangsstoffen durch innermolekulares Verschieben eines Atoms oder einer kleinen Atomgruppe ohne Abspalten eines Moleküls.

Einfaches Beispiel einer Polyaddition:

$OCN \cdot (CH_2)_6 \cdot NCO + HO \cdot (CH_2)_4 \cdot OH \rightarrow OCN(CH_2)_6NHCOO(CH_2)_4OH$

Hexamethylendiisocyanat + Butandiol Hexamethylenbutandiolcyanat.

An der OCN-Gruppe kann Diol, an der OH-Gruppe kann Isocyanat weiter anschließen. Es entstehen schließlich Kettenmoleküle der Form: $[(CH_2)_6HN \cdot OOC \cdot (CH_2)_4HN \cdot COO]_n$. Wichtigste Polyadditionsharze sind Polyurethane und Epoxyharze, wobei die Reaktionspartner statt zwei- wieder drei- und mehrwertig sind, so daß räumlich vernetzte Makromoleküle entstehen.

c) Polymerisation

Bei der Polymerisation lagern sich gleichartige Moleküle aneinander an. Dieses erfolgt an ungesättigten Kohlenwasserstoffen mit reaktionsfähigen Doppelbindungen.

(Beispiele für Einfach- und Doppelbindung:

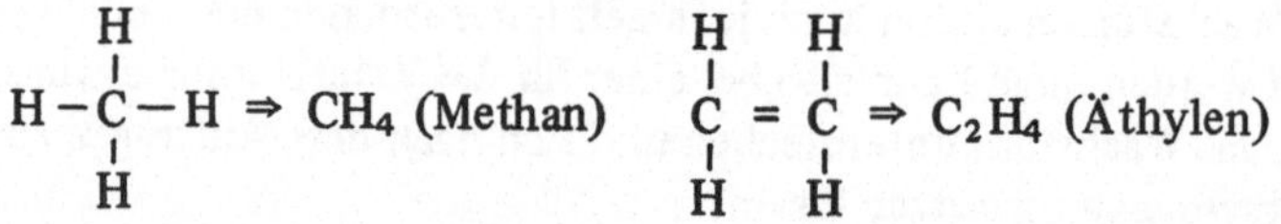

$$\begin{array}{c} H \\ | \\ H-C-H \\ | \\ H \end{array} \Rightarrow CH_4 \text{ (Methan)} \qquad \begin{array}{ccc} H & & H \\ | & & | \\ C & = & C \\ | & & | \\ H & & H \end{array} \Rightarrow C_2H_4 \text{ (Äthylen)}$$

Doppelbindungen sind wesentlich energiereicher als Einfachbindungen, wobei die Tendenz besteht, vom energiereicheren in den energieärmeren Zustand überzugehen.

Die Polymerisation beginnt mit einer Startreaktion, wobei statistisch verteilt an verschiedenen Molekülen die Doppelbindung aufbricht. Diese „Keim"-bildung für eine Makromolekülbildung kann durch Licht (technisch bedeutungslos) oder Wärme (Ofentrocknung) oder bei Raumtemperatur katalytisch ausgelöst werden. Im letzten Fall liefert der zerfallende Katalysator (Härter) ein Radikal (Restmolekül) R, das sich an ein Grundmolekül anlagert und damit einen Keim bildet.

Beispiel für das Aufbrechen einer Doppelbindung

Das Monomermolekül sei Vinylacetat:

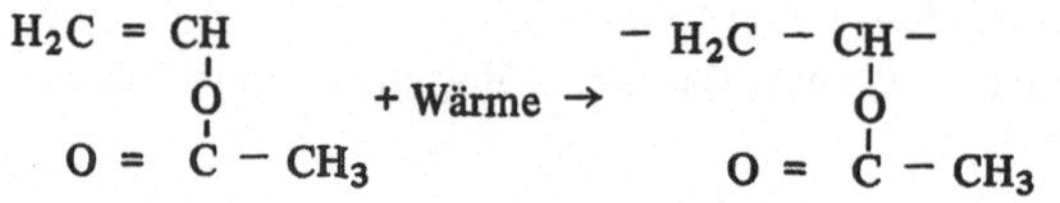

$$\begin{array}{lcl} H_2C & = & CH \\ & & | \\ & & O \\ & & | \\ O & = & C - CH_3 \end{array} \quad + \text{Wärme} \rightarrow \quad \begin{array}{lcl} -H_2C & - & CH- \\ & & | \\ & & O \\ & & | \\ O & = & C - CH_3 \end{array}$$

(Doppelbindung ist aufgebrochen!)

Durch Anlagern weiterer reaktionsfähiger Monomeren entstehen verzweigte Makromoleküle, also Polyvinylacetat der Form:

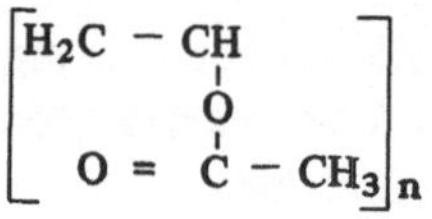

$$\left[\begin{array}{lcl} H_2C & - & CH \\ & & | \\ & & O \\ & & | \\ O & = & C - CH_3 \end{array}\right]_n$$

Statt durch Wärme kann durch Radikaladdition ein Wachstumskeim gebildet werden. Dann entstehen Polyvinylacetatmoleküle der Form:

$$R - \left[\begin{array}{l} H_2C - \underset{\substack{| \\ O \\ | \\ O = C - CH_3}}{CH} - \end{array} \right]_n$$

Eine Keimbildung durch Ionen und anschließende Ionenkettenpolymerisation spielt lacktechnisch keine Rolle.

Das Kettenwachstum endet dadurch, daß die aktiven Stellen abgesättigt werden, z. B. durch gegenseitige Desaktivierung zweier Ketten oder durch Fremdsubstanzanlagerung. Solche Substanzen heißen Regler, da sie es gestatten, die Molekülgröße zu regulieren. Abbrechen des Wachstums und späteres Weiterwachsen ist bei Polymerisationsketten nicht möglich.

Weitere Beispiele für Polymerisationsketten:

Polyäthylen: $- CH_2 - CH_2 - \cdots - CH_2 -$

Polyvinylchlorid (PVC): $- CH_2 - \underset{Cl}{\underset{|}{CH}} - CH_2 - \underset{Cl}{\underset{|}{CH}} - \cdots -$

Polyakrylsäure: $- CH_2 - \underset{COOH}{\underset{|}{CH}} - CH_2 - \underset{COOH}{\underset{|}{CH}} - \cdots -$

Polystyrol: $- CH_2 - \underset{C_6H_5}{\underset{|}{CH}} - CH_2 - \underset{C_6H_5}{\underset{|}{CH}} - \cdots -$

(⬡ $= C_6H_6 =$ Benzol)

Zu den Polymerisationsbindemitteln gehören: Vinylharze, Polyäthylen, Buna, Kunstkautschuke, Cumaronharze u. a. m.

B. Natürliche Bindemittel

Anstrichmittel lassen sich nach verschiedenen Gesichtspunkten einteilen: z. B. nach der Art der Trocknung in ofentrocknende, lufttrocknende oder kalthärtende Anstriche; nach dem Verwendungszweck in z. B. Karosserie-, Konservendosen-, Heizkörper, Isolierlacke u. a. m.; nach der Art der Verarbeitung in z. B. Streich-, Spritz-, Tauch-, Drucklacke usw.; schließlich nach der Art der Bindemittel. Diese Einteilung trägt der chemischen Natur der Anstrichmittel Rechnung. Sie soll ausführlicher betrachtet werden.

1. Anstrichmittel auf Ölbasis

Ölfarben haben als Schutzanstriche gegen atmosphärische Einwirkungen dort ihre Bedeutung erhalten, wo lange Trockenzeiten hingenommen werden können. Trocknende oder halbtrocknende, durch chemische Behandlung in

trocknende umwandelbare Öle sind als Bindemittel verwendbar. (Öle lassen sich in fette und ätherische Öle einteilen, wobei die fetten Öle in trocknende, halb und nicht trocknende eingruppiert werden können.)
Für Anstrichmittel eignet sich vorwiegend das trocknende Lein-, Holz- und Oiticicaöl, nach Vorbehandlung auch das halbtrocknende Sojabohnen- und das sonst nicht trocknende Rizinusöl.

a) Naturöle

Leinöl: In Europa ist Leinöl das wichtigste trocknende Öl als Bindemittel. Beim Trocknen bildet sich das bereits oben erwähnte Gelgerüst, wobei offenbar Sauerstoff als Vernetzungsbrücke zwischen die Ölmoleküle eingebaut wird.

Holzöl (China): Holzöl allein als Bindemittel trocknet matt und rissig (Eisblumenmuster) bei einer jedoch nur ein Viertel so langen Trockenzeit wie Leinöl. Kombiniert mit Leinöl entstehen wetter- und einigermaßen wasser- und chemikalienfeste Anstriche, die jedoch bei großer Kälte reißen können.

Oiticicaöl (Südamerika): Oiticicaöl trocknet fast so rasch wie Holzöl und kann dieses ersetzen. Chemisch präpariert wird es Cicöl genannt.

Sojabohnenöl: Bei Verwendung von Sojabohnenöl werden entweder die trocknenden Bestandteile angereichert oder es wird mit harten Kunstharzen verkocht, um annehmbare Trockenzeiten zu erhalten.

Rizinusöl: Das nicht trocknende Rizinusöl kann mittels Katalysatoren beim Erhitzen Wasser abspalten und dadurch in ein gut trocknendes Öl übergehen. Neben Leinöl bildet es in Alkydharzen einen der wichtigsten modifizierenden Ölanteile. Die Ricinenalkydharze sind sehr wertvolle Vertreter dieser Harzklasse.

b) Veredelte Naturöle

Veredelt wird vorwiegend Leinöl; jedoch auch andere trocknende Öle lassen sich in ähnlicher Weise verbessern.

Firnisse: Metallfirnisse entstehen durch Verkochen von Leinöl mit Oxiden von Blei, Mangan und ev. Kobalt. Geblasene, gekochte Firnisse erhält man durch Lufteinblasen während des Kochens. Das Öl wird so voroxydiert und trocknet damit wesentlich rascher. Präparatfinisse werden Öle genannt, in denen bei etwa 150 °C Trockenstoffe gelöst wurden. Sikkativierte Öle enthalten bei Raumtemperatur gelöste Trockenstoffe. Faktisierte Öle sind mit flüssigem Schwefelchlorid verkochte geblasene Öle. Es entstehen Makromoleküle, deren Wachstum durch Testbenzinzusatz gestoppt werden kann. Somit lassen sich erwünschte Viskositäten einstellen.

Standöle: Stand- oder Dicköle sind Lackleinöle, die auf 250 ... 300 °C erhitzt wurden, entweder mit Lufteinblasen, unter Luftabschluß oder in Kohlendioxidatmosphäre. Derartige Bindemittel trocknen rascher und geben elastischere, glänzendere und wetterbeständigere Filme. Die Viskosität der Standöle hängt von der Kochtemperatur ab.
Konjugierte Öle: Leinöl kann hinsichtlich Trocknungsgeschwindigkeit, und Beständigkeit des Anstrichfilms dadurch holzöl-ähnliche Eigenschaften erhalten, daß auf chemischem Wege im Ölmolekül vorhandene Doppelbindungen in konjugierte Doppelbildungen überführt, d. h. soweit verschoben werden, daß zwischen ihnen nur noch eine Einfachbindung liegt. Konjugierte Doppelbindungen brechen besonders leicht auf und bilden Verzweigungen zu Nachbar- oder Fremdmolekülen im Sinne der Polyaddition oder Polymerisation.
Gesamtvorgang (schematisch):

$$-\overset{|}{C}=\overset{|}{C}-\underset{|}{\overset{|}{C}}-\overset{|}{C}=\overset{|}{C}- \xrightarrow{(1)} -\overset{|}{C}=\overset{|}{C}-\overset{|}{C}=\overset{|}{C}-\underset{|}{\overset{|}{C}}- \xrightarrow{(2)} -\underset{|}{\overset{|}{C}}-\underset{|}{\overset{|}{C}}-\underset{|}{\overset{|}{C}}-\underset{|}{\overset{|}{C}}-\underset{|}{\overset{|}{C}}-$$

2. Naturharzbindemittel

a) Nicht veredelte Naturharze

Kolophonium (rezentes Harz; rezent = in der Gegenwart lebend): Kolophonium ist als Balsam- und Wurzelharz im Handel. Balsamharz wird aus Koniferen (= Nadelhölzern) gewonnen, indem die flüchtigen Bestandteile abdestilliert werden. Wurzelharz wird aus Baumwurzeln extrahiert. Beide Harze besitzen heute etwa gleiche Qualität. Als Ersatz für Balsam- und Wurzelharz gewinnen Tallharze an Bedeutung. Sie entstehen bei der Tallölherstellung.
Andere rezente Harze sind: Drachenblut, Akkaroid, Benzoe, Sandarak, Mastix und Dammar. Wie Kolophonium werden sie direkt für billige Lacke wie z. B. Spirituslacke verwendet.
Kopale (rezent-fossile Harze; rezent-fossil = einige Jahrhunderte bzw. Jahrtausende alt) und *Bernstein* (fossiles Harz; viele Jahrtausende alt): Kopale werden nach ihren Fundorten näher bezeichnet (z. B. Kongokopal, Manilakopal usw.); Bernstein wird am Ostseestrand gefunden. Beide Harzarten müssen ausgeschmolzen werden, um öllöslich zu werden. Ausschmelzen bedeutet: Austreiben aller flüchtigen Bestandteile. Die Anstriche trocknen hart, riß- und blasenfrei, sind wetter- und ziemlich chemikalienfest und ertragen Temperaturen bis etwa 200 °C.

Schellack (vorwiegend Indien): Schellackarten sind harzige Ausscheidungen der Lackschildlaus. Schellack kann durch Kunstharze noch nicht vollwertig ersetzt werden. Lacktechnisch dient es als Bindemittel für Spiritus- und Nitrolacke, sowie für seewasser, benzin- und säurefeste Anstriche.

b) Veredelte Naturharze

Hartharze: Hartharze werden durch Einbringen von Kalk und/oder Zinkoxid in eine Naturharzschmelze aus vorwiegend Kolophonium erhalten. Als Zusatz zu Öllacken wird deren Trocknung merklich beschleunigt. Kalk-Zinkharze sind weitgehend neutral. Nicht veredeltes Kolophonium ist sauer.

Harzester: Harzester werden durch Veresterung von Naturharzen mit mehrwertigen Alkoholen gewonnen. Beispiel einer Veresterung:

Abietinsäure (Hauptbestandteil des Kolophoniums)	+	Glycerin (mehrwertiger Alkohol)	→	Diabietat (Abietinsäureester)	+	$2\,H_2O$

(Daneben bildet sich auch Mono- und Triabietat, wobei 1 bzw. 3 H_2O abgespalten werden.) Als mehrwertige Alkohole werden auch Pentaerythrit und Hexatriol genommen.

Harzester werden z. B. zur Herstellung von kombinierten Öl-, Alkydharz-, Zellulose- und Chlorkautschuklacken verwendet.

Maleïnatharze: Maleinatharze bilden das Endprodukt der chemischen Reaktion von Maleinsäureanhydrid mit Kolophonium und anschließender Veresterung. Diese Harze dienen als Bindemittelbestandteil in rasch trocknenden Öllacken vorwiegend heller Farbtöne und vertragen sich gut mit Nitrozellulose.

Kunstkopale (nach dem Hersteller auch Albertole genannt): Kunstkopale könnten auch zu den Kunstharzen gerechnet werden. Sie stellen Harzsäure-modifizierte Phenol-Formaldehydharze dar. Das Kolophonium liefert hierbei die Harzsäure (z. B. ein Gemisch aus Abietinsäure und Lävopimarsäure; beide unterscheiden sich nur durch die Lage einer Doppelbindung.) Im Gegensatz zu Naturkopalen besitzen Kunstkopale stets gleiche Qualität und Reinheit und sind ohne Ausschmelzen öllöslich. Die Herstellung ist variabel, so daß vielen Verarbeitungswünschen Rechnung getragen werden kann. Wegen ihrer Verträglichkeit mit Ölen, Alkydharzen, chloriertem und zyklisiertem Kautschuk, Polyvinylchlorid, Phenolharzen und teilweise Nitrozellulose sind Bindemittel auf Kunstkopalbasis ziemlich allgemein verwendbar. Die Anstriche trocknen hart, riß- und blasenfrei, sind wetter-, säure- und alkalifest und ertragen Temperaturen bis 200 °C.

c) Cellulosederivate

Die Cellulose selbst besteht aus kettenförmigen Makromolekülen mit freien Hydroxylgruppen, kann sich also wie ein Polyalkohol verhalten. Dies bedeutet, daß Cellulose verestert und veräthert werden kann.

Celluloseester (Nitrocellulose, Nitrowolle, Lackwolle oder Collodiumwolle) entsteht durch Nitrierung mit Salpetersäure und liefert den Rohstoff für die Nitro- bzw. *Zaponlacke.* Wird mit Essigsäure verestert, so erhält man *Celluloseacetat* (Handelsnamen: Cellon, Cellit, Acetylzellulose). Zaponlack und Celluloseacetat liefern rasch trocknende Bindemittel für Feinlackierungen bzw. Lackierungen, die nicht der Witterung oder sonstigen chemischen Angriffen ausgesetzt sind.

Celluloseäther sind im wesentlichen Methyl-, Äthyl- und Benzylcellulose. *Methylcellulose* ist normalerweise in kaltem Wasser löslich (nicht in Heißwasser) und wird für Leime verwendet. *Äthylcellulose* bildet wasserklare, ziemlich lichtechte Filme und wird z. B. zur Metall-Lackierung in Form von Zaponlack angewandt. *Benzylcellulose* neigt zur Vergilbung, ist jedoch wasserfest und gut alkalibeständig und zeigt auch auf Leichtmetall gute Haftfestigkeit. Wegen seiner Alkalifestigkeit wird Benzylcellulose für Korrosionsschutzanstriche eingesetzt.

C. Kunstharzbindemittel

Bei der Herstellung künstlicher Bindemittel gibt es außerordentlich viele Möglichkeiten hinsichtlich der organisch-chemischen Natur der Ausgangspartner, die miteinander zur Reaktion gebracht werden. Darüber hinaus hängen die Bindemitteleigenschaften noch von der Durchführung der Reaktionen ab. Diese kann z. B. im sauren, alkalischen oder neutralen Milieu erfolgen, wobei ein stöchiometrisches Verhältnis der Reaktionspartner vorliegen oder der eine oder andere Ausgangsstoff im Überschuß vorhanden sein kann. Ferner sind die Reaktionstemperaturen und der Grad des sauren oder alkalischen Zustandes, d. h. der ph-Wert, von Bedeutung für die Makromolekülbildung und die spezifischen Eigenschaften eines Kunstharzbindemittels. Derart viele Variationsmöglichkeiten lassen sich kaum voll ausschöpfen. Daraus resultiert, daß einerseits nahezu täglich neue Rezepturen gefunden werden, und daß sich andererseits die Anstrichmittelhersteller auf bestimmte Rezepturen beschränken müssen.

1. Polykondensationsharze

In diese Gruppe gehören Aldehydharze, Polyester-(= Alkyd-)harze und Polyamide.

a) Aldehydharze

Die Aldehydharze sind sehr vielgestaltig und umfassen Phenolharze, Amid- und Amin-Formaldehydharze, Benzol-Formaldehydharze, Aldehyd- und Ketonharze.

Phenolharze: Sie entstehen als Reaktionsprodukte von Phenol und seinen Abkömmlingen mit vorwiegend Formaldehyd. Je nach Reaktionsbedingung erhält man *nichteigenhärtende* Harze als sogenannte *Novolacke* oder *härtbare* Harze, sogenannte *Resole.* Resole härten erst nach ihrer Verarbeitung vollständig aus, d. h. sie gehen in den *Resit*zustand über.

Novolacke sind Kettenmoleküle, die wohl verzweigt aber nicht räumlich vernetzt sein können. Sie sind schmelzbar und löslich. In mancher Hinsicht können sie Schellack ersetzen. Sie werden als Spiritus-, Isolier- und Klebelacke verwendet.

Resole sind vorvernetzte Makromoleküle, die in Alkoholen, Ketonen und Ester löslich sind. *Einbrennresollacke* werden nach Verdunsten des Lösungsmittels bei 120 ... 200 °C eingebrannt. Die Resitfilme sind sehr hart und beständig gegen organische Lösungsmittel und ziemlich widerstandsfähig gegen Alkalien und Säuren, thermisch beständig und gut elektrisch isolierend.
Zur Pigmentierung werden faser- oder schuppenförmige Pigmente vorgezogen. *Kalthärtende Resole* verwenden als Härter vorwiegend Phosphor-, Salz- oder Toluolsolfonsäure bzw. organische Stoffe, die Säure abspalten können. Der Härter wird erst kurz vor der Verarbeitung zugesetzt. Auf Holz ergeben sich scheuerfeste Lackierungen, wenn auch Kalthärtresite nicht den gleichen Kondensationsgrad und damit die gleiche Härte erreichen wie Einbrennresite. Kalthärtresole eignen sich für Haftgrundierung und Zweitopf-Wash-primer. *Spirituslösliche Resole* dienen als Bindemittel für Elektroisolierlacke. *Verätherte Resole* sind in Kohlenwasserstoffen löslich und ergeben gegen Lösungsmittel und Treibstoffe beständige Filme. Mittels Holzöl, Rizinusöl, Leinöl u. a. *plastifizierte Resole* sind luft- und ofentrocknend, beständig gegen Lösungsmittel, Treibstoffe, Alkalien und normale Einwirkungen. Sie werden verwendet als Draht-, Isolier-, Konservendosenlacke und sind stanz- und verformungsbeständig. Mit vielen anderen Lackrohstoffen sind die plastifizierten Resole verträglich, wodurch ihnen ein weites Anwendungsgebiet offensteht.

Die bereits erwähnten *Kunstkopale* können als *Harzsäure-modifizierte Resole* angesprochen werden. *Alkylphenolharze,* z. B. mit Holzöl verkocht, liefern eine wasser-, chemikalien- und wetterfeste Lackierung und eignen sich für Korrosionsschutzgrundierungen, die in etwa 10 Minuten staubtrocken werden.

Amid- und Amin-Formaldehydharze: Die wichtigsten Kunstharze dieser Gruppe entstehen aus den Reaktionen von Harnstoff oder Melamin mit Aldehyden.

Harnstoffharze entstehen aus den Umsetzungen von Harnstoff mit Formaldehyd. Die Variation des Verhältnisses der beiden Partner, des ph-Wertes, der Konzentration der Lösungsmittel, der Reaktionstemperatur und der Art und Konzentration von Katalysatoren bietet viele Möglichkeiten. *Plastifizierte Harnstoffharze* ergeben Lackfilme mit guten technischen Eigenschaften. Lufttrocknende Lacke werden durch Kombinieren mit Nitrozellulose + Weichmachern plastifiziert, Einbrennlacke durch Verbinden mit Alkydharzen. Zur Plastifizierung genügt einfaches Mischen der Komponenten vor der Verarbeitung.

Melaminharze sind die bedeutendsten Amin-Formaldehydharze. Mit elastifizierenden Harzen wie Polyesterharzen und vor allem ölmodifizierten Alkydharzen kombiniert, ergeben sich harte, elastische, hochglänzende, vergilbungsfeste Filme mit guter Haftfestigkeit. Hoch eingebrannte Filme (z. B. 30 Minuten bei 180 °C) sind gegen Wasser und heiße Waschlauge beständig und sehr widerstandsfähig gegenüber Lösungsmitteln und Ölen. Ohne sich zu zersetzen, halten sie Temperaturen von 250 °C und mehr aus. Die Harze lassen sich auch säure-kalthärten. *Melamin-Alkydharzlacke* werden vorwiegend als Auto-, Waschmaschinen- und Kühlschranklacke verwendet.

Abwandlungen der Melaminharze sind trichloräthylenfest.

Benzol-Formaldehydharze: Harze dieser Gruppe entstehen aus Benzolkohlenwasserstoffen und Formaldehyd, wobei Sauerstoff in die Harzmoleküle eingebaut wird. Es bilden sich zähviskose Harze, die in aromatischen, und chlorierten Kohlenwasserstoffen, Ketonen und Estern löslich und mit trocknenden Ölen, Cyclokautschuk, Chlorkautschuk, Alkyd- und Phenolharzen kombinierbar sind. Man findet sie als XF-Harze im Handel.

Aldehyd- und Ketonharze: Aus Ketonen und Aldehyden lassen sich mannigfaltige Harze bilden. Aldehyde selbst verharzen bei längerem Stehen. *Aldehydharze* sind Hartharze, die Schellack zum Teil ersetzen können. Sie sind lichtbeständig bzw. hellen bei Belichtung sogar auf.

Ketonharze sind lichtechte, unverseifbare Hartharze von heller Farbe, außer in Alkohol fast in allen gebräuchlichen Lösungsmitteln löslich und verträglich mit Lackrohstoffen wie Nitrozellulose, pflanzlichen Ölen, Alkydharzen, Kautschuk, anderen Hartharzen und vielen Weichmachern. Sie geben den Anstrichfilmen Haftfestigkeit, Härte und Glanz.

Keton-Formaldehydharze sind Hartharze, die außer in Benzin und Mineralölen in vielen Lösungsmitteln löslich sind und sich mit Benzylzellulose, Chlorkautschuk u. a. m. vertragen, jedoch nicht mit Alkydharzen und trocknenden Ölen. Sie werden vorwiegend mit Nitrozellulose kombiniert.

b) Polyesterharze = Alkydharze

Unter dieser Bezeichnung lassen sich Harze verstehen, die sich aus einer als Polykondensation ablaufenden Reaktion von mehrbasischen, organischen Säuren mit mehrwertigen Alkoholen bilden. Ausgangsstoffe sind Dicarbonsäuren wie Phythalsäuren, Maleinsäuren u. a. und Polyalkohole wie Glycerine, Pentaerythrit, Hexantriol u. a. Zieht man noch die Variationsmöglichkeit der Reaktionsbedingungen in Betracht, so ergibt sich eine beträchtliche Fülle von Polyesterharzen unterschiedlicher Eigenschaften.

Ölfreie, gesättigte Polyesterharze haben für die Polyurethanbildung große Bedeutung.

Ölmodifizierte Polyester- bzw. Ölalkydharze entstehen durch Einbau von Ölen, vorwiegend Leinöl und Rizinusöl, in den Alkydharzverband.

Sie lassen sich je nach Ölgehalt in vier Typen einteilen:

unter 40 % Ölgehalt	sehr mageres Ölalkydharz
40 ... 50 % Ölgehalt	mageres Ölalkydharz
50 ... 60 % Ölgehalt	mittelfettes Ölalkydharz
60 ... 70 % Ölgehalt	fettes Ölalkydharz
über 75 % Ölgehalt	Alkydharz-modifizierte Öle

Sehr magere und magere Typen finden sich in ofentrocknenden, mittelfette und fette Typen in lufttrocknenden Lacken. Mittelfette, nicht oder schwach trocknende Ölalkydharze eignen sich besonders für die Kombination mit Nitrozellulose. Üblich ist eine Einteilung in lufttrocknende, ofentrocknende und elastifizierende Ölalkydharze. Für die *lufttrocknenden Ölalkydharze* ist die Öl- bzw. Standöllacktrocknung charakteristisch, allerdings in verbesserter Form. Sie erfolgt oxidativ-chemisch und physikalisch-gelbbildend.

Witterungsbeständige Anstriche sollen etwa 60 % Ölanteil enthalten. Für die *ofentrocknenden Ölalkydharze* sorgt die höhere Temperatur für größere Oberflächenhärte und Elastizität bei guter Pigmentverträglichkeit. Die Lacke sind stanzfähig und gut geeignet für farblose Blechlackierung.

Für die Kombination mit Harnstoff- und Melaminharzen steht eine große Auswahl an Ölalkydharzen zur Verfügung. Hierbei entstehen hochwertige Industrie-Einbrennlacke (wie bereits genannt: Automobil-, Kühlschrank-, Waschmaschinen-, Automatenlacke usw.), die im Spritz- oder Tauchverfahren verarbeitet werden.

Für die *elastifizierenden Ölalkydharze* kommen Nitrozellulose, chlorierter oder cyclisierter Kautschuk und Polyvinylchlorid als Kombinationspartner in Frage. Die Alkydharze stellen hierbei die plastifizierende Komponente dar. Zu dieser Gruppe gehören die Nitrozellulose-Kombinationslacke (Kombilacke) der Holzindustrie.

Styrolmodifizierte und acrylierte Alkydharze stellen Erweiterungen der modifizierten Alkydharze dar, bei denen die gute Verarbeitbarkeit und die günstigen Eigenschaften der Polymerisate wirksam werden. Basische Pigmente sind mit Ölalkydharzen besonders gut verträglich.

c) Polyamide

Polyamidharze zeichnen sich durch außerordentliche Elastizität, Härte, Haftfestigkeit, Öl-, Fett- und Lösungsmittelbeständigkeit aus. Da sie schwierig zu verarbeiten sind, werden sie vorwiegend mit Epoxyharz kombiniert.

2. Polyadditionsharze

Lacktechnisch große Bedeutung erlangte die Polyaddition von Di- oder Triisocyanaten mit Polyestern, die freie OH-Gruppen aufweisen. Es entstehen:

a) Isocyanatharze (Polyurethane)

Sie bilden sogenannte Reaktionslacke aus zwei Komponenten, nämlich Di- oder Triisocyanaten (Handelsname: Desmodur) und Polyester (Handelsname: Desmophen), woraus sich die Abkürzung DD-Lack ableitete. Es darf nur so viel gebrauchsfertiges Anstrichmittel angesetzt werden, als in einigen Stunden verarbeitet werden kann. Eine Vorreaktion von 15 ... 20 Minuten vor der Anwendung ist ratsam, da sich in dieser Zeit noch CO_2-Gas bilden kann. Im Gefäß erstarrtes Anstrichmittel ist nicht mehr löslich oder schmelzbar. Der Anstrich ist nach 1 ... 3 Stunden staubtrocken, nach etwa 30 Stunden durchgetrocknet. Die maximale Durchhärtung benötigt einige Tage. Ein zweiter Anstrich ist nur innerhalb von 5 ... 8 Stunden möglich. Auf bereits durchgehärteter Schicht haftet ein weiterer Anstrich nur nach Vorschleifen oder Washprimerbehandlung. Ofen- oder Infrarot-Trocknung beschleunigen die Trocknung (z. B. bei 120 °C 2 Stunden, bei 160 °C 1 Stunde).

DD-Lacke sind beständig gegen Lösungsmittel wie Benzin, Benzolkohlenwasserstoffe, Trichloräthylen, gegen Wein, Bier und Fruchtsäfte, gegen verdünnte Säuren wie Salzsäure, Schwefelsäure und viele organische Säuren. Gegen kochendes Wasser sind die Anstriche nicht beständig. Einwirkungen von Fetten und Ölen aller Art sowie Alkalilaugen werden gut vertragen; die Temperaturbeständigkeit erstreckt sich bis 180 °C. Zur Pigmentierung von Deckanstrichlacken sollten basische Pigmente ausgeschlossen werden, da sie durch chemisches Reagieren die „Topfzeit", d. h. die Zeitspanne, in der der angesetzte Lack verarbeitungsfähig bleibt, herabsetzen. Als Grundierungspigment ist Zinkchromat geeignet (für Stahl).

b) Epoxyharze

Sie verdanken ihren Namen der an ihrem Aufbau maßgeblich beteiligten, sehr reaktionsfreudigen Epoxydgruppe $\underset{\diagdown O \diagup}{CH_2 - C -}$. Epoxyharze dienen außer als Lackrohstoffe als Leim- und Klebelacke. Lackfilme mit diesen Harzen als Bindemittel zeigen ausgezeichnete Haftfestigkeit, Härte, Elastizität und Chemikalienbeständigkeit. Sie gehören zu den besten Anstrichmitteln. Epoxyharze lassen sich in kaum auszuschöpfender Vielfalt abwandeln. Im wesentlichen lassen sich drei Gruppen herausstellen:

Polyamin- bzw. Polyamid-vernetzte Epoxyharze: Dies sind kalthärtende Zweikomponenten-Anstrichmittel. Die Antrocknungszeit beträgt etwa 30 Minuten für Epoxy-Amin-Anstrichmittel bzw. einige Stunden für Epoxy-Amide, während die Filme in 6 ... 12 Stunden bzw. 2 ... 7 Tagen durchgetrocknet sind. Die Standzeit (Topfzeit, pot-life) ist abhängig vom Polyamin, der Temperatur, der Konzentration und Art des Lösungsmittels und der Pigmentart bzw. dem Füllmaterial und liegt bei 1 ... 5 Tagen.

Mit Polyamidharz als Komponente erhält man Standzeiten von 3 ... 9 Tagen. Diese Anstrichmittel können auf feuchte, nicht vollständig entrostete Untergründe aufgetragen werden und haften auf fast allen Anstrichen.

Mit dieser Epoxyharzgruppe lassen sich lufttrocknende, sehr beständige Grund- und Deckanstriche herstellen.

Epoxy-Kombinations-Einbrennharze: Kombiniert mit Phenol-, Harnstoff- oder Melaminharzen ergeben sich bei hohen Temperaturen einbrennbare Lacke (z. B. 30 Minuten bei 180 °C), mit denen Behälter, Konservendosen, Tuben, Waschmaschinen usw. lackiert werden. Die Lacke besitzen beste Tiefzieheigenschaften; pigmentierte Lacke verfärben trotz des Einbrennens nicht.

Epoxyharzester: Diese sind luft- und ofentrocknend und können mit Alkydharzen kombiniert werden. Die Anstriche sind in 10 ... 45 Minuten staubtrocken und in 1 ... 17 Stunden durchgetrocknet. Hinsichtlich ihrer Beständigkeit gegen Chemikalien sind sie anderen Epoxyharzlacken unterlegen. Sie eignen sich als korrosionsfeste Grundierungen und gut haftende, stanzfeste Decklackierungen.

3. Polymerisationsharze

Die wichtigste Gruppe der Polymerisationslacke ist die der Polyvinylpolymeren. Sie enthalten die Vinylgruppe $CH_2 = \underset{|}{C}H$ bzw. im erweiterten Sinn $CH_2 = C{<}$. Wie bereits erwähnt, wird die Polymerisation durch Wärme oder bei Raumtemperatur mittels eines Härters eingeleitet und durchgeführt.
Bei der Herstellung unterscheidet man:
Blockpolymerisation: Von unverdünnten Monomeren (Einzelmoleküle vor der Polymerisation) ausgehend, liefert die Polymerisation Blöcke, Platten oder zähflüssige Massen. Die freiwerdende Wärme muß abgeführt werden.
Perlpolymerisation: Die Vinylverbindungen werden fein verteilt in Wasser gegeben, das Katalysatoren (Härter) enthält, die in den Verbindungen löslich sind. Die Wärme läßt sich bei dieser gewissermaßen Miniatur-Blockpolymerisation besonders leicht abführen.
Lösungsmittelpolymerisation: Die Ausgangssubstanz wird in Lösungsmittel gelöst und durch Katalysatorzusatz polymerisiert. Ist das Polymerisationsprodukt in dem Lösungsmittel ebenfalls löslich, so erhält man eine hochviskose Lösung, andernfalls erfolgt eine Fällungspolymerisation, wobei das Polymerisat jeweils ausfällt. Diese Methode liefert besonders reine Polymerisate.

Emulsionspolymerisation: Die Ausgangssubstanz wird in Wasser emulgiert, das wasserlösliche Katalysatoren enthält. Hierbei wird das sich jeweils im Wasser lösende Monomere polymerisiert, wobei aus der emulgierten Phase heraus durch fortschreitendes Lösen eine ständige Nachlieferung erfolgt.
Die Temperaturen bleiben hierbei im allgemeinen zwischen 40 °C und 80 °C. Das Verfahren eignet sich besonders gut, aus verschiedenen Ausgangsstoffen Mischpolymerisate herzustellen.
Suspensionspolymerisation: Nach dieser Methode fällt das Polymerisat in filtrierbarer Form aus.

Um die gebräuchlichen Auftragsverfahren anwenden zu können, müssen die nach einem der oben genannten Verfahren hergestellten Polymerisate gelöst oder fein verteilt vorliegen. Daneben können sie auch im Flammspritzverfahren, durch Wirbelsintern oder durch Aufkleben als Folie auf die zu schützende Oberfläche aufgebracht werden. Beim Wirbelsintern wird der zu überziehende Gegenstand (oft Drahtgebilde) in vorerhitztem Zustand in das pulverisierte Polymerisat getaucht, das durch Einblasen eines inerten Gases in der Schwebe gehalten wird. Beim Abkühlen tritt eine relativ große Schrumpfung ein, die den Überzugsfilm stellenweise aufreißen kann. Der Rißbildung wird durch geeignete Zusätze begegnet.

Kunststoffdispersionen benützen Wasser als Dispergierungsmittel, Plastisole verwenden Weichmacher, Organosole sind in organischen Flüssigkeiten dispergiert.

Aus Lösungen bilden sich die Filme nach dem Verdunsten der Lösungsmittel. Sie zeigen optimale Wasserfestigkeit. Der Körpergehalt (das Verhältnis Kunststoff zu Lösungsmittel) ist jedoch meistens gering, da höher konzentrierte Lösungen im allgemeinen zu viskos sind, um noch z. B. verspritzt werden zu können.

Filme aus Dispersionen sind weniger wasserfest, d. h. sie lassen Wasser oder Wasserdampf bis zu einem gewissen Grad hindurch, eine Eigenschaft, die für Wandanstriche u. U. erwünscht ist. Bei saugfähigem Untergrund kann das Wasser zum Teil wenigstens in diesen eindringen, während der Lackkörper an der Oberfläche verbleibt. Der Körpergehalt kann hierbei größer sein, da die Viskosität vom Körpergehalt praktisch unabhängig ist.

Plastisole enthalten nur filmbildendes Material; sie erfordern einen aufgerauhten oder vorgrundierten Haftgrund.

Organosole verhalten sich ähnlich wie Dispersionen. Ihr Vorteil liegt darin, daß sie von Weichmachern oder Emulgatoren und sogenannten Schutzkolloiden frei sein können. Sind Organosole oder Plastisole jedoch bei Raumtemperatur stabil, so kann sich der Film nur bei höherer Temperatur bilden.

a) Polyäthylen

Polyäthylen wird als Folie aufgeklebt, als trockenes Pulver oder dispergiert auf die Oberfläche aufgebracht und mittels Wärme zu einem Film verschmolzen oder mittels des Flammspritzens in Pulverform durch eine reduzierende Flamme geblasen und somit geschmolzen auf die Oberfläche aufgespritzt. Eine weitere Auftragsmöglichkeit bietet das Wirbelsintern, wobei Rißbildung durch Zusetzen von Polyisobutylen vermieden werden kann. Die Überzüge sind zwischen $-70\ ^\circ C$ und etwa $+100\ ^\circ C$ beständig.

Chlorsulfonisiertes Polyäthylen (Handelsname: Hypalon) ergibt hochelastische, chemikalienfeste Überzüge, die auch gegen oxydierende Einflüsse beständig sind und sich z. B. zur Auskleidung galvanischer Bäder eignen. Fluorierte Äthylene sind außerordentlich widerstandsfähig gegen Chemikalien bei hoher Temperaturbeständigkeit. Polytetrafluoräthylen (Fluon, Teflon, Hostaflon F, Handelsnamen) ist selbst gegen Königswasser resistent und bis 300 °C temperaturbeständig. Polymonochlortrifluoräthylen (Hostaflon C und D, Handelsnamen) ist bis 190 °C beständig. Die fluorierten Äthylene sind nicht brennbar.

b) Polyvinylchlorid

Polyvinylchlorid und seine Mischpolimerisate werden nach den Verfahren der Emulsions-, Perl- und Fällungspolimerisation hergestellt. Polyvinylchlorid ist nur in wenigen Lösungsmitteln löslich. Durch Nachchlorieren unter Ultravioletlichtbestrahlung werden die lacktechnischen Eigenschaften verbessert. (Nicht nachchloriertes Material wird PCU, nachchloriertes PC abgekürzt.)

Polyvinylchloridfilme sind sehr hart, elektrisch gut isolierend, sehr beständig gegen Wasser und Chemikalien und dienen als Anstriche für Rostschutz, Lagertanks, Kesselwagen, Beizbäder, Betonbehälter und -röhren usw. Haftfestigkeit und Elastizität sind jedoch nur befriedigend bis mäßig und fordern auf Eisen eine sorgfältige Grundierung. Steigende Bedeutung gewinnen die *Mischpolymerisate.* Das Vinylchlorid/Vinylacetat-Mischpolymerisat zeigt verbesserte Löslichkeit und kann mit anderen Bindemitteln kombiniert werden, zeigt jedoch geringere Widerstandsfähigkeit. Werden in dieses Mischpolymerisat nur geringe Mengen Maleinsäureanhydrid oder Acrylsäure (1 %) einpolymerisiert, so wird der Anstrichfilm auf metallischem Untergrund sehr gut haftfest. Es gibt mehrere geeignete Komponenten zur Bildung von Mischpolimerisaten, die dann Anstrichmittel darstellen für Lebensmittelverpackungsmaterial wie z. B. Milchpappdosen, für Folienlackierung, Textilbeschichtung und Abziehlacke.

Auf die außerordentliche Vielzahl von Möglichkeiten zur Bildung von Mischpolymerisaten kann hier nicht weiter eingegangen werden. Diesen Bindemitteln stehen jedoch alle Anwendungen offen von Korrosionsschutz und Haftgrundierungen für Metalle, Beton, Mauerwerk u. ä. bis zu Decklackierungen für nahezu alle erwünschten Eigenschaften.

c) Acrylat- und Methacrylatpolymerisate

Das Anwendungsgebiet dieser Anstrichmittel erstreckt sich auf viele Bereiche wie: Grundieren und Überziehen von hochelastischen Materialien (Gummi, Papier, Textilien); Leichtmetallackierung, Autolackierung, Innen- und Außenanstriche auf Putz, Mauerwerk, Holz u. a. m.

Acrylharze und Methacrylharze haben die Handelsnamen Plexigum (feste Form), Plexisol (Lösung), Plextol (Dispersionen, Mischpolymerisate), Rohagit (Wasser- oder alkalilösliches Festprodukt), ferner Acronal und Acrylit, um einige deutsche Firmenbezeichnungen zu nennen.

d) Styrolpolymerisate und Mischpolymerisate

Reines Styrolpolymerisat ist glasklar, hart, geruch- und geschmackfrei; es kann in Estern, Benzol- und Chlorkohlenwasserstoffen gelöst werden. Dieses Anstrichmittel wird wegen einer Reihe hervorragender Eigenschaften verwendet, obwohl es sich nur schwierig verarbeiten läßt. Bemerkenswert sind seine Klarheit und Lichtechtheit, seine hervorragende Wasser- und Chemikalienfestigkeit (besonders gegen Alkohol) und seine völlige Säurefreiheit, die eine Verseifung mit irgendwelchen Pigmenten ausschließt. Das Polymerisat dient als Anstrichmittel für Spritenthaltende Lösungen (Parfümindustrie), Kühlanlagen, Behälter- und Abdecklackierung in der Galvanotechnik, sowie als Bindemittel für Leuchtfarben und Rostschutzpigmente, vor allem mit Zinkstaub als Pigment.

Styrol-Butadien-Mischpolymerisate sind relativ leicht zu verarbeiten und vernetzen durch Aufnehmen von Luftsauerstoff. Man erhält wisch- und waschfeste Anstrichmittel für Innenanstriche von Wohnräumen u. ä., von Zementwänden und -böden und z. B. für Markierungen auf Straßen.
Styrol selbst veredelt trocknende Öle und Alkydharze.

D. Weitere Bindemittel

1. Kautschukbindemittel

a) Cyclokautschuk

Cyclokautschuk stellt ein Produkt dar, das die guten Eigenschaften des Naturkautschuks besitzt und sich lacktechnisch gut verarbeiten läßt, da sich die Makromolekülbildung und damit die Viskosität des Bindemittels bei der Herstellung steuern läßt. Als Rohstoff wird Cyclokautschuk im allgemeinen als hartes Harz verwendet, das in verschiedenen Lösungsmitteln, vor allem in Lackbenzin in beliebiger Konzentration löslich ist. Das Harz kann z. B. mit Phenol-, Maleinat- und Alkydharzen und mit trocknenden Ölen kombiniert werden.
Cyclokautschukanstriche erweisen sich chemikalienfest, temperaturbeständig, schwer entflammbar und mit vielen Pigmenten verträglich.

b) Chlorkautschuk

Die Chlorierung bewirkt eine Depolymerisation, d. h. die Makromoleküle werden verkleinert und somit die Viskosität erniedrigt. Weichmacher sorgen für gute Filmbildungseigenschaften. Chlorkautschuk kommt als körniges, gelb-weißes Produkt in den Handel und wird meistens in Xylol mit geringen

Zusätzen anderer Lösungsmittel gelöst. Es kann mit Naturharzen, modifizierten Phenol-, Maleinat-, Acryl-, Methacryl-, Cumaronharzen, trocknenden Ölen und ölmodifizierten Alkydharzen kombiniert werden, um einige zu nennen. Bei Anstrichmitteln mit höchster Chemikalienbeständigkeit werden Kombinationen mit verseifbaren Zusätzen (z. B. Öle oder ölmodifizierte Harze) vermieden.

Chlorkautschuklack dient als chemikalienfester Anstrich und zum Korrosionsschutz von Eisen, Leichtmetall und Beton. Auf Eisen ist eine Chlorkautschuk-Mennige-Grundierung empfehlenswert.

Ein Chlorierungsprodukt des künstlichen Kautschuks (Handelsname: Neoprene) liefert Anstriche, die bis zu 3 mm dick aufgebracht werden können und gegen nicht oxydierende Säuren, Laugen und Salzlösungen beständig sind. Zur Grundierung eignet sich Chlorkautschuk bei vorheriger vollständiger Entrostung (Grad 3)[1]. Vollständige Porenfreiheit des Überzugs erfordert Schichten von 150 ... 200 μm.

2. Siliconanstrichmittel

Das Grundgerüst der Silicone besteht aus Silicium mit Sauerstoff als verbindendem Atom, wobei an das Silicium organische Radikale gebunden sind.
Die Makromolekülbildung ist im allgemeinen eine Polykondensation. Niedrigmolekulare, kettenförmige Polykondensate liefern Siliconöle, die durch Eindickungsmittel wie Kieselsäure Fettkonsistenz erhalten. Mittels solcher Fette bzw. höhermolekularer Öle lassen sich Hammerschlageffekte erzielen.

Siliconharze sind teilweise vernetzte Makromoleküle mit vorwiegend Phenyl- oder Phenyl-Methylgruppen als organische Radikale. Ausgehärtete Anstriche können bis etwa 230 °C dauerbeansprucht werden, mit Zinkstaub- oder Aluminiumpigmentierung bis 500 °C. Die Wasser-, Chemikalien- und Witterungsbeständigkeit ist ebenfalls gut. Die Anstriche werden bei 230 °C 6 ... 8 Stunden und länger eingebrannt. Die Zeit kann auf 1 ... 2 Stunden herabgesetzt werden, wenn Blei-Kobalt oder Blei-Zink zugesetzt wird, die katalytisch wirken. Katalysierte Siliconharzlösungen verspröden jedoch leicht bei Temperaturdauerbelastung, ferner ist die Topfzeit begrenzt.

Pigmente müssen entsprechend wärmebeständig sein; geeignet sind Schwermetalloxide, Aluminiumbronce, Cadmium- und Zinkstaub.

Siliconharze können mit Alkyden, Phenol- und Epoxyharzen modifiziert werden, wodurch im allgemeinen die Härte, Chemikalienfestigkeit und Pigmentverträglichkeit verbessert werden.

---

[1]) Siehe Abschnitt II.A.

3. Anstrichmittel auf Teer- und Bitumenbasis

Teer- und Bitumenanstriche sind beständig gegen Wassereinwirkung, schwach saure und alkalische Agenzien: Teeranstriche verhindern außerdem Bakterien-, Pilz-, Algenbefall u. ä. Die Anstrichmittel werden im allgemeinen heiß verarbeitet, jedoch ist auch Kaltverarbeitung möglich. Man bedient sich des Anstrich-, Tauch- oder Spritzverfahrens. Eine völlig porenfreie Schicht wird meistens erst nach dreimaligem Überziehen erreicht. Häufige Sonnenbestrahlung bringt den Anstrich zum Fließen, wobei entsprechende Fließrisse auftreten. Talkum, Schiefermehl, Asbestpulver oder ähnliche indifferente Stoffe als Zusatz (bis 30 ... 50 %) behindern das Fließen und Reißen. Für Schutzanstriche gegen Wasser- oder Rauchgaseinwirkung oder bei Erdverlegung sind Füllstoffe nicht zu empfehlen.

Soll der Anstrich kalt verarbeitet werden, so wird empfohlen, mit Spezialmennige (z. B. styrolmodifizierte Alkydharz-Bleimennige) oder Bleicyanamid zu grundieren, wenn hierfür 3 ... 4 Tage Trockenzeit zur Verfügung stehen. Eine einfache Bleimennige-Grundierung erfordert etwa 6 Wochen zur Trocknung, bevor ein Teer- oder Bitumenanstrich aufgebracht werden darf.

Zur Pigmentierung eignen sich Eisenoxidrot, Aluminium u. a. (bei Aluminiumpigment begrenzte Lagerzeit des Anstrichmittels).

4. Metallpigmentanstrichmittel

Unter Metallpigmentanstrichmitteln sollen solche verstanden werden, die vorwiegend Metallpigment und nur wenig Bindemittel enthalten.

a) Aluminium

Derartige Anstrichmittel sind hitzebeständig, gut reflektierend und ergeben Rostschutz-Deckanstriche; sie eignen sich nicht als Grundanstrich auf Eisen; hierfür können Zinkstaub- oder Mennigeanstrichmittel eingesetzt werden. Die bei einem einmaligen Auftrag von Aluminiumanstrichmittel nur geringe Schichtdicke kann durch Eisenglimmerzusatz verstärkt werden. Auf Teer- und Bitumenanstrich aufgebracht, vermindert ein Aluminiumanstrich infolge seines hohen Reflexionsgrades die Wirkung der Sonneneinstrahlung.

b) Zink

Zinkstaubanstriche konkurrieren mit der Spritz- und Feuerverzinkung. Als Korrosionsschutz sind sie dann sinnvoll, wenn bei einem anfänglichen kathodischen Schutz z. B. des Eisenuntergrundes schwer lösliche Zinkverbindungen entstehen, die dann die eigentliche Schutzwirkung übernehmen.

Beim sogenannten kathodischen Schutz des Eisens durch Zink wirkt das Zink als in Lösung gehende Anode, während das Eisen die Kathode darstellt, die durch Zink bedeckt wird. Bilden sich im korrodierenden Milieu leicht lösliche Zinkverbindungen, dann hört die Schutzwirkung mit dem Aufzehren des Zinks auf.
In der Atmosphäre bildet sich Zinkhydroxid, das sich mittels des Kohlendioxids der Luft in gut haftendes, basisches Zinkkarbonat umwandelt, in Seewasser entsteht unlösliches Zinkchlorid und Zinkkarbonat. In selbst relativ schwachen Säuren und Laugen bilden sich lösliche Zinkverbindungen.

Als Bindemittel eignen sich z. B. Polystyrol, Vinyl-, Epoxy-, Siliconharze, Butyltitanat, Cyklo- und Chlorkautschuk und anorganisches Alkalisilikat (Wasserglas) je nach Verwendungszweck (z. B. Siliconharz, Batyltianat und Silicat für hitzebeständige Anstriche). Der trockene Film enthält ca. 95 % Zink und ist metallisch leitend. Diese Leitfähigkeit ist für eine kathodische Schutzwirkung erforderlich. Sie ist auch noch ausreichend, wenn etwa 20 % des Zinkstaubes durch Zinkoxid oder Buntpigmente ersetzt werden. Damit der kathodische Prozeß ungehemmt ablaufen kann, muß das Eisengrundmetall gemäß Entrostungsgrad 2 vorbehandelt werden[1]). Der Zinkstaubanstrichfilm ist im allgemeinen 30 ... 40 μm dick (200 ... 300 g/m^2); diese Schichtstärke kann in einem Anstrich aufgebracht werden. (Zum Vergleich: Feuerverzinkung 80 ... 160 μm). Bei einer halben Stunde Antrocknungszeit trocknet der Film in 16 ... 24 Stunden durch. Sollte ein zusätzlicher Deckanstrich aufgebracht werden, so ist eine so lange Wartezeit zu empfehlen, bis der kathodische Vorgang beendet ist.

c) Blei

Anstrichmittel mit feinverteiltem Bleistaub dienen zur Rostschutzgrundierung. Als Bindemittel werden Epoxy- und Vinylharze sowie Chlorkautschuk eingesetzt.

E. Pigmente

1. Teilchengröße und Deckfähigkeit

Die Teilchengrößen lassen sich eingruppieren in: grobdispers (50 μm bis 1 μm Teilchenabmessungen), feindispers (1 μm bis etwa 0,4 μm), lasierend (0,5 μm bis 0,01 μm), transparent (0,01 μm bis 0,0001 μm). Deckkräftig sind praktisch nur die feindispersen Teilchen.

---

[1]) Siehe Abschnitt II.A.

Die Deckkraft einer Pigmentart hängt von ihrer mittleren Korngröße $\bar{d}$ und ihrer Korngrößenverteilung ab. Für jede Pigmentart existieren hierfür optimale Werte. Die graphische Darstellung der Korngrößenverteilung ergibt eine Gaußsche Verteilungskurve (Glockenkurve), die symetrisch zum Mittelwert $\bar{d}$ liegt. Bild III.2 zeigt drei unterschiedliche Verteilungskurven einer Pigmentart mit jeweils gleichem Mittelwert $\bar{d}$ und gleichem Flächeninhalt unter den Kurven (d. h. gleicher Anzahl vermessener Pigmentkörner). Die Streubreite s (dort gemessen, wo die Kurven ihre Krümmungen ändern) ist ein Maß für die Verteilungsbreite. Bedeutet nun Kurve 2 die optimale Korngrößenverteilung, dann ergeben die Verteilungen 1 und 3 geringere Deckfähigkeiten.

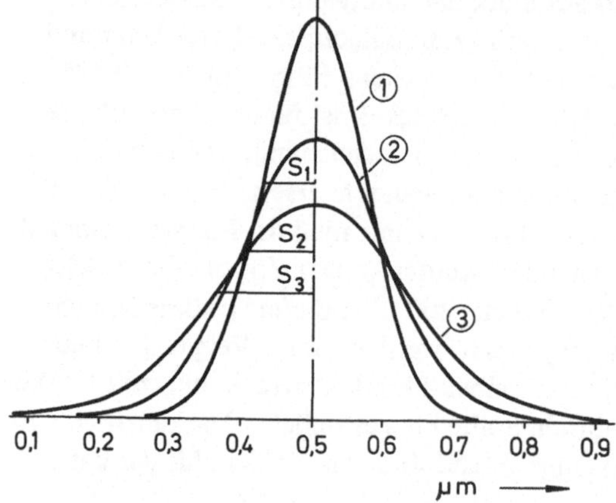

Bild III.2
Pigmentgrößenverteilungen

Die mittlere, optimale Korngröße $\bar{d}$ läßt sich berechnen (nach W. Jaenicke): (Für die Pigmente wird Kugelgestalt und optische Isotropie (d. h. gleicher Brechungsindex für alle Richtungen) angenommen.) Kennt man die Brechungsindices von Pigment (n) und Bindemittel (n_0), bzw. deren Verhältnis $\frac{n}{n_0} = m$ und ist λ die Lichtwellenlänge, so gilt:

$$\bar{d} = 0{,}286 \frac{\lambda}{n_0} \left(\frac{m^2 + 2}{m^2 - 1}\right)$$

Beispiel:

Bleiweiß in Leinöl $\lambda = 0{,}55\ \mu m$; $n_0 = 1{,}483$; $n = 1{,}996$; $m = 1{,}346$; $\bar{d} = 0{,}50\ \mu m$

Im feuchten Anstrich sinken die großen Pigmentkörner rascher nach unten und bilden die erste Bedeckung mit Zwischenräumen, in die sich dann die kleineren Körner einlagern. Da vermutlich Reibungsaufladungen mitwirken, funktioniert dieser Mechanismus auch bei senkrecht stehenden Flächen einigermaßen gut.

Für die Beurteilung der Deckfähigkeit genügt für die Praxis die Unterscheidung in gut, genügend, schlecht und ungenügend. Hierzu dient folgende Behandlung: Eine 20 cm lange und 15 cm breite Tafel wird mit magerer Ölfarbe gestrichen und in der Mitte mit einem 5 cm breiten schwarzen Streifen überzogen. Nach einer Trockenzeit von mindestens 48 Stunden trägt man die zu prüfende Farbe in normaler Dicke auf. Nach dem Trocknen werden die oberen zwei Drittel nochmals gestrichen und schließlich das obere Drittel noch ein drittes Mal mit dem Anstrich versehen. Läßt nun schon der erste Anstrich (unteres Drittel) den Grund nicht mehr durchscheinen, so ist die Deckkraft gut. Ist dies erst beim zweiten Anstrich der Fall (zweites Drittel), so ist die Deckfähigkeit genügend. Sind jedoch drei Anstriche erforderlich (drittes Drittel), so ist die Deckkraft schlecht. Sie ist ungenügend, wenn auch der dritte Anstrich nicht ausreicht und den Untergrund noch durchschimmern läßt.

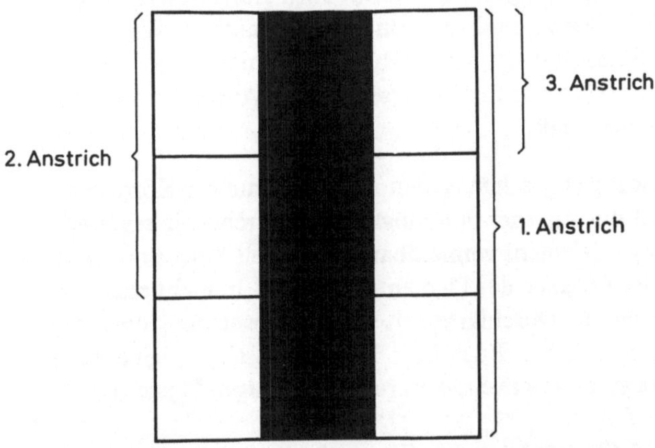

Bild III.3 Tafel zur Deckkraftprüfung

Die Lichtechtheit der Farben wird in Zahlen von 1 bis 8 ausgedrückt.

1 = sehr gering	5 = gut
2 = gering	6 = sehr gut
3 = mäßig	7 = vorzüglich
4 = ziemlich gut	8 = hervorragend

Der Vergleichsmaßstab wird mit blauen Farben auf glattem Wollstoff hergestellt (erhältlich vom Beuth-Vertrieb GmbH, Berlin und Köln).

2. Pigmentierungsgrad und Pigmentreaktion

Der Pigmentierungsgrad beeinflußt die Wasser- und Chemikalienbeständigkeit eines Anstrichfilms. Besonders wenn die Anstriche in dauernder Berührung mit chemischen Agenzien sind, ist die optimale Pigmentkonzentration von großer Bedeutung für die Haltbarkeit und Schutzwirkung des Anstrichs. Unter Pigmentvolumenkonzentration (PVK) versteht man das hundertfache des Quotienten: Volumen von Pigment und Füllstoffen dividiert durch Volumen von Pigment, Füllstoffen und Bindemittel.

$$\mathrm{PVK} = \frac{V_{P+F}}{V_{P+F+B}} \cdot 100$$

Mit steigendem PVK-Wert nehmen Glanzeffekt und Blasenbildung im allgemeinen ab, während Durchlässigkeit und damit auch Korrosionsanfälligkeit zunächst gleichbleibend gering sind und von einem kritischen Wert ab rasch ansteigen. Die PVK-Einstellung ist dann richtig, wenn man etwas unterhalb des kritischen Wertes bleibt, der für die verschiedenen Anstrichsysteme experimentell ermittelt werden muß.

Von dekorativer Wirkung abgesehen, sollen Anstrichfilme vor Korrosion schützen. Hierzu muß der Anstrichfilm möglichst undurchlässig sein und im Falle einer Verletzung oder nicht vermeidbaren Porigkeit korrosionshemmend reagieren. Letzteres ist Aufgabe der Pigmente. Inerte, d.h. nicht reaktionsfähige Pigmente können die Durchlässigkeit stark herabsetzen, jedoch die zweite Forderung nicht erfüllen. Rost- bzw. Korrosionsschutzpigmente gehören daher meistens zu den aktiven, d.h. reaktionsfähigen Pigmenten.

Da das in den Anstrichfilm eindringende Wasser, bedingt durch den Schwefel- und Kohlendioxidgehalt der Luft, meistens sauer reagiert, sind die Rostschutzpigmente im allgemeinen basisch und somit in der Lage, die (Film-)Quellflüssigkeit zu neutralisieren. Aktive Pigmente sind ferner befähigt, entweder mit den organischen Restsäuren der Bindemittel Seifen zu bilden oder sich an einer Passivierung des zu schützenden Metalls zu beteiligen. Darüber hinaus können sie nicht all zu große Verletzungen der Anstrichschicht gewissermaßen ausheilen, indem sie bei dem sich (zusammen mit dem frei gelegten Grundmetall) bildenden Lokalelement die Lösungsanoden darstellen.

3. Rostschutzpigmente

Auf die Vielfalt der farbtragenden, d. h. der dekorativen Deckschichtpigmente und ihr Verhalten im Bindemittel soll hier nicht eingegangen werden.

Tabelle III.1a: Aktive Korrosionsschutzpigmente für Grundanstriche

Substanz	Chem. Formel (Strukturf.)	geeignete Verschnittmittel	geeignete Bindemittel	Eigenschaften
Bleimennige	Pb Pb O O–O O Pb	Schwerspat ($BaSO_4$)	Öl, Kunstharz, Chlorkautschuk	alkalisch, seifenbildend, passivierend
Bleicyanamid	$PbCN_2$	Eisenoxid (Fe_2O_3)		nicht geeignet für Leicht- und Buntmetalle
Calcium- oder Strontiumplumbat	Ca Ca O O–O O Pb	Schwerspat Eisenoxid	Öl, Kunstharz, Chlorkautschuk	passivierend für Zink und Leichtmetall geeignet
Zinkchromat, Zinktetraoxidchromat	vermutlich $ZnCrO_4 \cdot 4\,Zn(OH)_2$	Eisenoxid Farbenzinkoxid	Öl, Kunstharz Chlorkautschuk, Cyclokautschuk	passivierend für Leicht- und Bundmetalle geeignet

Tabelle III.1b: Aktive Pigmente für Grund- und Deckanstriche

Zinkstaub	Zn	Farbenzinkoxid	Kunstharz Chlorkautschuk, Cyclokautschuk	kathodisch schützend (bes. auf Eisen), Deckschicht bildend
Farbenzinkoxid	ZnO + Pb (Pb-Gehalt 5–25 %)	Eisenoxid Eisenglimmer, Chromat	Öl, Kunstharz Chlor- und Cyclokautschuk	Hochtemperatur-, befriedigend chemisch beständig
Eisenoxidrot	Fe_2O_3 nicht aktiv	Bleiweiß Farbenzinkoxid Zinkchromat, Eisenglimmer	Öl, Kunstharz, Chlor- und Cyclokautschuk	temperatur- und chemikalienbeständig, gut deckend

Tabelle III.1c: Pigmente für Korrosionsschutzdeckanstriche

Diese Pigmente sind für Korrosionsschutzgrundanstriche nicht geeignet

Substanz	Chem. Formel	Aktivität	Verschnittmittel	Bindemittel	Eigenschaften
Bleiweiß	$2\,PbCO_3 \cdot Pb(OH)_2$	aktiv	Zinkweiß Titandioxid	Öl, Kunstharz	verseifend, nicht für Leicht- und Buntmetalle
Zinkweiß	ZnO (99 %)	aktiv	Bleiweiß Schwerspat Titandioxid	Öl, Kunstharz, Chlor- und Cyclokautschuk	verseifend, temperatur-, mäßig chem. beständig
Titandioxid (Rutil)	TiO_2	nicht aktiv	Bleiweiß Zinkweiß Farbenzinkoxid	Öl, Kunstharz, Chlor- und Cyclokautschuk	temperatur- und chemikalienbeständig, gut deckend
Eisenglimmer	Fe_2O_3 (schuppig)	nicht aktiv	Eisenoxid Bleiweiß Farbenzinkoxid Aluminium	Öl, Kunstharz, Chlor- und Cyclokautschuk	temperatur- und chemikalien beständig
Aluminium	Al	nicht aktiv	Bleiweiß Farbenzinkoxid Eisenglimmer	Öl, Kunstharz, Chlor- und Cyclokautschuk	temperatur-, mäßig chemikalienbeständig, reflektierend
Grafit	C	nicht aktiv	Bleiweiß Eisenoxid Eisenglimmer Farbenzinkoxid	Öl, Kunstharz, Chlor- und Cyclokautschuk	temperatur- und chemikalienbeständig
Silcar (Siliciumcarbid)	SiC	nicht aktiv	Bleiweiß Eisenoxid Eisenglimmer, Farbenzinkoxid	Öl, Kunstharz, Chlor- und Cyclokautschuk	temperatur- und chemikalienbeständig, reibfest

F. Verarbeitung und Trocknung der Anstrichmittel

1. Pinseltechnik

Es gibt eine große Zahl verschiedener Pinsel wie: Ringpinsel, Lackierpinsel, Kluppenpinsel, Kapselpinsel, Strichzieher, Modler u. a. m. Für große Flächen lassen sich auch Bürsten und Rollen verwenden. Die Spitzen der Borsten werden voll in das Anstrichmittel getaucht, an einem Draht-, Blech- oder sonstigen Abstreifer von überflüssiger Farbe befreit und in Längs- und Querrichtung über die zu streichende Fläche geführt (Kreuzgang). Bei schnell trocknenden Anstrichmitteln muß zügig gearbeitet werden, um Streifen- und Fleckenbildung zu vermeiden. Oft ist das Verschlichten im Kreuzgang nicht mehr möglich. Es wird dann mit möglichst weichem Pinsel etwas satter aufgetragen. Größere Pinsel als Nr. 14 (50 mm Durchmesser) werden kaum benützt, da das Verstreichen sonst zu viel Kraft erfordert.

Zur Reinigung werden die Pinsel ab- bzw. ausgestrichen (z. B. auf einem engmaschigen Sieb) und in Testbenzin bzw. dem betreffenden Anstrichlösungsmittel gewaschen. Die Borsten verbiegen sich nicht, wenn man die Pinsel in Lösungsmittel oder sehr verdünntem Anstrichmittel hängend aufbewahrt. Für Lackpinsel sind geschlossene Kästen mit Haltern und Sieben im Handel.

Durch einen einmaligen Pinselanstrich können im allgemeinen 30...40 μm dicke Schichten aufgebracht werden, die in Bezug auf die Auftragstechnik gut haften.

2. Spritztechnik

Während das Anstreichen mittels Pinsel, Bürste und Rolle der Behandlung von Einzelfertigungen oder Freiluftkonstruktionen vorbehalten bleibt, dient das Spritzen und die noch folgenden Verfahren dazu, laufend gefertigte Teile rasch zu lackieren. Es wird deshalb zunächst einiges zur Lackiererei gesagt.

a) Einrichtung der Lackiererei

Bei der Einrichtung einer Lackiererei sind die Vorschriften der Berufsgenossenschaften und Gewerbeaufsichtsämter zu beachten. Einige Punkte sollen herausgestellt werden:

Im Lackierraum soll man bei natürlichem Licht einwandfrei arbeiten können. Bei mehrstöckigen Betrieben wird die Lackiererei daher meistens in einem oberen Stockwerk eingerichtet, wobei Decken, Wände und Fußböden zweckmäßig aus nicht brennbarem Material (Kacheln, Fliesen u. ä.) bestehen sollen. Für den Fall der Gefahr ist ein rascher Fluchtweg erforderlich. Die gesamte elektrische Installation muß explosionsgeschützt ausgeführt werden. Funkenbildung darf nicht möglich sein. (Kein Kunststoffbodenbelag, keine Kreppsohlen oder ähnliches.) Abgesaugte Luft muß durch (im Winter angewärmte) staubfreie, d. h. gefilterte Frischluft ausreichend ersetzt werden, wobei die Eintrittsöffnung so groß zu dimensionieren ist, daß keine Luftverwirbelung auftritt. Soweit Lösungsmitteldämpfe frei in den Raum gelangen können (z. B. bei der Tauchlackierung), wird von unten abgesaugt und an der entgegengesetzten Wand von oben Frischluft zugeführt. Staub muß weitmöglichst vermieden werden. Zweckmäßig werden Spritzkabinen mit ihren Arbeitsöffnungen wandgleich eingerichtet, wobei eine Schlupftür nicht vergessen werden darf, um zur Rückseite der Kabinen gelangen zu können.

b) Spritzkabinen, Spritzstände

Spritzkabinen oder Spritzstände gibt es in vielen Ausführungen und Größen. Bei trockenen Spritztischen wird die überschüssige Farbe durch Prallbleche abgefangen und die mit Farbnebel erfüllte Luft durch Farbe und Feuchtigkeit abscheidende Filter hindurch abgesaugt. Zur leichteren Sauberhaltung empfiehlt es sich, die Innenwände mit Papier oder einem Abzuglack auszukleiden. Um Brandgefahr zu vermeiden darf der verwendete Abzuglack nicht mit dem Spritzanstrichmittel chemisch reagieren. Zur Reinigung wird die Auskleidung entfernt und durch neue ersetzt.

Bei wasserberieselten Spritzständen bzw. -kabinen liegt vor der Rückwand und eventuell den Seitenwänden ein Wasserschleier (vgl. Bild III.4). Während im allgemeinen in einem trockenen Spritzstand nur ein Anstrichmittel verarbeitet werden darf, können in einem wasserberieselten Stand beliebige Anstrichmittel hintereinander gespritzt werden. Der Wasserschleier nimmt die Farbmenge auf, die sonst an die Wände gelangen würde. Dies ist etwa 25 % der überschüssigen Farbmenge, der Rest verbleibt in der Absaugluft und wird in der Waschzone herausgewaschen. Ein Wasserabscheider und Luftfilter trocknet und reinigt die Luft, die teilweise (zu ca. 30 %) als Umluft der Kabine wieder zugeführt wird, während der Rest ausgeblasen wird. Der Luftbedarf eines Spritzstandes ist so bemessen, daß mit etwa $v = 0{,}5$ m/s Einströmgeschwindigkeit in die durch Breite b mal Höhe h gegebene Öffnung des Standes gerechnet werden kann. Näherungsweise kann also mit einem Luftbedarf von $V = b \cdot h \cdot 0{,}5 \cdot 3\,600 \cdot 0{,}7$ m^3/h gerechnet werden, wenn b und h in Meter eingesetzt werden. Der Ventilator muß zusätzlich noch die Umluft bewegen.

Zahlenbeispiel:

$b = 1{,}5$m; $h = 1{,}25$ m; $v = 0{,}5$ m. Dann ist:

Ab- bzw. Zuluft $V = b \cdot h \cdot v \cdot 3\,600 \cdot 0{,}7 = 1{,}5 \cdot 1{,}25 \cdot 0{,}5 \cdot 3\,600 \cdot 0{,}7$ m^3/h $= 2\,362{,}5$ m^3/h

Umluft $V_U = V \cdot \frac{30}{70} = 2\,362{,}5 \cdot \frac{30}{70}$ m^3/h $= 1\,012{,}5$ m^3/h

Gesamtluft $V_g = V + V_U = (3\,375 + 1\,446) = 3\,375$ m^3/h

Es ist dabei zu beachten, daß die der Abluft entsprechende Luftmenge der Lackiererei (im Winter auf 20 °C erwärmt) staubfrei wieder zugeführt werden muß.

c) Spritzpistole, Spritztechnik

Durch die Spritzpistole wird das Anstrichmittel durch eine zentral angeordnete Düse geleitet, die mittels einer Nadel mehr oder weniger geöffnet werden kann. Eine Stellschraube gestattet, die Nadel zu verschieben. Die Druckluft wird durch den Pistolengriff zugeführt und mittels Fingerabzug reguliert. Sie tritt in der Umgebung der Farbdüse aus der Luft-Kopfdüse aus und reißt den Farbstoff mit. Normalerweise lassen sich die Düsenköpfe auswechseln und damit

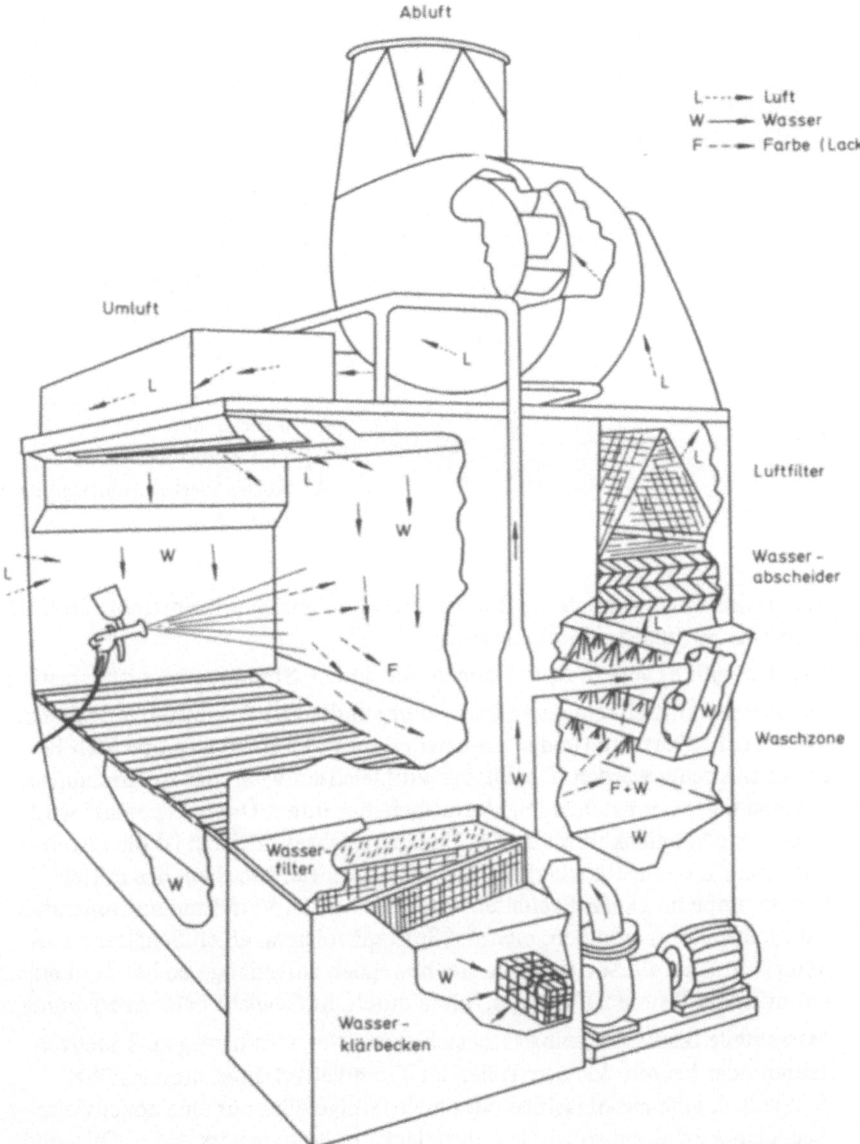

Bild III.4. Wasserberieselter Spritzstand (schematisch) (vereinfachte Darstellung eines Spritzstandes der Firma Sprimag GmbH, Kirchheim/Teck)

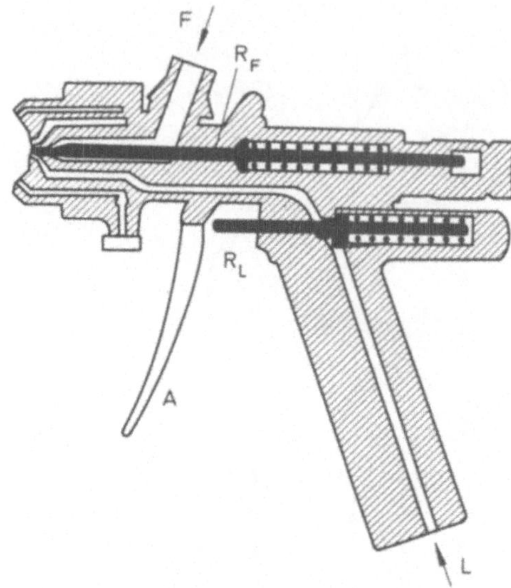

Bild III. 5
Spritzpistole (schematisch)
F Anschluß an Anstrichmittelbecher bzw. Anstrichmittelzufuhr
R_F Reguliernadel für Anstrichmitteldüse
R_L Luftregulierung
A Abzugsbügel zur Luftregulierung
L Luftzufuhr

die Strahlformen verändern (Rundstrahl, veränderlicher Breitstrahl). Bild III.5 zeigt eine Spritzpistole (schematisch).

Daneben gibt es abgeänderte Formen, die andere Strahlquerschnitte erzeugen.

Das Anstrichmittel kann aus einem oberhalb der Pistole sitzenden Becher zufließen (Fließverfahren) oder aus einem direkt unterhalb angebrachten Behälter angesaugt werden. Die Pistole wird leichter, wenn das Anstrichmittel aus einem getrennt stehenden Vorratsbehälter durch Druck zugeführt wird. Eine vierte Möglichkeit bietet das Umlaufverfahren. Hierbei ist die Pistole mit einem Zu- und Rücklauf für das Anstrichmittel versehen, das mittels Druckpumpe im Umlauf gehalten wird. Die beiden Verfahren mit separaten Vorratsbehältern erlauben, mehrere Spritzpistolen an einen Behälter anzuschließen. Wird die Spritzpistole frei beweglich aufgehängt, so hat der Lakierer nur noch die Pistole zu bewegen, ohne durch ihr Gewicht belastet zu werden.

Massenteile lassen sich selbsttätig lackieren. Dies wird häufig im Tauchverfahren oder bei sehr kleinen Teilen im Trommelverfahren durchgeführt. Soll jedoch eine nur einseitige oder mehrfarbige oder nur eine zonenweise Bedeckung erfolgen, so werden Spritzlackierautomate verwendet. Dies sind Maschinen, auf denen selbsttätige Spritzapparate die vorbeiwandernden Teile lackieren oder beschichten (z. B. mit Email bei Kochtöpfen). Die Lackierung kann innen (Tuben, Hülsen u. ä.) oder außen angebracht werden. Im allgemeinen nehmen im Kreis angeordnete Spindeln mit Aufnahmefutter die Werkstücke auf. Für Innenlackierung trägt ein vertikal beweglicher Schlitten eine oder mehrere Spritzapparate, aus deren Düsen der Farbstrahl seitlich austritt. Während des Lackierens dreht sich das gerade zu bearbeitende Werkstück um seine Achse. Ähnlich verhält es sich bei der Außenlackierung. Sollen farbige Ringe oder ähnliches aufgebracht werden, so wird durch entsprechende Blenden gespritzt.

Beim Spritzen mittels Druckluft kann man zwei Methoden unterscheiden: Das Hochdruckspritzverfahren verarbeitet kleine Luftmengen (6 ... 15 m^3h) bei hohen Drücken (1 ... 5 atü). Das Anstrichmittel wird fein zerstäubt.

Das Niederdruckspritzverfahren benötigt große Luftmengen (20 ... 70 m^3/h) bei niedrigen Drücken (0,2 ... 1 atü). Die Zerstäubung fällt gröber aus. Das Anstrichmittel muß etwas viskoser sein als beim Hochdruckspritzen.

Die Spritzpistole wird in 10 ... 15 cm Abstand geradlinig und parallel zu den Flächenkanten des Werkstücks so geführt, daß keine „Läufer" oder „Gardinen" entstehen. Bei größeren Flächen verwendet man nach Möglichkeit etwas schwerer flüchtige Verdünnungsmittel, damit die seitlichen Farbnebel nicht auf bereits angetrockneten Anstrichfilm treffen.

Hinsichtlich Spritzviskosität, Verdünnungszugabe, Düse, Druck, Ablüftdauer (Zeit zwischen Farbauftrag und Einbrennen), Einbrenntemperatur und -dauer halte man sich an die Angaben des Anstrichmittellieferanten.

Die Viskosität bestimmt das Fließverhalten des Anstrichmittels. Gewisse Lacke (z. B. Nitro- oder Nitrokombinationslacke) können bei gleichem Festkörpergehalt dünn- oder dickflüssig geliefert werden (je nach Arbeitsbedingungen). Bei farblosen und transparenten Lacken wird die Lieferviskosität im allgemeinen konstant gehalten. Bei bunt-pigmentierten Lacken kann die Viskosität – bedingt durch das Pigment selbst – unterschiedlich sein. Da die Zähigkeit stark temperaturabhängig ist, wird sie bei einer bestimmten Temperatur (20 °C) gemessen. Als Viskosimeter der Praxis dient der Din- bzw. Frikmarbecher mit einer Auslaufdüse von normalerweise 4 mm Durchmesser. Die Viskosität wird durch Angabe der Auslaufzeit in Sekunden angegeben. Ist ein Anstrichmittel von 20 °C verarbeitungsfertig eingestellt, so wäre es falsch im Falle zu niedriger Anstrichmitteltemperatur Verdünnung zuzugeben, um die Verarbeitungsviskosität zu erhalten. Dies gilt für alle Verarbeitungsarten. Da es mehrere Tage dauern kann, bis sich eine größere Lackmenge (z. B. 50 kg) von niederigerer Temperatur durch Aufnehmen der Umgebungswärme auf 20 °C erwärmt, sollte man einen gewissen Anstrichmittelvorrat bereits bei der Verarbeitungstemperatur lagern. Verdünnungsmittel sollen nur zugesetzt werden, um den Lack auf die jeweilige Auftragsart genauer einzuregulieren oder um Verdunstungsverluste (z. B. bei einem Tauchbad) zu ersetzen.

d) Warm-, Heiß-, Dampf- und Flammspritzen

Erwärmt man ein Anstrichmittel, so sinkt seine Zähigkeit. Man kann also die viskositätsvermindernde Eigenschaft einer Verdünnungszugabe mehr oder weniger durch Erwärmen erreichen. Somit wird Verdünnung eingespart. Neben der damit gegebenen Kostenersparnis wird die Gefahr der Porenbildung des Überzugsfilms vermindert. Da ferner der einzelne Anstrichfilm dicker ausfällt, lassen sich Arbeitsgänge einsparen.

Beim Warmspritzen wird das Anstrichmittel auf 35 ... 40 °C erwärmt. Die Verarbeitung kann noch mit herkömmlichen Pistolen vorgenommen werden. Beim Heißspritzen wird auf 70 ... 80 °C erwärmt (bei Teer und Bitumen auf 200 °C). Das Anstrichmittel kann oft ohne Verdünnung verspritzt werden. Heißgespritzte Anstrichmittel sind hinsichtlich Schichtdicke, Dichtigkeit, Haftfestigkeit, Elastizität und Härte den normal gespritzten überlegen. Die Materialeinsparung ist beträchtlich (bis zu 50 %). Beim Dampfspritzen wird anstelle der Druckluft auf 165 ... 200 °C überhitzter Dampf durch die Pistole geblasen, die dem Verfahren angepaßt ist. Nach Austritt aus der Düse kühlt der Dampf ab und vermindert sein Volumen beträchtlich. (Ca. 1700 cm^3 Dampf kondensieren zu 1 cm^3 Wasser.) Die Nebelbildung verringert sich damit; etwa 10 ... 20 % Anstrichmittel werden eingespart. Beim Flammspritzen wird das Anstrichmittel ohne Lösungsmittel verspritzt. Konzentrisch um die Spritzdüse sind Brenner angeordnet, die mit Propan, Acetylen oder Leuchtgas mit Druckluftzusatz gespeist werden. Das Spritzgut wird dabei durch einen Luftmantel überdrucklos einströmender Außenluft geschützt (Colarit-Verfahren). Man erhält im allgemeinen porenfreie Filme. Die Zahl der Spritzgänge kann um etwa 1/3 verringert werden, da satter gespritzt wird.

e) Höchstdruckspritzverfahren (Airless-Spritzen)

Bei diesem Verfahren wird der Lack mit Hilfe einer zweistufigen Pumpe auf 100 ... 150 atü komprimiert und der Spezial-Spritzpistole zugeführt. Beim Austreten aus der Düse wird der Lack plötzlich auf Normaldruck entspannt. Dabei zerplatzt er in feinste Tröpfchen; das Spritzbild ähnelt dem des herkömmlichen Spritzens. Die austretende Lackmenge ist jedoch wesentlich größer; die Verarbeitungsgeschwindigkeit wird dadurch erheblich gesteigert. Da Lösungs- und Verdünnungsmittel vollständig fehlen ergeben sich satte, porenlose Filme.

Die Pistolen sind handlich. Der Spritzstrahl kann durch Auswechseln der Düse verändert werden. Die Düsen aus hochverschleißfestem Material (z. B. Wolframcarbid) haben elliptische Querschnitte und müssen ausgewechselt werden, wenn das Spritzbild sich verändert.

Das Höchstdruckspritzverfahren eignet sich vorwiegend für größere Teile und tritt hier in Konkurrenz mit elektrostatischen Spritzanlagen, die etwa die gleiche Lackiergeschwindigkeit erlauben. Beide Verfahren eignen sich für großflächige Teile, die in großen Serien hergestellt werden. Bei Teilen mit Faraday-Käfigwirkung dürfte dem Airless-Spritzen der Vorzug zu geben sein.

Während man zuerst nur lufttrocknende, grobe Lackierungen wie Grundierungen und Rostschutzgrundüberzüge aufbringen konnte, sind jetzt auch Decklackierungen mit Einbrennlacken mit Hilfe des Höchstdruckspritzens möglich.

3. Elektrostatisches Spritzverfahren

Bei diesem Verfahren wird zwischen Lackaustrittsstelle und gut geerdetem Lackiergut eine Spannung von etwa 100 000 Volt gelegt. Zwischen den beiden Stellen bildet sich ein elektrisches Feld E aus. Die Feldlinien beginnen auf der Oberfläche der zu lackierenden Teile und enden an der Lackaustrittsstelle. Der Lack folgt in feinsten Tröpfchen den Feldlinien (unter Wirkung der Kraft gleich Ladung eines Lacktröpfchens mal elektrischer Feldstärke [1])). Je höher die Spannung wird, desto feiner werden die Lackstrahlen. Da die Feldlinien auch von der der Spritzstelle abgewandten Seite ausgehen, gelangen die Lackteilchen auch auf die Rückseite des besprühten Teiles. Konstruktionen aus Draht (z. B. Maschendraht), Band-, Winkel- oder T-Profilen lassen sich demnach von einer Seite aus elektrostatisch lackieren. Spitzen und Kanten werden stärker lackiert. (Bei sehr dünnen Drähten oder vor Schneiden kann es allerdings zu einer Umladung der Lacktröpfchen kommen. Dies hätte zur Folge, daß der Lack in Richtung Ausgangsstelle zurückkehrt.)

Hohlkörper lassen sich innen überhaupt nicht oder nicht ausreichend stark lackieren, wenn die lichte Weite zu klein ist relativ zur Tiefe (Faraday-Käfigwirkung). Bei einer Serienfertigung werden derartige Stellen vor oder nach dem elektrostatischen Sprühen in herkömmlicher Weise gespritzt.

Das zu lackierende Gut (z.B. Kühlschrank-, Waschmaschinengehäuse usw.) wandert an einer Laufkatze oder an Kettenförderern an beidseitig aufgestellten Lacksprühstellen vorbei, wobei das Gut noch gedreht werden kann. Die Sprühstellen können ganz verschieden aussehen. Es können auf- und abgehende Säulen mit rasch rotierenden Scheiben von etwa 20 ... 40 cm Durchmesser sein, von deren Rand der Lack abgesprüht wird (Ransburg-II-Verfahren; die Ransburg-Corporation, Indianapolis/USA hat die elektrostatische Spritz- bzw. Sprühmethode als erste auf den Markt gebracht). Der Lacknebel selbst

---

[1]) $F = Q \cdot E$

ist hierbei nicht zu sehen. Beim AEG-Verfahren wird der Lack von einer schräg gestellten Blechrinne, die kurz „Pinsel" genannt wird, abgesprüht. Hierbei wird das Anstrichmittel im Umlaufverfahren aus einem Vorratsbehälter heraus zugeführt. Vom Pinsel gehen anfangs deutlich sichtbar feine Lackstrahlen aus, die sich trichterförmig verbreitern.

Ähnlich verwendbar wie eine gewöhnliche Spritzpistole ist die elektrostatische Spritzpistole. Der Spritzkopf ist vom Pistolengriff durch eine Hülse aus Isoliermaterial (z. B. Pertinax) abgesetzt. Während stationäre Großanlagen DM 50000,– und mehr kosten, liegt der Anschaffungspreis für elektrostatische Handspritzpistolen bei etwa DM 7 000,–. Nach Angabe der Lieferwerke lohnt sich die Anschaffung einer elektrostatischen Großanlage, wenn monatlich 500 ... 1000 kg Lack verarbeitet werden, wofür 4 ... 6 Lackierer tätig sind. Da der versprühte Lack praktisch vollständig zum Lackiergut gelangt, treten kaum Verluste auf [1]).

4. Tauchverfahren und Flutungsverfahren (Flow-coating-Verfahren)

Beim Tauchverfahren wird das an Förderern hängende Lackiergut in den Lack getaucht. Die Aufhängung erfolgt so, daß der überschüssige Lack gut ablaufen kann. Bei diesem Verfahren ist die Kontrolle der Temperatur und des Viskositätsgrades des Lackes besonders wichtig. Vor und nach jeder Regulierung mit Verdünnungsmittel muß bei einer Lacktemperatur von 20 °C die Viskosität nachgeprüft werden. Auf keinen Fall darf bei zu niedriger Temperatur die optimale Viskosität durch Verdünnung eingestellt werden.

Im allgemeinen muß das richtige Tauchtempo experimentell festgestellt werden. Durchschnittlich liegt es bei etwa 4 cm/Minute, bei glatten Blechen kann es auf 20 cm/Minute und mehr gesteigert werden.

Das Lackbad wird gewöhnlich erwärmt; es kann daher mit geringerem Lösungsmittelzusatz gearbeitet werden, was sich günstig auf die Verdunstung an der Lackoberfläche auswirkt. Das Tauchbad steht mit einem Vorratsbehälter in Verbindung, eine Lackpumpe sorgt für dauernden Umlauf.

Beim Flow-coating-Verfahren laufen die Teile (Kühlschrankgehäuse, Waschmaschinenbehälter u. ä.) z. B. an einer Laufkatze hängend in einen Raum, der von vielen etwa fingerdicken Strahlen eines Grundierungsmittels durchkreuzt wird. Das Lackiergut wird vollständig umspült. Anschließend gelangen die Teile in die Dunstkammer. Darin wird, durch Meßgeräte gesteuert, eine gleichbleibende Konzentration der Lösungsmitteldämpfe aufrecht erhalten. Diese Behandlung läßt die frisch aufgebrachte Grundierung gut verlaufen und überschüssiges Überzugsmaterial ablaufen. Bisher wird das Verfahren mehr für Groblackierung, d. h. in erster Linie für Grundierungen eingesetzt.

---

[1]) Preisangaben von 1967.

Das *Tauchzentrifuge-Verfahren* eignet sich für Kleinteile verschiedenster Formen, ausgenommen ganz flache oder größere halbkugelige Teile. Die Teile werden in einen Korb geschüttet oder – falls sie poliert sind – auf Haltevorrichtungen aufgesteckt, in das Lackbad getaucht und dann bei 900 ... 1100 Umdrehungen je Minute zentrifugiert. Hierbei werden Lacke verarbeitet, die an der Luft rasch antrocknen, um ein Zusammenkleben zu vermeiden. Der Versuch entscheidet darüber, ob sich das Verfahren im Einzelfalle eignet.
Hinsichtlich der Drehbewegung besteht eine gewisse Ähnlichkeit mit dem *Trommel-Verfahren,* das sich für gewisse Kleinteile gut bewährt hat (z. B. Reißverschlußteile). Während sich die Lackiertrommel langsam dreht, wird der Lack in kleinen Portionen zugegeben oder mit der Pistole in die Trommel hineingespritzt.

5. Lackierwalzenverfahren

Mit Hilfe dieses Verfahrens werden glatte Teile, z. B. Blechbänder u. ä., gleichmäßig und glatt mit Anstrichmittel überzogen. Auch kleinere, ebene Flächen (z. B. Platinen jeglicher Art) lassen sich in größerer Anzahl gewissermaßen in einem Arbeitsgang lackieren. Im Vergleich zum Einzelspritzen bedeutet dies große Zeit- und Anstrichmitteleinsparung.

6. Elektrophoretisches Lackieren

Während bei der Elektrolyse geladene Moleküle, normalerweise mit einer Wasserhülle umgeben, transportiert werden, werden bei der Elektrophorese unter der Wirkung eines elektrischen Feldes Teilchen kolloidaler Größe bewegt. Das Verfahren als solches ist schon seit 1809 bekannt und war bis vor kurzem zur Oberflächenbeschichtung auf Sonderfälle beschränkt. Als Lackauftragsverfahren ist es aus der Erprobung herausgetreten und findet technische Anwendung. Da relativ hohe Spannungen angewendet werden, und damit die Gefahr einer Funkenbildung besteht, werden hierbei wasserlösliche Lacke eingesetzt.

a) Wasserlösliche Bindemittel

Trocknende Öle, Alkydharze, Phenol-, Harnstoff-, Melaminharze und Polymerisate, vor allem der Acryl- und Methacrylsäure bilden die Basis. Hydrophile Gruppen werden eingebaut und vermitteln die Wasserlöslichkeit. Beim Trocknen – bisher durch Einbrennen bei höheren Temperaturen – werden die Filme wasserunlöslich. Die Erstellung neuer Lacke für elektrophoretischen Auftrag ist in starker Entwicklung begriffen.

Neben Vorteilen wie: geringe Kosten, Unbrennbarkeit, Ungiftigkeit u. ä. hat Wasser als Lösungsmittel auch Nachteile: wie: lange Ablüftzeit, Wasserkondensation in Abzügen mit entsprechender Förderung der Korrosion, hohe Einbrenntemperaturen und schwierigeres Einstellen der Lacklösung, um einige zu nennen.

b) Grundlagen des Elektrophoreseverfahrens

Die verwendeten Bindemittel sind in der Lage ähnlich wie gewöhnliche Salze aufzuspalten in die eigentliche, negative Harzkomponente und eine positive Komponente (z. B. ein Amin). Die Pigmente, die mit abgeschieden werden sollen, müssen ebenfalls negativ geladen sein. Die Aufladung kann durch Dissoziation, durch Anlagern negativer Fremdionen oder durch eine Umhüllung mit dem negativen Bindemittel erfolgen.

Die zu beschichtende Oberfläche bildet die Anode. Mit der Entladung der Lackionen und der Pigmente können OH^--, Cl^-- u.ä. Ionen entladen werden, was zu unerwünschten Nebenreaktionen führen kann. (Oxidation des Grundmetalls sowie gewisser Pigmente und aller oxidierbaren Gruppen des Bindemittels, ferner Porenbildung im Lackfilm durch entstehende Gase.) Durch die Schaltung als Anode begünstigt gehen Grundmetallionen relativ leicht in Lösung; dies kann ebenfalls schädlich wirken. Z.B. bilden Eisenionen im alkalischen Milieu Hydroxide in feiner Verteilung, die in hellen Lackfilmen Streifen und Flecken verursachen können.

Auf die Ionen mit der elektrischen Ladung Q wirkt im elektrischen Feld der Stärke E die Antriebskraft $F_a = Q \cdot E$. Die Feldstärke E ist gleich dem Quotienten aus dem Spannungsabfall ΔU zwischen der Kathode und der Filmoberfläche des jeweils abgeschiedenen Lackfilms und deren Abstand d.
Der Antriebskraft wirkt die Reibungskraft $F_r = 4\pi r \cdot \eta \cdot v$ entgegen.
(r = Radius des ionisierten, kolloidalen Teilchens, η = Viskosität des Elektrophoresebades, v = Geschwindigkeit der Teilchen im Bad. Der Faktor 4 gibt nach v. Smoluchovski das Verhalten besser wieder als der Stokes-Faktor 6.)
Es stellt sich die Geschwindigkeit ein, bei der beide Kräfte gleich werden:

$F_a = F_r$ und $v = \frac{Q}{4\pi r \eta} \cdot E = \frac{Q}{4\pi r \eta} \cdot \frac{\Delta U}{d}$ d.h. v ist proportional ΔU.

Bezeichnet man das Abscheidungsäquivalent gemessen in Coulomb/Gramm mit Ä, so ergibt sich die Stärke des trockenen Lackfilms aus $s = \int_0^{t_s} S \cdot dt / \rho \cdot \text{Ä}$ (s in cm),

wobei $\int_0^{t_s} S \cdot dt$ den Flächeninhalt unter der z. B. experimentell aufgenommenen

Stromdichte S (in A/cm^2) als Funktion der Zeit bedeutet (vgl. Bild III.6).
ρ = Dichte der Lackschicht in g/cm^3.

Mit zunehmender Schichtdicke wird das Weiterwachsen verlangsamt, da die Spannung zwischen Kathode und Anode mehr und mehr innerhalb der Schicht abfällt, so daß der Spannungsabfall ΔU innerhalb der Flüssigkeit immer kleiner und schließlich Null wird. Bild III.7 zeigt den Spannungsabfall in der Flüssigkeit und im Lackfilm zu Beginn, nach Abscheidung der Schichtstärke s und nach Erreichen der maximal möglichen Schichtdicke s_0 Bild III.8 und III.9 geben das Strom- und Spannungsverhalten im Elektrophoresebad und der Schicht, sowie das Schichtwachstum als Funktion der Zeit wieder. Die Zuordnung der Spannungen ist aus der Meßanordnung ersichtlich.

Durch Elektroosmose, die der negativen Ionenbewegung entgegengesetzt verläuft, wird der Lackfilm im Zuge der Abscheidung entwässert (bis etwa auf 5 % Wassergehalt) und entsalzt.

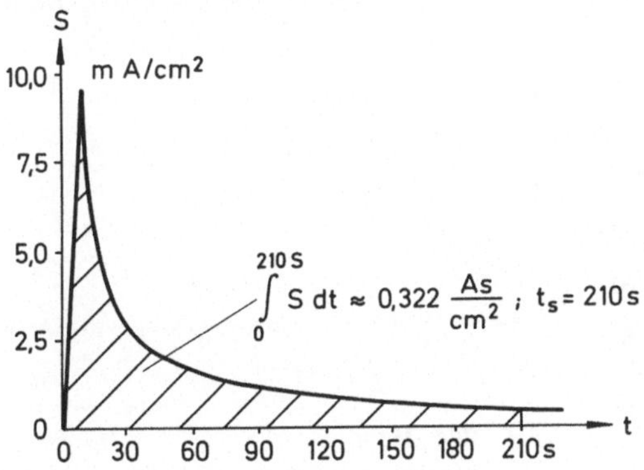

Bild III.6
Stromdichte als Funktion der Zeit beim elektrophoretischen Lackieren (nach *Frangen*)

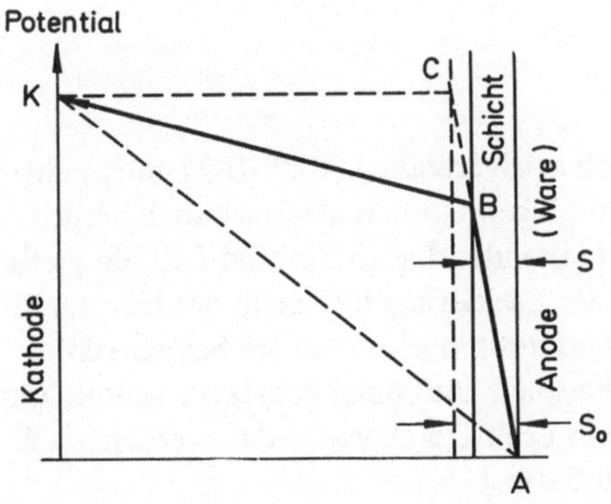

Bild III.7
Potentialverlauf bei elektrophoretischer Lackierung

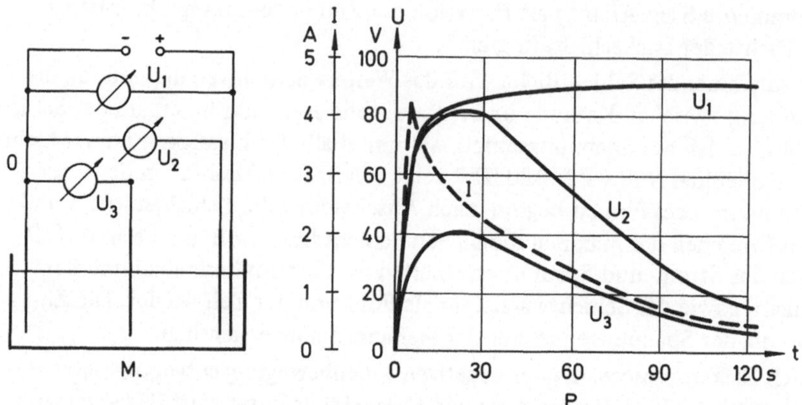

Bild III.8. Potential U als Funktion der Zeit (gemessen an drei Stellen im Bad gegen Kathodenpotential) und Strom I als Funktion der Zeit (nach *Gengenbach, Scheune* und *Maisch*)

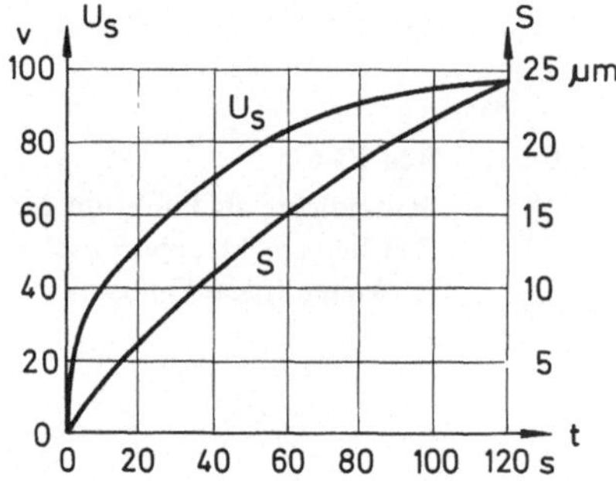

Bild III.9

Spannungsabfall U_S innerhalb der Lackschicht s als Funktion der Zeit (nach *Genenbach, Scheune* und *Maisch*)

Die schematische Darstellung der Potentialverteilung (Bild III.7) entspricht der Beschichtung eines elektrisch leitfähigen Grundmaterials einschließlich der Grundierung. Bei einem schlecht leitenden Lackhaftgrund fällt ein großer Teil der Spannung schon zu Beginn der Lackierung innerhalb der Haftgrundschicht ab. Dadurch wird die elektrophoretisch abscheidbare Schichtstärke entsprechend herabgesetzt. (Zahlenbeispiel: Auf einer gebeizten Aluminiumoberfläche (AlMgSi 1) konnten 20 μm Lackfilm abgeschieden werden, nach vorhergehender Eloxierung nur noch 6 μm.)

c) Eindringtiefe

Nicht ebene Werkstücke und Hohlkörper werden zunächst entsprechend dem Verlauf der statischen elektrischen Feldlinien beschichtet. Die der Kathode näher liegenden Oberflächenbereiche sowie Ecken und Kanten werden stärker bedeckt. (Eventuell auftretenden Fehlern – bedingt durch zu hohe Anfangsfeldstärken – kann dadurch begegnet werden, daß man erst einige Sekunden mit niedrigerer Spannung arbeitet.) Mit zunehmender Beschichtungsdicke greift das elektrische Strömungsfeld auf noch nicht belegte Oberflächenbereiche über, so daß auch diese bedeckt werden. Gengenbach, Scheune und Maisch fanden, daß rohrförmige Hohlkörper nach innen bis zum achtfachen ihres Durchmessers lackiert werden; kugelförmige Hohlkörper erhalten innen noch die Hälfte der Außenschichtstärke, wenn die Öffnung ein Tausendstel der Innenfläche ausmacht. Maßgeblich für die Eindringtiefe ist das Verhältnis der spezifischen Widerstände von Lackbad und Lackfilm. Bei gut geeigneten Lackierbädern beträgt das Verhältnis etwa 1 : 100 000.

Reicht die Eindringtiefe nicht aus, so kann man mit Draht-Hilfselektroden arbeiten, die auf Kathodenpotential liegen. Die Drahtelektroden werden zweckmäßig mit einem perforierten Kunststoffschlauch umgeben, um die hohen Anfangsstromdichten – bedingt durch die kleinen Abstände – herabzusetzen und um Berührungsschutz zu geben.

d) Elektrophoresebetrieb

Das Verfahren der Lackierung mittels Elektrophorese erfordert in erster Linie stabile Bäder. Hierbei sind größere Schwierigkeiten zu überwinden, als dies bei galvanischen Bädern der Fall ist. Hinsichtlich Reinigung und Entfettung muß man ähnlich vorgehen wie vor einer galvanischen Beschichtung. Auf geeignete Grundierung muß geachtet werden. (Bei Eisen und Stahl sind z. B. Dünnschicht-, Zink- oder Eisenphosphatierungen geeignet, bei Aluminium (99,5 %) Grün- bis Gelbchromatierungen.) Auf keinen Fall darf Flüssigkeit der Grundierungsbäder eingeschleppt werden. (Vollentsalzte Spülbäder empfehlenswert.) Der Festkörpergehalt des Bades liegt im allgemeinen zwischen 5 und 15 %. Um Absetzen zu verhindern, muß gut durchmischt werden (Umwälzpumpe oder Rührwerk). Der Festkörpergehalt kann kontinuierlich oder diskontinuierlich aufrecht erhalten werden.

Der pH-Wert liegt je nach Badtyp im allgemeinen zwischen 7 und 9. Durch Sekundärreaktionen an der Kathode, wobei OH^--Ionen frei werden, wird der pH-Wert erhöht. Die positiven Partner sind meist Ammonium- oder Aminionen. Sie verdunsten teilweise infolge der Baddurchmischung. Überschüssige OH^--Ionen lassen sich kompensieren, indem man saure, wasserlösliche Harze zusetzt. Bei Großanlagen werden oft Ionenaustauscher[1]) angewandt, die sich gut bewähren, wenn ihre Filterwirkung auf die Harzkomponente des Bades vermieden wird durch lockere Schüttung der Austauschermasse und kurze Verweilzeit der Badflüssigkeit. Da hierbei auch Fremdeinschleppungen entfernt werden können, dienen die Austauscher auch dazu, den Leitwert des Bades konstant zu halten.

Der Spannungsbedarf beträgt 200...250 V, die Stromdichte zwischen 10 und 80 A/m^2, die Badtemperatur zwischen 20 und 30 °C, die Festkörperdichte 0,9...1,4 g/cm^3, die Beschichtungszeit 1,5...2 Minuten für Schichtstärken von 30...35 μm. Je Quadratmeter zu beschichtender Oberfläche muß mit einem Kühlwasserbedarf von 30...50 *l* (von 16 °C) gerechnet werden.

Die Standzeit eines Bades wird gewöhnlich durch die Anzahl der Turnover gegeben. Unter Turnover versteht man den theoretischen Verbrauch des gesamten Festkörpers im Bad durch Abscheidung. Gute Bäder haben Standzeiten von 100 und mehr Turnover.

Die Ware kann im Tauch- und im Durchlaufverfahren beschichtet werden. Tauchbecken sollen möglichst klein gehalten werden. Die Breite des Tauchbeckens ergibt sich aus der maximalen Breite des Tauchgutes plus etwa 600 mm. Das Becken selbst dient als Kathode. Beim Durchlaufverfahren bestimmen Durchlaufgeschwindigkeit und Beschichtungszeit die Badlänge. Bei Geschwindigkeiten von 1...9 m/min beträgt die Stromdichte 10...30 A/m^2.

Das Elektrophoresebeschichtungsverfahren beginnt dann wirtschaftlich interessant zu werden, wenn mindestens 500 m^2 je Tag lackiert werden. Mit raschen Fortschritten der Entwicklung dieses Verfahrens kann gerechnet werden. Sein besonderer Vorteil liegt darin, daß Kanten und Ecken stärker bedeckt werden, und daß kompliziert geformte Werkstücke relativ gleichmäßig mit Lack überzogen werden. Auch sonst kritische Stellen wie Punktschweißverbindungen oder Verbindungsüberlappungen werden gut bedeckt. In steigendem Maße wird sich u. a. die Automobilindustrie für das Elektrophoreseverfahren interessieren.

7. Einbrenntrocknung

Eine Qualitätslackierung erfordert Trocknung durch Einbrennen. Hierzu dienen Umluftöfen (Konvektionsöfen), Infrarotöfen und Infrarotöfen mit Umluft, Frischluft und Abluft. Die Ofenkonstruktion muß sich nach den verarbeiteten Lacken richten.

Für die Mehrzahl der Einbrennlacke liegt bei Umluftöfen die Einbrenntemperatur bei etwa 120 °C, verschiedene Lacksorten werden aber auch bei wesent-

---

[1]) Siehe *W. Müller*, Galvanische Schichten und ihre Prüfung. Abschnitt III. C.6. Viewegs Fachbücher der Technik, Friedr. Vieweg + Sohn, Braunschweig 1972.

Tabelle III.2: Fehlererscheinungen nach dem Einbrennen

Nach dem Einbrennen treten als häufigste Fehler Bläschen im Lackfilm, ungenügende Filmhärte und Vergilbungserscheinungen auf.

Bläschen im Lackfilm:

Ursache	Beseitigung
Lack zu dick aufgetragen	Dünner spritzen oder länger ablüften
Bläschenbildung an Lackstaustellen	Dünner spritzen, evtl. mit Vornebeln
Zu hohe Lackviskosität beim Spritzen	Lack verdünnen oder länger ablüften
Zahl der Spritzgänge zu groß	Länger ablüften oder Zwischenbrennen
Bei richtiger Verarbeitung zu kurz abgelüftet	Vorgeschriebene Ablüftzeit einhalten
Raumtemperatur beim Lackverarbeiten zu hoch	Temperatur herabsetzen oder dem Lack Verzögerer zugeben
Zu plötzlicher Hitzestoß z. B. bei Infrarottrocknung auf die frische Lackierung	Einschalten einer Vorwärmzone oder Ofen mit geringerer Energie fahren bei längerer Verweilzeit im Ofen oder langsame Energieerhöhung am Ofen. Oberflächentemperatur mittels Thermochromstifte (Fa. Faber-Castell) feststellen.

Ungenügende Filmhärte:

Ursache	Beseitigung
Einbrennzeit zu kurz	Einbrennzeit erhöhen
Lösungsmittelstau im Ofen	Evtl. geringer beschicken Funktionieren der Ablüftung prüfen Ablüftung evtl. zu eng dimensioniert, Ofenfachmann zu Rate ziehen. Horden zu dicht angeordnet bzw. zu engmaschig oder zu wenig perforiert; zweckmäßigere Horden verwenden
Oberflächenbereiche liegen im Strahlungsschatten eines Infrarotofens	Strahlereinstellung überprüfen Lackiergutanordnung im Ofen überprüfen
Einbrenntemperatur zu niedrig (trotz richtiger Einstellung)	Nachprüfen, ob ungleiche Wärmezonen vorhanden sind; evtl. Ofenfachmann fragen Stromschwankungen prüfen Mittels Maximalthermometer (in das Innere des Ofens eingelegt) prüfen, ob Temperaturanzeige richtig. Tägliche Prüfung ratsam!

Tabelle III.2 (Fortsetzung)

Vergilbung des Lackfilms:

Ursache	Beseitigung
Einbrenntemperatur zu hoch	Ofentemperatur mittels Maximalthermometer prüfen Verarbeitungsvorschrift des betreffenden Lackes beachten
Ungleichmäßige Wärmezonen im Ofen	Ofen nachprüfen, ev. Ofenfachmann zu Rate ziehen.
Farbloser Lacküberzug auf Silber-, Aluminium- oder hellfarbigem Untergrund zu dick aufgetragen	Überzugslack dünner auftragen
Farbstoffsublimationen auf weißen oder hellfarbigen Lacken, wenn im gleichen Ofen Asphaltlacke, dunkle Druckfarben u. ä. eingebrannt werden	Aufstellen eines zweiten Ofens und getrennte Beschickung

lich höheren Temperaturen eingebrannt (180 ... 220° und höher). Elektrophoreselacke fordern Einbrenntemperaturen von 160 ... 200 °C. Vor der Anschaffung eines Ofens ist es ratsam, das System auf seine Eignung für alle zu verarbeitenden Lacke zu prüfen.

a) Umluftofen

Umluftöfen arbeiten, wie der Name sagt, mit Luftumwälzung, wobei regulierbar ein gewisser Prozentsatz Luft ab- und Frischluft zugeführt wird. Er wird bevorzugt, wenn Lackiergut verschiedener Größen und Formen getrocknet werden soll, und wenn empfindliche Grundierungen oder Decklackierungen vorliegen.

b) Infrarotofen

Bei Infrarot-Dunkelstrahlern liegt das Maximum der abgestrahlten elektromagnetischen Energie im Bereich des langwelligen Ultrarot. Während bei Umluftöfen Luft- und Einbrenntemperatur etwa gleich sind, spielt bei Strahlungstrocknern die Auftrefftemperatur eine entscheidende Rolle. Die Oberflächentemperatur ist nur schwer kontrollierbar und hängt stark vom Reflexionsgrad der Oberfläche ab (z. B. silberhelle oder schwarze Lackierung). Bei verformten Teilen können gewisse Oberflächenbereiche im Strahlungsschatten liegen; hierdurch treten unterschiedliche Trocknungstemperaturen auf, wodurch ein gleichmäßiges Durchhärten gefährdet sein kann. Der Vorteil der Infrarottrocknung besteht darin, daß dem Lack eine relativ einheitliche und günstige Wärmestrahlungswellenlänge zur Absorption angeboten wird. Infrarot-Umluftöfen lassen sich ähnlich wie reine Umluftöfen einsetzen.

IV. Weitere Oberflächenschutzverfahren

In diesem Kapitel werden in kürzerer Darstellung einige bisher nicht betrachtete Oberflächenschutzverfahren behandelt.

A. Mechanische Metallauftragsverfahren

1. Metallschmelzentauchverfahren

Verfahren dieser Art dienen dazu, Metalle mit relativ niedrigem Schmelzpunkt aufzubringen und sind bekannt als Feuerverzinken, Feuerverzinnen und Feuerverbleien. Auch Aluminium läßt sich im Tauchverfahren aufbringen. Die Schmelzpunkte der Metalle liegen bei 420 °C für Zink, 232 °C für Zinn, 327 °C für Blei und 659 °C für Aluminium.

a) Feuerverzinken

Über 90 % der Zinkmenge, die als Korrosionsschutz aufgebracht wird, wird im Tauchverfahren verarbeitet. Gewöhnlich wird Hüttenzink mit 98,5 oder 99,5 verwendet, für spezielle Verzinkung auch Feinzink 99,99. Zusatz von Umschmelzzink bei der Blechverzinkung ergibt wegen des Zinngehalts schönere Blumenbildung. Aluminium als Legierungszusatz (meist geringer als 0,1 %) wirkt der Bildung von Hartzink entgegen.

Bild IV.1 zeigt die Legierungsphasen nach der Verzinkung in üblicher Zinkschmelze ohne besondere Zusätze. Die ζ-Phase bildet oft größere Kristalle, die sich wieder lösen, ins Zinkbad abschwimmen und dort weiterwachsend das

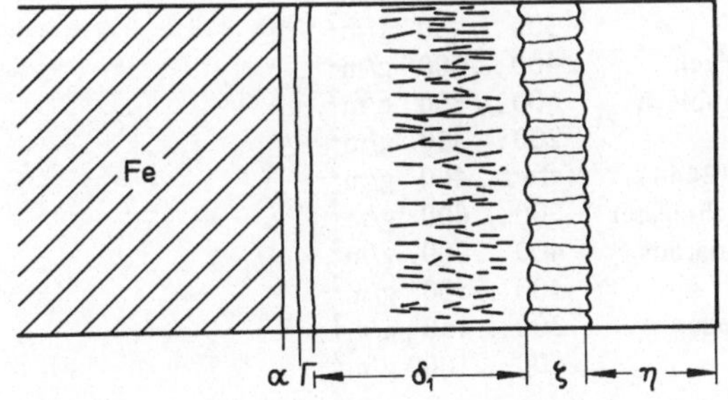

Bild IV. 1
Zink-Phasen bei Raumtemperatur (nach *Nieth*)

α: rd. 94 % Fe, 6 % Zn
Γ: 21...28 % Fe, Rest Zn
δ_1: 7...11,5 % Fe, Rest Zn
ζ: 6...6,2 % Fe, Rest Zn (Diese Phase fällt leicht ab und bildet Hartzink)
η: 0,08 % Fe, 99,92 % Zn

sogenannte Hartzink ergeben, das auf den Boden absinkt. Hartzink entsteht auch durch Reaktion mit der Kesselwand, wodurch diese vor weiterem Angriff geschützt wird. Auch vom Beizen eingeschleppte Eisensalze setzen sich chemisch zu Hartzink um. Von Zeit zu Zeit muß das Hartzink mittels gelochter Löffel ausgeschöpft werden. Lose haftendes Zink wird durch Schütteln in die Schmelze zurückgegeben.

Badbehälter: Heute werden vorwiegend geschweißte Kessel aus schwach legierten Grobblechen von 35 ... 50 mm Dicke verwendet. Auch Armco-Stahl[1]) stellt einen guten Kesselwerkstoff dar, der durch flüssiges Zink nur wenig angegriffen wird.

Oberhalb 480 °C wird Eisen von Zink stark angegriffen. Daher muß die Temperatur auch örtlich unterhalb dieses Wertes gehalten werden. Die Temperatur muß auch zuverlässig und sorgfältig kontrolliert werden, um das Zinkbad rein zu halten.

Stahlsorten: Normaler Baustahl läßt sich gut verzinken. Bei Stahlsorten mit höherem Kohlenstoffgehalt oder mehr als 0,2 % Silicium diffundiert unterhalb der Erstarrungstemperatur Eisen in die Zinkauflage hinein, so daß u. U. die ganze Deckschicht aus Eisen-Zinklegierung besteht. Es bilden sich dann keine Zinkblumen. Die Korrosionsbeständigkeit leidet nicht darunter, während die Schlag- und Stoßempfindlichkeit größer wird. Höher legierte Stähle lassen sich meist schwieriger feuerverzinken. In Zweifelsfällen empfiehlt es sich, eine Materialprobe verzinken zu lassen. Bild IV.2 zeigt die Zinkauflage in Abhängigkeit von der Tauchzeit bei verschiedenen Stahlsorten. Tabelle IV.1 enthält die für verschiedene Gegenstände üblichen Zinkauflagen.

Tabelle IV.1: Zinkauflagen für Stahlgegenstände (Merkblatt 179 der Stahlberatung)

Feinblech (einseitig)	150 ... 200 g/m²
Geschirr	300 ... 450 g/m²
Boiler und Druckgefäße aus Mittelblech	400 ... 600 g/m²
Behälter u. Konstruktionen aus Grobblech	500 ... 800 g/m²
Bandstahl (einseitig)	200 ... 350 g/m²
Rohre, handelsüblich verzinkt (DIN 2444)	etwa 400 g/m²
Rohre, dickwandig mit großem Durchmesser	500 ... 800 g/m²
Walzstahlprofile u. Konstruktionen daraus	400 ... 800 g/m²
Gitterroste	400 ... 500 g/m²
Schrauben, Nägel u. sonstige Kleinteile	300 ... 450 g/m²
Gußteile	500 ... 1000 g/m²

[1]) Nur für kleinere Kessel, da das Material relativ weich ist.

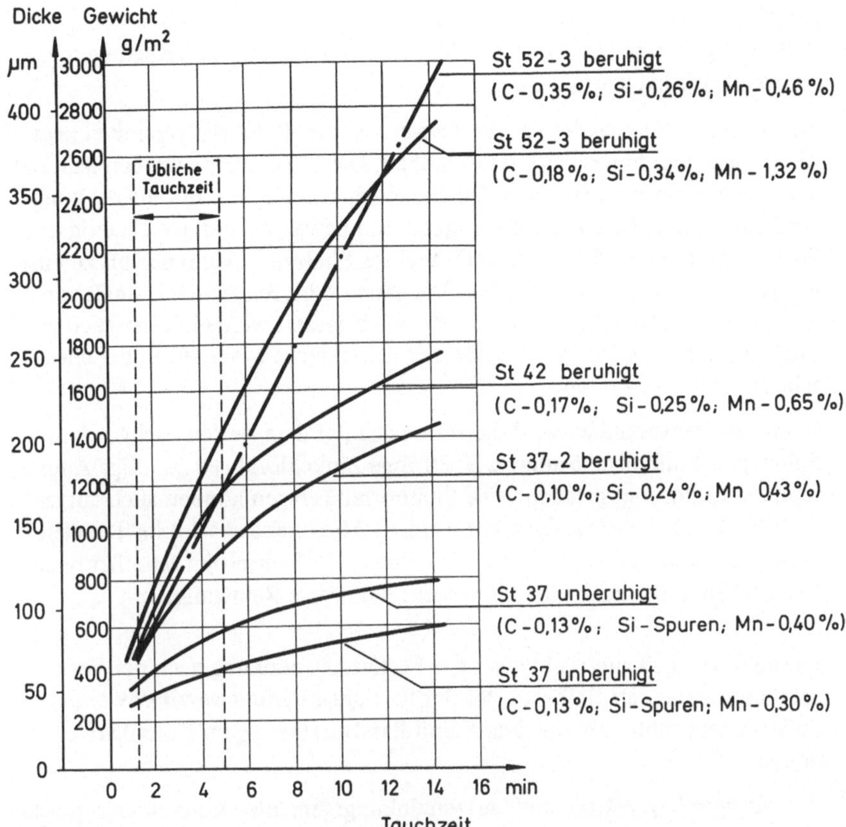

Bild IV.2. Zinkauflagen in Abhängigkeit von der Tauchzeit bei verschiedenen Stahlsorten (nach The Swedish State Power Board, Västeras)

Vorbehandlung: Für eine einwandfreie Feuerverzinkung muß die Oberfläche metallisch rein sein. Dies wird durch Beizen vorwiegend in Salzsäure oder durch Strahlen und Beizen erreicht. Gußteile werden durch Strahlen, anodische Salzbadbehandlung oder durch Beizen in einer Flußsäure-Salzsäurelösung (4 % Flußsäure, 2 % Salzsäure) von Formsandresten befreit.

Nach dem Beizen muß gut gespült werden. Wird die Ware anschließend in wäßrige Zinkchloridlösung getaucht, so bildet der anhaftende Film ein Flußmittel und setzt darüber hinaus die Rostanfälligkeit für mehrere Stunden herab.

Als Flußmittel dienen meist Zink- und Ammoniumchlorid, deren Mengenverhältnis in gewissen Grenzen verändert und so den Verzinkungsbedingungen angepaßt werden kann.

Man unterscheidet *Naß- und Trockenverzinkung.* Beim Naßverzinken liegt die Flußmittelschmelze auf dem Zinkbad. Die Gegenstände werden naß und vorgewärmt eingebracht. Beim Durchgang durch die Flußmittelbedeckung verdampft die anhaftende Feuchtigkeit und bewahrt damit gleichzeitig die Wirksamkeit des Flußmittels. Verbrauchtes Flußmittel kann nur bis zu einem gewissen Grad regeneriert werden. Die gesamte Flußmitteldecke muß von Zeit zu Zeit vollständig entfernt und neu eingesetzt werden. Verbrauchtes Flußmittel läßt sich als sogenannte Salmiakschlacke eventuell an die chemische Industrie verkaufen.

Beim Trockenverzinken wird die Ware nach der dem Beizen nachgeschalteten Spülung in Flußmittellösung (z. B. 30 %ige Zinkchlorid- +3...6 %ige Ammoniumchloridlösung) getaucht. Die Flußmittellösungen können auch aufgespritzt oder als Pulver aufgestreut werden. Anschließend wird im Trockenofen getrocknet. Der zurückbleibende dünne Flußmittelfilm schmilzt beim Eintauchen in das Zinkbad und bewirkt die nötige Reinigung.

Verzinkung: Es kann als Stück- oder Fertigteilverzinkung nach der Fertigbearbeitung oder als Halbzeug vor der Fertigbearbeitung verzinkt werden. Zu letzterem zählt z. B. die Draht- und Bandverzinkung im Durchlaufverfahren.

Zur *Fertigteilverzinkung* muß auf verzinkungsgerechtes Konstruieren geachtet werden. Hier verdienen einige Gesichtspunkte Beachtung:

Beizsäure und Zink müssen überall zu- und wieder abfließen können. Bei Hohlkörpern, Rohrkonstruktionen u. ä. sind entsprechende Öffnungen vorzusehen. Überdruck muß wegen Explosionsgefahr auf jeden Fall vermieden werden. Beim Schrägeintauchen werden die Öffnungen oder Bohrungen diagonal zueinander angebracht. Haltevorrichtungen sollen zweckmäßig vorgesehen werden. Säulen mit Fußplatten sind in der Platte zu bohren. Eckversteifungen, die nach vorn geneigt sind, lassen das Zink leichter ablaufen. (Der Verzinker wird während des Tauchens horizontal liegende Flächen durch entsprechende Schräghaltung möglichst zu vermeiden suchen.)

Rohranschlüsse an Behältern müssen mit der Innenwand abschließen. Bei Schweißverbindungen mit Profilträgern müssen dicht anliegende Flächen wegen unkontrollierbarer Hohlraumbildung vermieden werden. Unterschiedlich dicke Bleche und ähnliche Teile werden besser erst nach dem Verzinken miteinander verbunden.

Gewinde werden unterschnitten (0,3 ... 0,4 mm im Durchmesser), Löcher werden größer gebohrt (0,5 ... 1 mm)[1]). Schließlich ist zu beachten, daß sich die Konstruktion beim Erwärmen auf die Zinkbadtemperatur verziehen kann. Behälterwände müssen evtl. ausgesteift werden. Die Fertigteilverzinkung ist sehr vielseitig. Sie erstreckt sich von der Schraube bis zum Hochspannungsmast, von der Gießkanne bis zum Behälter, der mehrere Kubikmeter faßt. Kleinteile großer Stückzahl werden wirtschaftlich in Trommeln verzinkt, wobei das in Zwischenräumen, Gewindegängen usw. lose verbleibende Zink abzentrifugiert wird.

Verzinkung im Durchlaufverfahren. Das *Sendzimir-Verfahren* dient zur kontinuierlichen Breitbandverzinkung. Es wurde zu Beginn der Wirtschaftskrise 1931 in Europa zum Patent angeboten, fand jedoch keinen Abnehmer und ging in die USA. Erst nach dem Kriege kam es von dort nach Europa zurück. Sein Vorteil liegt darin, daß auf Beiz- und Flußmittelvorbehandlung verzichtet wird. Bild IV.3 zeigt schematisch das Sendzimir-Verfahren. Das kaltgewalzte, ungeglühte Band läuft durch eine Oxydationszone von 450 °C, dann durch eine Zone gekrackter[2]) Ammoniakatmosphäre (980 °C), in der das Band geglüht und die Oxide reduziert werden. In einer anschließenden Abkühlzone wird die Bandtemperatur erniedrigt, so daß das Band etwa 500 °C warm in das Zinkbad einläuft. Es kommt vorher nicht mehr mit Luft in Berührung. Das Zinkbad wird durch die Wärmezufuhr des heißeren Bandes auf etwa 450 °C gehalten.

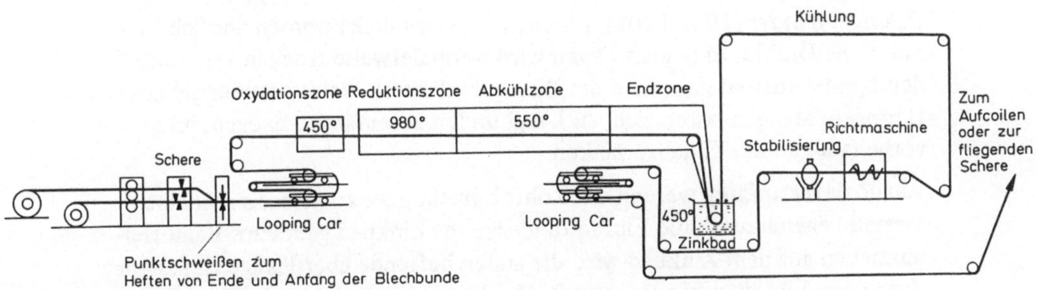

Bild IV.3. Schematische Darstellung des Sendzimir-Verfahren zur kontinuierlichen Bandverzinkung

[1]) Um Lokalelementbildung zu verhindern, sollen alle Einzelteile einer Stahlkonstruktion verzinkt sein, also auch Schrauben und sonstige Verbindungsteile.

[2]) Kracken bedeutet „aufbrechen" chemischer Verbindungen.

Das Oxydieren und Wiederreduzieren liefert eine Reineisenoberfläche, die sich gut haftfest verzinken läßt. Das Blech ist noch relativ hart, da die Reduktionszeit für ein völliges Weichglühen zu kurz ist. Zur Erzeugung weicherer Bleche ist eine Sonderbehandlung erforderlich.

Das *Cook-Norteman-Verfahren* dient ebenfalls zur kontinuierlichen Breitbandverzinkung. Das Kaltwalzband wird geglüht, oberflächenvorbehandelt (z. B. Entfetten, Beizen, mechanische Behandlung, elektrolytisches Beizen), flußmittelbehandelt, getrocknet und schließlich verzinkt. Während beim Sendzimir-Verfahren das Glühen des Bandes in den Verzinkungsablauf mit aufgenommen wird, erfolgt beim Cook-Norteman-Verfahren das Glühen außerhalb der Verzinkungslinie. Dadurch kann die Glühbehandlung unterschiedlich geführt und somit unterschiedliche Blechhärte erhalten werden. Die Wärmemenge zum Glühen muß zusätzlich aufgebracht werden.

45 Sendzimiranlagen in der Welt stehen 10 Cook-Norteman-Anlagen gegenüber. In der Bundesrepublik gibt es z. Z. fünf kontinuierliche Bandverzinkungsanlagen mit Bandgeschwindigkeiten von 65...100 m/min [1]).

Zur *kontinuierlichen Drahtverzinkung* werden mehrere Drähte nach entsprechender Vorbehandlung durch das Zinkbad geführt. Nach dem Verzinken läßt man die Drähte abkühlen oder schreckt sie mit Wasser ab. Anschließend werden sie aufgerollt. Bei der Zinkauflage unterscheidet man zwischen normal und starkverzinkter Ausführung. Drahtgeflechte werden als Fertigstück verzinkt oder erst nach der Drahtverzinkung geflochten (Zinkauflagen nach DIN 1548).

Schmale Bänder (10...100 mm breit, 1...6 mm dick) werden ähnlich verzinkt wie Drähte. In beiden Fällen wird normalerweise trocken verzinkt. An den Bandaustrittsstellen wird der Zinkspiegel durch Walzen sauber gehalten. Geringere Mengen lassen sich, zu Langbunden auseinandergezogen, im ganzen vorbehandeln und Tauchverzinken.

Zur *Rohrverzinkung* werden die Rohre einzeln oder zu mehreren in einem Gestell liegend durch die Flußmitteldecke ins Zinkbad gebracht. Beim Herausziehen aus dem Zinkbad wird die außen haftende überflüssige Zinkmenge durch ein Asbestkaliber abgestreift. Das Innere wird meist mit Dampf ausgeblasen, um eine gleichmäßig dicke Zinkschicht zu erhalten. Oft werden die Rohre nach dem Verzinken in Wasser abgekühlt.

Bei größerer Produktion werden die Rohre in Paketen von mehreren Megapond Gewicht gebeizt und in wäßrige Flußmittellösung getaucht. Nach dem Trocknen werden sie einzeln durch das Zinkbad geführt. Der ganze Vorgang ist voll mechanisiert.

---

[1]) 1966

Tabelle IV.2: Verzinkungsfehler, ihre Ursache und Beseitigung

Fehler	Ursache	Beseitigung
Unverzinkte Stellen	Ungenügende Entfettung vor dem Beizen	Entfettung überprüfen
	Schweißschlacke oder Formsandreste nicht völlig entfernt	Oberfläche sorgfältiger reinigen
	Konstruktionsfehler: Beize, Flußmittel, Zink haben nicht genügend Zutritt	Verzinkungsgerecht konstruieren
Ablösen der η-Schicht (vgl. Bild IV.1)	Ware zu heiß gestapelt, so daß Diffusionsvorgänge in diese Schicht mit entsprechender Legierungsänderung noch möglich sind	Ware besser kühlen
Abplatzen der Zinkschicht	δ_1- und ζ-Schicht zu dick, d. h. der spröde, wenig duktile Schichtanteil ist zu groß	Verzinkung ändern, evtl. Aluminiumzusätze
Hitzeflecken	Badtemperatur zu hoch, so daß die Legierungsschicht teilweise durch die ganze Schicht durchgebildet werden kann	Badtemperatur erniedrigen
Zinktropfen	Zu rasches Austragen aus dem Bad; Flächen zu wenig geneigt. Zinkoxid	Wenn nicht vermeidbar, Tropfen mechanisch entfernen
Tränenbildung	Reste von Eisenoxid. Sie verursachen Zinkoxidbildung, wobei das reduzierte Eisen mit dem Zink Hartzinkkristalle bildet, die die Tränenbildung verursachen	Vor dem Verzinken Eisenoxid beseitigen
Gardinenbildung	Schwammiger Eisenniederschlag auf der Oberfläche. Er entsteht durch Reduktion von Zunder beim Glühen in stark reduzierender Atmosphäre. Das Eisen wird beim Beizen wenig gelöst, bildet im Zinkbad Hartzink, das seinerseits das Abrinnen des überschüssigen Zinks behindert	Glühvorgang überprüfen
Riefen	Im Anlieferzustand vorhandene Riefen werden beim Verzinken nicht überdeckt	Oberfläche vor dem Verzinkungsvorgang glätten
Blasenbildung	Vorhanden Dopplungen. Beim Beizen diffundiert dort Wasserstoff ein	Überwalzte Dopplungen vermeiden
Weiße Flecken	Zu feuchte Lagerung; Feuchtwerden bei längerem Transport	Günstiger Lagern bzw. transportieren. Phosphatieren oder Chromatieren

Nachbehandlung verzinkter Erzeugnisse. Um den Oberflächenglanz bis zum Verkauf der Ware zu bewahren, werden die Werkstücke in Wasser getaucht, dem Seife oder sogenanntes Glanzöl zugesetzt wurde oder sie werden mit Klarlack gespritzt. Eine nachfolgende Anstrichbehandlung wird hierdurch erschwert.

Ein guter Haftgrund für Anstriche wird durch Phosphatieren oder Chromatieren erzielt. Auch glattgewalzte Zinkblumen bilden einen Haftgrund. Bevor ein Blech mit Kunststoff beschichtet wird, kann die Oberfläche durch gestrahlte Walzen aufgerauht werden.

Bleche von Tiefziehqualität müssen entsprechend weich sein. Sendzimirverzinkte Bleche müssen bei 300 °C angelassen werden, damit sie tiefziehfähig werden. Durch Phosphatieren wird der Ausschuß beim Tiefziehen vermindert („Ziehbondern“) [1]).

Deutsche Normen

DIN	1 548	Zinküberzüge runder Stahldrähte
DIN	1 706	Zink
DIN	2 444	Zinküberzüge auf Stahlrohren
DIN	20 578	Zinküberzüge für Förderwagen
DIN	50 930	Beurteilung des korrosionschemischen Verhaltens kalter Wässer gegenüber unverzinktem und verzinktem Stahl und Eisen.
DIN	50 931	dito für warme Wässer
DIN	50 950	Mikroskopische Bestimmung der Schichtdicke
DIN	50 952	Bestimmung des Flächengewichtes von Zinküberzügen auf Stahl durch chemisches Ablösen des Überzuges.
DIN	50 975	Zinküberzüge durch Feuerverzinkung
DIN	51 213	Prüfung metallischer Überzüge von Drähten

b) Feuerverzinnen

Zur Erzeugung von Weißblech (verzinnter Bandstahl) wird in größerem Umfang galvanisch verzinnt, da sich dünnere Zinnschichten abscheiden lassen als beim Feuerverzinnen. Unregelmäßig geformte Werkstücke und Hohlkörper lassen sich besser feuerverzinnen. Die Temperatur der Schmelze liegt zwischen 280 ... 320 °C. Wegen der relativ niedrigen Temperatur muß die Oberfläche sorgfältiger gereinigt werden als beim Verzinken. Zunder, Schmutz, Walzöl

---

[1]) „Bondern“ ist ein in Fachkreisen gebrauchter Ausdruck und bedeutet Phosphatieren. Eine deutsche Firma, die entsprechende Salze liefert, ist die Bondergesellschaft. Vgl. VI.B.2: Phosphatieren.

usw. werden vor der Wärmebehandlung entfernt. Die beim Feuerverzinnen üblichen Schichtstärken liegen bei 3 μm, wobei der mit Eisen legierte Anteil etwa 0,3 μm beträgt.

Vor dem Tauchen in das Zinnbad wird die Oberfläche mit Flußmittel versehen. Der Zinnüberzug erscheint graumatt. Besser aussehende Überzüge liefert die Zweibadverzinnung. Die Ware wird ohne weitere Flußmittelbehandlung in ein zweites Zinnbad getaucht, dessen Temperatur zwischen 235 °C und 270 °C liegt. Anstelle der Flußmitteldecke ist das zweite Bad mit Öl abgedeckt.

Der Zinnüberzug wird glänzend und nahezu porenfrei, wenn man nach dem Verzinnen eine Temperaturnachbehandlung einschaltet. Der Zinnüberzug wird dabei kurz zum Schmelzen gebracht (232 °C). Das Anschmelzen kann im heißen Ölbad (z. B. Palmöl) oder im Ofen erfolgen.

Bei der kontinuierlichen Bandverzinnung ist eine Hochfrequenz-Induktionsheizung oder eine Widerstandsheizung vorteilhaft. Bei der Induktionsheizung wird das Band nicht berührt; zur Widerstandsheizung werden Kontakte benötigt. Diese dürfen den Belag nicht beschädigen. Für galvanisch verzinnte Bleche ist die Wärmenachbehandlung üblich.

Passiviert man das Weißblech, so wird seine Korrosionsbeständigkeit erhöht und die Neigung, durch Schwefelaufnahme schwarz zu werden, vermindert. Letzteres gilt vor allem für Konservendosen, in denen eiweißhaltige Gemüsesorten verpackt werden sollen. Eine Passivierung durch Phosphatieren läßt sich erreichen, wenn das Blech 5 Minuten in eine 85 ... 90 °C heiße Lösung folgender Zusammensetzung getaucht wird:

Trinatriumphosphat (krist.)	40 g/l
Natriumhexametaphosphat	20 g/l
Natriumbichromat	12,5 g/l
Natriumhydroxid	14 g/l
Netzmittel (z. B. Perminal KB)	5 cm^3/l
pH-Wert	12,5

c) Feuerverbleien

Schmelzüberzüge aus Blei lassen sich auf Eisenmetallen ohne große Kosten herstellen. Der sich bildende Bleioxidfilm schützt das Blei selbst, so daß der Überzug korrosionsbeständig ist gegen atmosphärische Einwirkung und gegen aggressive Chemikalien wie Salz-, Schwefel-, Phosphor-, Fluß- und Chromsäure. Das duktile Blei macht Verformungen leicht mit. Der Bleiüberzug haftet rein physikalisch auf Eisen und Stahl. Setzt man dem Blei Zinn oder andere Metalle wie Nickel, Arsen, Cadmium oder Antimon zu, so bilden diese mit dem Eisen legierte Zwischenschichten, die für eine bessere Haftung sorgen.

d) Feuerveraluminieren

Wie beim Verzinken bildet Eisen auch mit Aluminium Legierungen. Hierbei hat die Diffusion von Aluminium in Eisen (bei der Aluminium-Schmelztemperatur) einen großen Anteil. Ähnlich wie Hartzink bildet sich Hartaluminium; allerdings ist der Eisengehalt darin mit 40,8 bzw. 51 % wesentlich größer als bei Hartzink (mit 6 %).

Die Schmelze wird aus Reinaluminium (99,5% und mehr Al) oder einer Aluminium-Siliciumlegierung gewonnen. Bei Anwesenheit von Silicium wird weniger Hartaluminium gebildet.

Die Ware wird ähnlich wie für das Verzinken vorbehandelt und geglüht. Als Flußmittel dienen Salzschmelzen (z. B. 51 % KCl, 39 % NaCl und 10 % F_6Na_3).

Aluminiumüberzüge sind hitzebeständig und schützen gegen Wasser und Industrieatmosphäre. In manchen Fällen schützt Aluminium besser als Zink (z. B. in heißen und weichen Wässern, in schwefelhaltiger Industrieluft).

2. Metallspritzverfahren

a) Spritzverfahren

Beim Metallspritzen wird draht- oder pulverförmig zugeführtes Auftragsgut geschmolzen und mit Hilfe eines Trägergases auf die zu schützende Oberfläche geschleudert. Das Spritzgut wird durch ein Sauerstoff-Brenngasgemisch, elektrisch induktiv oder im elektrischen Lichtbogen geschmolzen.

Gasspritzen. Als Brenngas dient Acethylen, Leuchtgas, Propan- oder Butangas. Der Spritzgutdraht wird induktiv geschmolzen, indem man ihn durch die Spule eines Schwingkreises schiebt, der von einem Röhrengenerator gespeist wird. Bei zehn und mehr Kilowatt (kVA) Leistung erstreckt sich der Frequenzbereich von größenordnungsmäßig 100 bis zu mehreren 100 000 Hertz.

Lichtbogenspritzen. Das Lichtbogenspritzen gewinnt neben dem Gasspritzen an Bedeutung. Die Elektroden bestehen aus dem Spritzmaterial. Zwischen ihnen wird ein Lichtbogen gezündet. An der Berührungsstelle der Elektroden entsteht ein hoher Übergangswiderstand, so daß das Material sich bis zum Abschmelzen erhitzt. Die erforderliche Spannung wird aus Sicherheitsgründen unter 42 Volt [1]) gehalten, während die Ströme bis zu mehreren hundert Ampere betragen können. Der Lichtbogen wird bei verschiedenen Spritzgeräten durch ein Schutzgas abgeschirmt.

---

1) Nach VDE-Vorschrift hierfür keine besonderen Schutzmaßnahmen erforderlich.

Plasmaspritzen. In jüngster Zeit gewinnt der Lichtbogen-Plasma-Brenner [1]) an Bedeutung. Hiermit lassen sich Temperaturen von über 20 000 °C [2]) erzeugen, so daß praktisch alle Stoffe geschmolzen werden können.

Zwischen zwei Elektroden, z.B. einer thorierten [3]) Wolfram- und einer wassergekühlten Kupferelektrode, wird ein Lichtbogen erzeugt. In diesen strömt ein Gas (z. B. Argon oder Stickstoff) hinein, das bis zur Ionisierung hoch erhitzt wird. Das Lichtbogengas strömt durch eine Elektrode (z. B. die Wolframelektrode) zu, die als Düse ausgebildet sein kann. Pulverförmiges Spritzgut wird durch ein Trägergas zugeführt, im Plasmabogen geschmolzen und aus einem Spritzpistolenansatz herausgespritzt.

Mit Hilfe des Plasmaspritzens werden Stoffe mit hohen Schmelztemperaturen verspritzt wie Wolfram, Molybdän, keramische Massen usw., aber auch Kunststoffe mit sehr niedrigen Erweichungstemperaturen.

Spritztechnik. In den meisten Fällen sind die Spritzgeräte als Handpistolen ausgebildet. Bild IV.4 b zeigt den Kopf des Düsensystems einer Gasspritzpistole in vereinfachter Darstellung. Das Spritzgut wird als Draht zugeführt.

Als Trägergas, durch das das Überzugsgut auf die Oberfläche geschleudert wird, dient meist Druckluft. Bei pulverförmigem Spritzgut wird teilweise auf Druckluft zum Auftragen verzichtet.

Das Auftragsmaterial muß in ausreichender Menge nachgeliefert werden. Drahtförmiges Spritzgut wird mit Hilfe einer Druckluftturbine oder mittels Elektromotor gefördert. Auswechselbare bzw. veränderliche Getriebe mit Feinregulierung gestatten, den Drahtvorschub zu verändern. Spritzpulver wird mittels Druckluft oder besser durch Unterdruck gefördert. Der Unterdruck entsteht, wenn das Brenngasgemisch durch eine Querschnittsverengung strömt. An dieser mündet eine Verbindung zum Pulvervorratsgefäß ein.

Die Spritztechnik ist für alle Metalle zugänglich. Schwer schmelzende Metalle oder Legierungen werden besser in Lichtbogengeräten verarbeitet. Wählt man zwei Elektroden aus verschiedenem Material, so lassen sich Pseudolegierungen verschiedenster Zusammensetzung verspritzen. Die Anteile der beiden Materialien in der Auftragsschicht richten sich nach den unterschiedlich einstellbaren Drahtvorschüben. Auch Hohldrähte dienen als Elektroden, deren Füllung aus einem anderen Material besteht als die Drahtwand (z. B. Nickelhohldraht mit

[1]) Unter Plasma versteht man einen „Aggragatzustand" der Materie, wobei positive und negative Ladungsträger in gleicher Konzentration frei existieren, so daß das Gebilde als Ganzes nach außen elektrisch neutral ist.

[2]) Die höchsten bisher erreichten Plasmatemperaturen liegen bei über 50 000 °C (Universität Kiel).

[3]) Element: Thorium

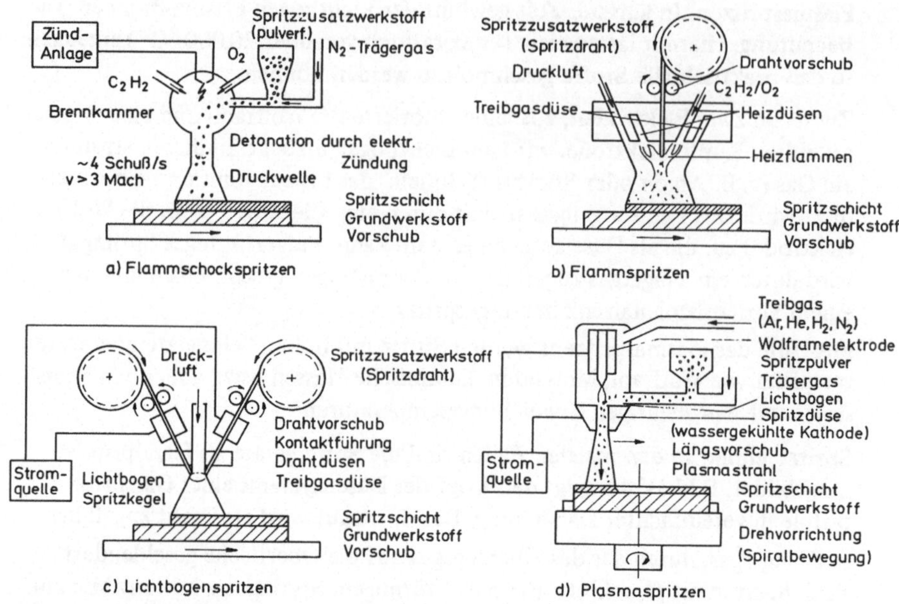

Bild IV.4a. Schematische Darstellung verschiedener Flammspritzverfahren

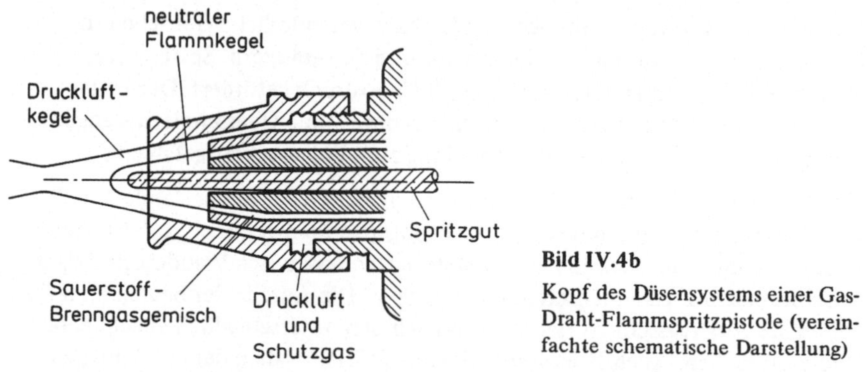

Bild IV.4b
Kopf des Düsensystems einer Gas-Draht-Flammspritzpistole (vereinfachte schematische Darstellung)

Chrom- oder Kobaltpulver). Bei Pulverflammspritzverfahren lassen sich anstelle der meist üblichen reinen Metalle auch Legierungsgemische verspritzen. (Patentiertes Gemisch: Kohlenstoff (0 ... 1,5 %), Silicium (1 ... 6 %), Bor (1 ... 6 %), Eisen (0 ... 12 %), Chrom (0 ... 20 %). Hinzu kommt das Pulver eines Materials, das bei einer um mindestens 6 °C höheren Temperatur schmilzt wie Nickel, nichtrostender 18/8-Stahl, nichtrostender Chromstahl und Chrom-Nickellegierungen.)

b) Haftgrundvorbereitung

Das Haften zweier verschiedener Stoffe aneinander ist von deren Oberflächenzustand abhängig. Man kann sich dies etwa so vorstellen: Eine molekular glatte Oberfläche besitzt sehr wenige „aktive" Stellen, an denen sich eine Partikel desselben oder eines fremden Materials niederschlagen kann. Umgekehrt wird eine solche Fläche auch nur sehr wenig angegriffen. Oberflächen, auf denen sich leicht weiter „aufbauen" läßt, werden auch leicht (z. B. durch Korrosion) abgetragen. Da molekular glatte Oberflächen praktisch kaum vorkommen, weist eine reale Oberfläche mehr oder weniger aktive Zentren auf, an denen ein Anlagern leichter möglich ist. Gewöhnlich sind diese Zentren durch artfremde Stoffe besetzt wie Fett-, Schmutz-, Zunderteilchen u. ä.

Die Haftgrundvorbereitung verfolgt den Zweck, einmal die aktiven Stellen von den unerwünschten Fremdpartikeln zu säubern und zweitens möglichst viele aktive Stellen auf der Oberfläche zu schaffen. Das erste geschieht durch Verfahren der Grob- und Feinreinigung, das zweite durch Aufrauhen der Oberfläche. Hierfür hat sich das Strahlen als bestes Verfahren bewährt, wobei es noch einen optimalen Rauhigkeitsgrad gibt. Vermutlich wird nicht nur die Oberfläche vergrößert – dies könnte durch Beizen auch erreicht werden –, sondern die mechanische Beaufschlagung durch die Strahlteilchen schafft Gitterfehlstellen, die zusätzlich als aktive Stellen wirksam werden. Das Spritzen soll möglichst bald nach dem Strahlen vorgenommen werden. Bei längerem Lagern der gestrahlten Werkstücke vor dem Spritzen ist die Haftfestigkeit der gespritzten Schicht geringer.

Zwischen Strahlmittel und Werkstück bestehen gewisse Beziehungen:

Strahlmittel	Werkstück	Wirkung
weich	weich	mäßige Verformung von Strahlkorn und Oberfläche
weich	hart	starke Strahlmittelverformung, Glättung der Oberfläche
hart	weich	starke Verformung der Werkstückoberfläche, starke Aufrauhung; Strahlmittel dringt u. U. in die Oberfläche ein
hart	hart	mäßige Verformung der Oberfläche; Bruchverschleiß des Strahlmittels

Daneben ist die kinetische Energie ($W = mv^2/2$), die Kornform und der Auftreffwinkel für die Aufrauhung der Werkstückoberfläche von Bedeutung. Harte und scharfkantige, d. h. spröde Strahlmittel verdienen den Vorzug.

Auf viele mögliche, andere Verfahren der Haftgrunderzeugung wird nicht weiter eingegangen [1]). In manchen Fällen verbessern Zwischenschichten die Haftfestigkeit der Schutzschicht wie z. B. eine Zinnschicht vor dem Verbleien oder Versilbern oder eine Zinn-Blei-Antimonlegierung [2]) als Zwischenschicht vor dem Aufspritzen von Bronze (92 ... 94 % Kupfer, 8 ... 6 % Zinn).

c) Gefüge der Spritzschichten

Das Spritzgefüge ist typisch für diese Auftragsart und von den Spritzbedingungen abhängig. Beim Gasdrahtspritzen zeigt das Gefüge im mikroskopischen Schliffbild einen lamellaren Aufbau, bedingt durch eine Plattverformung der im Augenblick des Auftreffens nicht mehr flüssigen aber noch hochbildsamen Phase. Darin finden sich mehr oder weniger Oxideinschlüsse und Poren.

Beim Pulverspritzen findet man zwischen den Lamellen immer Pulveranteile eingebettet, die nicht oder nur ungenügend geschmolzen waren. Ihre Menge kann durch Verbesserung der Spritzbedingungen vermindert werden. Die Mikroporenkonzentration ist ebenfalls größer als beim Drahtspritzen.

Bei vergütbarem Spritzgut wie z. B. Stahl treten je nach Abkühlungsbedingungen die bei Stahl bekannten und von dessen Wärmebehandlung abhängigen Gefüge auf [3]).

Durch Schmelzen im elektrischen Lichtbogen erhält man eine feinere Zerstäubung und demnach auch ein feineres Gefüge und ausgeprägtere Verschweißung. Der Mikroporenanteil dieser Spritzschichten ist merklich kleiner als bei Schichten anderer Spritzverfahren. Als Korrosionsschutzschichten besitzen lichtbogengespritzte Überzüge den Vorzug. Bei Lagerlaufschichten oder solchen, die anschließend durch Lackieren oder Verdichten [4]) nachbehandelt werden sollen, ist eine größere Porigkeit erwünscht, um mehr Schmiermittel, Imprägnierflüssigkeit usw. aufnehmen zu können. Durch Vermindern der Flammtemperatur lassen sich nach Wunsch porenreiche Spritzgefüge herstellen [5]).

Der Oxidanteil im Spritzgefüge ist vom aufgespritzten Material und von der Art des Spritzens abhängig. Beim Flammstrahlen kann die Sauerstoffzufuhr

---

[1]) Z. B. für sehr harte Werkstoffe: Betupfen der Oberfläche mit nickel- oder wolframlegierter Schweißelektrode. Schweißgenerator mit Werkstück und Elektrode verbunden (Metco, USA).

[2]) Legierung enthält 58 ... 61,5 % Zinn, 41 ... 38 % Blei, 0,5 % Antimon (patentiert)

[3]) Z.B. Martensit bei rascher Abkühlung, Sorbit und Perlit bei langsamer Abkühlung oder nach Wiederanlassen.

[4]) Englisch: sealing (versiegeln).

[5]) Moderne Spritzpistolen und Geräte sind darauf „gezüchtet", möglichst porenarme Schichten zu liefern.

so reguliert werden, daß zur Oxidation des Kohlenstoffs im Brenngas zu wenig, gerade ausreichend oder mehr als ausreichend Sauerstoff zur Verfügung steht. Man spricht dann von reduzierender, neutraler oder oxydierender Flamme. Mit zunehmendem Sauerstoffgehalt steigt die Flammtemperatur an. Wird die Flamme von Schutzgas umhüllt, so vermindert sich der Oxidanteil der aufgespritzten Schicht. Ein Vorwärmen des Werkstückes fördert die Oxidbildung und ist daher nicht immer ratsam.

Das Spritzschichtgefüge beeinflußt auch die Haftfestigkeit. Neben der Haftgrundvorbereitung und der Spritzart (beim Flammstrahlen der Flammtemperatur) hängt die Haftfestigkeit vom Spritzabstand und vom Preßluftdruck ab. Es findet sich meist ein optimaler Druck und ein flammtemperaturabhängiger optimaler Spritzabstand [1]).

d) Nachbehandlung der Spritzschichten

Spritzschichten können thermisch, mechanisch und chemisch nachbehandelt werden. Daß durch geeignete Anstriche der Korrosionsschutzwert erhöht wird, braucht wohl nicht besonders hervorgehoben zu werden. In manchen Fällen ist eine (der Porosität wegen) ausreichend dicke Metallspritzschicht unwirtschaftlich. Man zieht dann eine dünnere Spritzschicht vor und schützt diese durch einen Anstrich.

Bei thermischer Behandlung legiert im allgemeinen das gespritzte Material durch Diffusion mit dem Grundwerkstoff. Ferner ändert sich das Primärgefüge entsprechend dem Zustandsschaubild Grundmetall-Überzugsmetall. Es bildet sich somit ein Sekundärgefüge aus.

Glühen in Schutzgasatmosphäre verhindert Oxydieren der Spritzschicht.

Mechanisch lassen sich die Schichten durch Walzen, Drücken, Hämmern oder Strahlmittelbehandlung verdichten.

Die chemische Nachbehandlung bewirkt vorwiegend eine Oberflächenveränderung, durch die die Poren geschlossen werden, sei es durch Einlagern von Imprägnierungsmittel in den Poren oder durch Oxydation oder Salzbildung im äußersten Bereich der Schicht [2]).

e) Anwendung des Metallspritzens

Als Korrosionschutzüberzug auf Stahl wird hauptsächlich Zink oder Aluminium gespritzt. Die Zinkspritzschicht wird normalerweise mit einem Anstrich versehen. Spritzschichtdicken von 0,15 ... 0,20 mm können dann als ausreichend angesehen werden. Gut bewährt haben sich Doppelschichten von

---

[1]) Dieser Abstand ist oft zu kurz für ein wirtschaftliches Spritzen und zur Erzeugung gleichmäßiger Schichtdicken.

[2]) Vgl. VI. B.1: Oberflächenbehandlung von Aluminium, Verdichten.

je 0,15 mm Dicke aus Aluminium und Zink. Das Doppelspritzen läßt sich ersetzen durch Aufspritzen einer Aluminium-Zinklegierung [1]). Sie vereinigt die Widerstandsfähigkeit des Zinks gegen alkalische und die Beständigkeit des Aluminiums gegen saure Atmosphären und Wässer.

Vergleicht man die Korrosionsbeständigkeit galvanisch aufgebrachter Metallschichten mit Spritzschichten aus gleichem Material, so verhindern vor allem die Oxideinschlüsse in den Spritzschichten, daß diese den galvanischen gleichwertig sind. Wesentlich besser erweisen sich Schichten, die unter Schutzgas (z. B. Argon) aufgespritzt werden [2]).

Für Sonderfälle des Korrosionsschutzes gibt es eine Vielzahl von Metallen und Metallverbindungen, die hintereinander oder als Legierung aufgespritzt werden. Die Auftragsmaterialien und -verfahren sind meistens patentiert. Sie sind aus Einzelveröffentlichungen zu entnehmen.

Die thermische [3]) Diffusion und Legierungsbildung zwischen aufgespritztem Aluminium und Eisen verbessert die Korrosionsfestigkeit. Damit die Metalle nicht oxydieren, wird das Aluminium mit einen luftabschließenden Anstrich versehen oder die Wärmebehandlung im Hochvakuum von 10^{-4} Torr durchgeführt.

Gleitlager und Gleitflächen lassen sich wirtschaftlich herstellen, indem man Pseudolegierungen oder verschiedene Metallschichten auf haftgrundvorbereitete Lagerschalen aus Stahl oder einem anderen Metall aufspritzt.

Beispiele für Pseudolegierungen:

Aluminium	Kupfer	Eisen	Blei
50 %	50 %	–	–
75 %	–	–	25 %
–	75 %	–	25 %
50 %	–	50 %	–
25 %	–	75 %	–
–	25 %	75 %	–

(Die Unterstreichung hebt das zuletzt gespritzte Material hervor.)

Beispiele für Spritzmetallisierung als Korrosionsschutz:

Nägel, Schrauben, Muttern, Bolzen aller Art, Haken, Ösen Scharniere, Beschläge, Federn, Ketten, Bootsteile, Schleusentore, Rohrleitungen, Gefäße und Behälter aller Art, Heiz- und Kühlschlangen, Gittermaste, Dachkonstruktionen, Fenster- und Türrahmen, Fahrzeuguntergestelle aller Art, Reaktormaterialien, Schiffskörper, Bleche aller Art.

---

[1]) Name der Spritzlegierung: „Berkalloy".

[2]) Das Schutzgas dient anstelle von Druckluft als Treibgas.

[3]) Bei Temperaturen von 700 °C bis über 900 °C.

Eine Spritzverzinkung in großem Umfang wurde bei der Firth-of Forth-Brücke vorgenommen. Hier kommt als Vorteil der Spritzmetallisierung zum Ausdruck, daß sie nicht nur stationär, sondern auch frei beweglich eingesetzt werden kann.

Das Metallspritzen wird auch angewandt, um Löt- und Schweißverbindungen herzustellen. Die Verfahren heißen *Spritzlöten* und *Spritzschweißen*. Beliebige Lote werden aufgespritzt und dann aufgeschmolzen bzw. eingesintert.

Abschließend wird auf die Beachtung der Schutzvorschriften hingewiesen. Verschiedene Metalle, wozu auch Zink und Aluminium gehören, sind Atmungsgifte. Sie sind umso eher dampfförmig vorhanden, je niedriger ihr Siedepunkt liegt (Siedepunkt von Zink: 906 °C). Es darf nur mit Atemmaske gespritzt werden.

f) Normen

DIN	8 565	Rostschutz von Stahlbauwerken durch Metallspritzen, Richtlinien.
DIN	8 566	Metallspritzdrähte, Flammspritzdrähte
DIN	8 567	Vorbehandlung metallischer Oberflächen für das thermische Spritzen, Richtlinien.
DIN	50 902	Oberflächenbehandlung der Metalle für den Korrosionsschutz; Begriffe.

B. Diffusions- und Vakuumabscheidungsverfahren

1. Diffusionsverfahren

Es ist schon lange bekannt, daß Metalle ineinander diffundieren. Sie müssen allerdings Mischkristalle miteinander bilden können. Als *Einsatzhärten* ist das Verfahren seit langem im Gebrauch. Es läßt sich aber auch zum Schutz vor Korrosion anwenden. Die Diffusionsgeschwindigkeit wird jedoch erst bei erhöhter Temperatur groß genug, um ausreichende Schichtstärken zu geben.

a) Sherardisieren

Vorwiegend kleine Massenartikel lassen sich durch Eindiffundieren von Zink gegen Rost schützen. Es bildet sich eine Eisen-Zink-Legierungsschicht, deren Zinkanteil nach außen zunimmt. Die Schichtdicken betragen 10 ... 30 μm. Ein Prägedruck auf der Oberfläche bleibt bei diesem Verfahren erhalten.

Das zu schützende Gut wird zusammen mit Zinkstaub und inerten Stoffen wie Sand, Kohle, Kreide, Bimssteinmehl u. a. in eine Trommel gepackt, die anschließend luftdicht verschlossen wird. In einem Ofen wird die Trommel unter langsamer Rotation auf 370 ... 400 °C erhitzt. Die Temperatur wird einige Zeit gehalten, bevor wieder langsam auf Raumtemperatur abgekühlt wird [1]). Die Behandlungsdauer beträgt 1 bis 5 Stunden, wenn mit jeder Neufüllung eine frische Mischung aus Zinkstaub und Füllstoffen zugegeben wird. Wird die Mischung unter Zusatz von frischem Zinkstaub mehrfach verwendet, so muß die Behandlungstemperatur oder die Diffusionsdauer allmählich erhöht werden.

Die Werkstücke werden in einer Siebanlage wieder von der Zink-Füllstoffmischung getrennt. Walzhaut, Rost und sonstige Verschmutzungen müssen vor dem Sherardisieren entfernt werden, da sie die Diffusion behindern. Die sherardisierte Oberfläche bildet einen guten Haftgrund für anschließende Lackierung; sie läßt sich aber auch polieren.

Als *"Peen Plating"* ist ein kalt arbeitendes Verfahren bekannt. Die gebeizten, entfetteten und in eine saure Kupfersalzlösung [2]) getauchten Werkstücke werden in einer rotierenden Trommel zusammen mit Zinkstaub und einer wäßrigen Chemikalienlösung durch Prallkörper [3]) beaufschlagt [4]). Nach etwa einer Stunde Laufzeit erhält man eine glänzende Schicht von rund 10 μm Dicke. Etwa 95 % des Zinkpulvers werden zur Bildung der Schicht verbraucht, wobei dessen mittlere Teilchengröße bei nicht zu großer Streuung unter 10 μm liegen soll. Verformbarkeit, Lötfähigkeit und Korrosionsfestigkeit werden verbessert, wenn zu dem Zinkpulver 5 ... 10 % Zinnpulver zugesetzt werden. Die Zinkteilchen werden schindelartig zusammenhängend verschweißt. Die Prallkörper lassen sich nach der Separierung wieder verwenden.

Die Trommeln sind meist achteckig, innen gummiert, horizontal gelagert und drehen sich mit Umfanggeschwindigkeiten von unter 1 m/s.

b) Chromieren

Die zu chromierenden Fertigteile werden in ein Gemisch eingepackt und auf eine Temperatur von etwa 1 000 °C gebracht. Das Einpackgemisch besteht

[1]) Aufheizen, Temperaturhalten und Abkühlen dauern etwa gleich lang. Das Abkühlen kann jedoch durch Wasserberieselung beschleunigt werden.

[2]) Die Kupfersalzlösung enthält einen Inhibitor.

[3]) Die Prallkörper nehmen kein Zink an.

[4]) Bei kleinen, regelmäßig geformten Werkstücken können die Prallkörper entfallen.

z. B. aus einer inerten [1]) keramischen Masse und einem Chromlieferanten, der bei der Behandlungstemperatur verdampft oder eine verdampfbare Chromverbindung wie z. B. Chromhalogenid freigibt. Über die Gasphase gelangen die Halogenidmoleküle allseitig an die Oberfläche, dissiziieren dort und geben Chromatome zur Eindiffusion in die Metalloberfläche frei.

Bedeutet c_∞ die Konzentration des eindiffundierten Stoffes in (theoretisch) unendlicher Tiefe, c_0 die Oberflächenkonzentration, D der Diffusionskoeffizient [2]), t die Zeit, V_M das Molvolumen [3]) des diffundierenden Stoffes, so nimmt die Konzentration c der diffundierenden Substanz mit zunehmender Eindringtiefe s ab gemäß:

$$c = c_\infty + (c_0 - c_\infty) \cdot e^{-\frac{Dt}{V_M} \cdot s}$$

Unlegierte Stähle mit niedrigem Kohlenstoffgehalt [4]) stellen nach der Chromierung sogenannte IK-Stähle (Inkrom-Stähle) dar. Bei normaler Chromierung läßt sich der Chromgehalt in Gewichtsprozenten berechnen:

Für $s = 0$ bis $s = 0{,}093$ mm ist $c = 0{,}85 + (35 - 0{,}85) \cdot e^{-11{,}09 \cdot s}$ und

für $s = 0{,}093$ mm und größer ist $c = 13 \cdot e^{-56{,}17(s-0{,}093)}$ [5]).

An der Oberfläche beträgt die Chromkonzentration demnach 35 %, in rund 0,1 mm Tiefe noch rd. 13 %, um dann rascher abzufallen.

Aus unlegierten IK-Stählen bestehen Schrauben, Muttern und Kleineisenteile ähnlicher Verwendung, die eine gute Rost- und Säurebeständigkeit aufweisen und so billiger hergestellt werden können als bei Verwendung rostfreien Stahls.

Bauteile, die längere Zeit Temperaturen bis 900 °C aushalten sollen, werden aus warm- und hochwarmfesten Legierungen hergestellt, die 20 und mehr Gewichtsprozent Chrom enthalten [6]). Zur Korrosionsverbesserung kann der Chromgehalt durch Chromieren bis zu etwa 65 Gewichtsprozent an der Oberfläche erhöht werden.

c) Alitieren

Ähnlich dem Chromieren wird auch das Alitieren nach dem „Einpack-Verfahren" durchgeführt. Das Einpackgemisch enthält einen Aluminiumträger,

---

[1]) inert = chemisch nicht reagierend.

[2]) D = Teilchenstrom dividiert durch Konzentrationsgefälle.

[3]) V_M = Molekulargewicht durch Dichte M/ρ.

[4]) Der Kohlenstoff wird darüber hinaus durch z.B. Niob als Carbidbildner gebunden.

[5]) Nach Meßwerten von *G. Lehnert:* Galvanotechnik 57 (1966), 247.

[6]) Höhere Chromkonzentrationen werden aus Gründen der Verformbarkeit nicht angestrebt.

der das allseitig in die Oberfläche eindiffundierende Aluminium liefert. Geeignet ist eine Aluminium-Eisenlegierung (50 % Al, 50 % Fe), die bei etwa 1 200 °C schmilzt, so daß auch Diffusionstemperaturen oberhalb 1 000 °C angewendet werden dürfen.

Beim Alitieren von Nickelbasislegierungen bildet sich eine Aufbauzone, die aus NiAl besteht, dessen Schmelzpunkt oberhalb 1 650 °C liegt. Nach innen folgt eine Ni_3Al-Schicht. Bei Temperaturbeanspruchungen bis über 1 100 °C zeigen alitierte hochwarmfeste Legierungen gute Korrosionsfestigkeit auch gegen schwefelhaltige Verbrennungsgase und Ölasche, wie sie in Strahltriebwerken auftreten. Es bildet sich teilweise Aluminiumoxid (Al_2O_3), wobei die NiAl-Schicht einen Nickelüberschuß erhält. Beide Oberflächenschichtbestandteile schützen den darunter liegenden Werkstoff vor weiterer Korrosion. Der Gehalt an Al_2O_3 in fein verteilter Form begünstigt ferner den Abbau örtlicher mechanischer Spannungen, wodurch die Temperaturwechselbeständigkeit verbessert wird.

d) Weitere Diffusionsverfahren

Silicium wird als Zusatzkomponente z. B. mit dem Alitieren eindiffundiert; Silicieren wird seltener als selbständiges Verfahren angewandt. Die Gasphase wird erreicht durch Reduzieren von Trichlorsilan mit Wasserstoff bei hohen Temperaturen.

Bor wird aus Diboran (B_2H_6) und Wasserstoff zwischen 550 °C und 1 050 °C oder aus Bortrichlorid oder einer borcarbidhaltigen Äthylsilicatpaste heraus zur Diffusion gebracht. Im letzten Fall werden die Werkstücke mittels Hochfrequenz erhitzt. Durch Borieren erhält man Randschichten höchster Härte.

Titan schützt (ähnlich wie Silicium) als Diffusionsschicht Molybdän vor sonst sofort einsetzender und rasch verlaufender Hochtemperaturkorrosion. Durch Eindiffundieren von Titandampf in Graphit entsteht ein Werkstoff höchster Chemikalien- und Temperaturbeständigkeit.

Wolfram wird aus gasförmigen Wolframhexafluorid zum Eindiffundieren gebracht.

2. Vakuumabscheidung von Metallen oder Metallverbindungen

a) Vakuumbedampfung

Vorwiegend werden Werkstücke aus Kunststoff, Metall oder Glas im Vakuum bedampft wie Reflektoren, Autozubehörteile, Schilder, Armaturenbretter und Armaturenteile, Ziergitter, Flaschenverschlüsse, Dekorationsartikel, Spielwaren, Bijouteriewaren, Souvenirartikel, Rückflächenspiegel, Schmucksteine usw. In der optischen Industrie wird das Verfahren schon seit langem angewandt, um reflexionsvermindernde Schichten auf optischen Gläsern aufzubringen (Aufdampfen von Thorium-, Magnesium-, Calciumfluorid).

Neben den genannten Materialien können auch z. B. Papier, Textilien, Keramik u. ä. bedampft werden. Prinzipiell eignen sich alle Stoffe, die kein oder nur so wenig Gas in das Vakuum abgeben, daß das Erreichen des erforderlichen niedrigen Druckes von mindestens 10^{-4} Torr (mm Hg) nicht in Frage gestellt ist. Manchmal lassen sich die Materialien auch entsprechend präparieren, so daß sie nur wenig gasen.

Polystyrol, Polyacrylate (Plexigum und Plexiglas), Polyamid, Polyvinylchlorid (PVC), Polyester, Cellulose-Ester u. a. m. sind Kunststoffe, die sich mit Erfolg bedampfen lassen. Sie müssen allerdings von einheitlicher Qualität sein. Mischungen oder aus Ausschuß verarbeitete Teile sind nicht geeignet; es können Fehler auftreten, die sich meist erst nach dem Bedampfen zeigen.

Verdampfungsgut: Prinzipiell lassen sich alle festen Substanzen aufdampfen. Als Metalle kommen vorwiegend Aluminium, Silber, Gold, Platin, Kupfer, Chrom, Zink, Cadmium in Frage, als Oxide Siliciummonoxid (SiO), Quarz (SiO_2) u. a., als Salze Calzium-, Thorium- und Magnesiumfluorid. Legierungen lassen sich nur als solche aufdampfen, wenn sie durch Elektronenbeaufschlagung erhitzt und verdampft werden. Bei direkter Aufheizung lassen die unterschiedlichen Siedepunkte nicht zu, daß die Legierungskomponenten gleichzeitig verdampfen.

Verdampfungsmethoden: Die Methode zur Verdampfung richtet sich nach dem Schmelzpunkt, der Verdampfungstemperatur und der Reaktionsfreudigkeit des zu verdampfenden Gutes.

Zur *direkten Aufheizung* mittels des elektrischen Stromes dienen Tiegel aus Wolfram, Tantal und Molybdän (hochschmelzende Metalle) oder aus intermetallischen Verbindungen wie Titan-Zirkonborid; letzteres eignet sich besonders zur Aluminiumverdampfung. Anstelle von Tiegeln werden auch Wendeln oder nebeneinander liegende Stäbe verwendet. Niedrigsiedende Stoffe können auch aus Eisenverdampfern verdampft werden.

Die bisher genannten Verdampfer werden nur zur Verdampfung kleiner Mengen eingesetzt. Bei großem Bedarf an Aufdampfgut wird dieses draht-, pulver- oder granulatförmig nachgeliefert. Anstelle der Tiegelheizung tritt eine *induktive Heizung.* Hierbei ist das Tiegelmaterial nicht mehr so sehr von Bedeutung.

Zur großtechnischen Verdampfung wird die Erhitzung durch *Elektronenbombardement* herangezogen. Diese Methode erlaubt auch das Verdampfen höchstschmelzender Metalle wie Wolfram, Tantal, Molybdän, Platin und Rhodium. Oft genügt ein wassergekühlter Kupfertiegel zur Aufnahme des

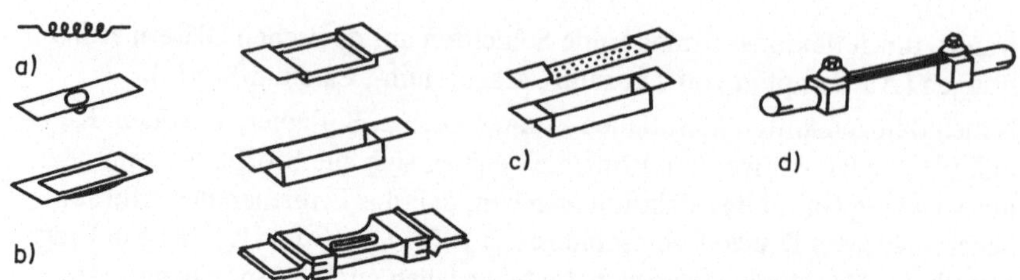

Bild IV.5a. Formen direkt stromgeheizter Verdampfungsquellen (nach *Ross*)
a) Wolframspirale, b) Schiffchenformen, c) Schiffchen mit Abdecksieb, d) Halterung für Wolframdrähte

Bild IV.5b
Elektronenstrahlverdampfer für Aluminium

Aufdampfgutes. Bild IV.5 zeigt Verdampfungsquellen zur Direktbeheizung und einen Elektronenstrahlverdampfer für Aluminium.

Der Elektronenstrahl kann in verschiedener Weise auf das Aufdampfgut gelenkt werden. Bei der *Fernkanone* werden die aus der Glühkathode austretenden Elektronen durch die Formgebung von Wehneltzylinder und Anode auf der Oberfläche des Aufdampfgutes fokussiert (Fernfokuskathode nach Steigerwald). Die *Ringkathode* kann auf kleinem Raum über dem Aufdampfgut angebracht werden. Der Wehneltzylinder umgibt als konzentrisch angeordneter Blechwulst die Ringkathode. Der Tiegel kann als Anode dienen. Leistungsfähige Systeme bedienen sich der *magnetischen Bündelung* der Elektronen auf dem Aufdampfgut, wobei lineare Kathoden den Vorzug genießen. Hochleistungssysteme haben Leistungen von 50...100 Kilowatt.

Vakuum. Das erforderliche Vakuum hängt von den Abmessungen der Apparatur und dem zulässigen Gaseinbau in den Niederschlag ab. Geringer Druck, hohe Aufdampfgeschwindigkeit und optimale Temperatur der Werkstückoberfläche sind der Reinheit der Aufdampfschicht förderlich.

Die mittlere freie Weglänge [1]) der Aufdampfmoleküle bzw. Atome soll mindestens gleich, besser größer sein als der Abstand zwischen Verdampferoberfläche und Werkstück. (Bei $5 \cdot 10^{-4}$ Torr beträgt die mittlere freie Weglänge etwa 10 cm, bei $5 \cdot 10^{-5}$ Torr etwa 1 m usw.)

Vorbehandlung und Abscheidung der Aufdampfschicht: Zur Erzeugung haftfester Niederschläge ist in jedem Fall eine Vorbehandlung nötig.

Metalle müssen vollkommen frei sein von Oxiden, mechanischen Verunreinigungen, Fetten, organischen Verunreinigungen aller Art und einer sonst üblichen Wasserhaut. Die Reinheitsanforderungen übertreffen die vor der galvanischen Abscheidung. Nach den im Kapitel II.B „Feinreinigung" behandelten Methoden werden die Werkstücke „entfettet". Der beste Reinheitsgrad wird zuletzt im Vakuumbehälter selbst erzielt, wobei die Warenoberfläche einer Glimmentladung ausgesetzt wird. Auf die negatives Potential besitzende Werkstückoberfläche treffen positive Gasionen, die dort letzte Fett- und Schmutzreste sowie Wassermoleküle „wegbrennen".

Kunststoffe werden von Formtrennölen [2]) und sonstigen Verunreinigungen befreit, wobei Reinigungsmittel verwendet werden, die auf das Material eingestellt sind. Anschließend wird nach einem geeigneten Verfahren ein Vorlack bzw. Haftlack aufgebracht. Dieser darf mit dem Kunststoff, dem Aufdampfgut und dem nachfolgenden „Auflack" (insbesondere mit dessen Lösungsmittel) nicht chemisch reagieren [3]). Auch auf Metalle kann ein Vorlack aufgebracht werden z. B. als Ersatz für eine sonstige Oberflächenglättung. Der getrocknete Vorlack muß im Vakuum gasfest sein und muß Ausgasungen aus dem Grundmaterial verhindern.

Das Aufdampfgut soll möglichst senkrecht zur Oberfläche auftreffen, da der Niederschlag besser haftet und glatter ausfällt als bei Schrägbedampfung. Nichtebene Werkstücke müssen entsprechend bewegt werden. Gelegentlich müssen schräg auftreffende Strahlen des verdampfenden Gutes durch Blenden ferngehalten werden.

Der Aufbau der Aufdampfschicht (mit der Keimbildung beginnend) hängt ab von der Kombination Werkstoff – Aufdampfgut, der Unterlagentemperatur und dem Grad der Übersättigung, d. h. der Aufdampfgeschwindigkeit. Dickere

---

[1]) Strecke, nach der im Mittel zwei Gasmoleküle zusammenstoßen bzw. Strecke, nach der von einem gerichteten Molekülstrahl der Anzahl N nur N/e Teilchen noch keinen Zusammenstoß erlebt haben (e = Basis der natürlichen Logarithmen = 2,71828. . .).

[2]) Siliconöle dürfen nicht als Trennöle verwendet werden, da sie zu schwer entfernbar sind.

[3]) Ferner darf der Weichmacher des Werkstückmaterials beim Vakuum von 10^{-4} Torr nicht flüchtig werden. Beratung durch den Lackhersteller zweckmäßig.

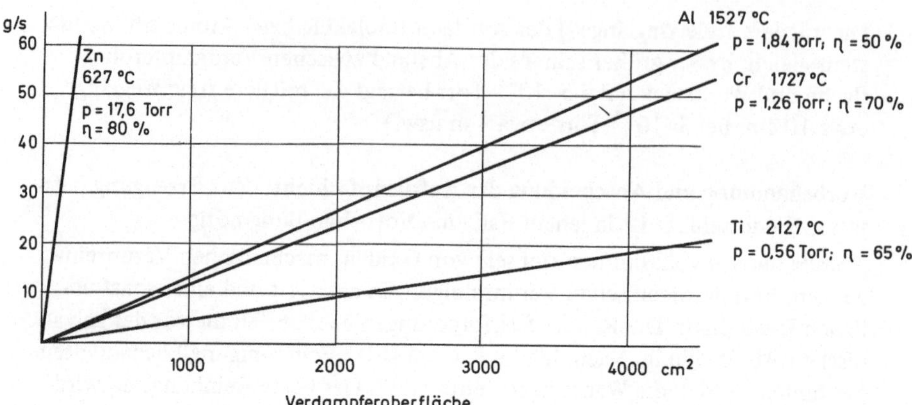

Bild IV.6. Verdampfungsgeschwindigkeit verschiedener Metalle in Gramm je Sekunde (g/s) in Abhängigkeit von der Verdampferoberfläche

Schichten (1 ... 2 μm) verlangen hohe Aufdampfgeschwindigkeiten. Diese werden als verdampfte Schichtdicke je Sekunde (μm/s) oder in Verdampfungsmenge je Sekunde (g/s) angegeben [1]). Die graphische Darstellung in Bild IV.6 zeigt, daß die „Verdampfungsgeschwindigkeit" mit wachsender Verdampferoberfläche linear zunimmt. Der Wirkungsgrad η berücksichtigt Verluste durch Wärmestrahlung und Wärmeleitung, Schmelzwärme und Dampfverluste. Er wächst mit steigender Temperatur, wobei jedoch gleichzeitig die Lebensdauer der Tiegel abnimmt. Die angegebenen Temperaturen stellen obere Grenzen dar. Die Dampfdrücke stellen sich jeweils bei Siedetemperatur ein.

Werden zwei verschiedene Substanzen mit den Atomgewichten M_1, M_2, den Dichten ρ_1, ρ_2, den Verdampfungswärmen je Mol L_1, L_2 und den Wirkungsgraden η_1, η_2 im Wechsel bei konstanter elektrischer Leistung aufgedampft, so gilt für das Schichtdickenverhältnis:

$$\frac{d_1}{d_2} = \frac{M_1}{M_2} \cdot \frac{\rho_2}{\rho_1} \cdot \frac{L_2}{L_1} \cdot \frac{\eta_1}{\eta_2}.$$

Die Werkstückoberfläche muß im allgemeinen eine Mindesttemperatur aufweisen, um ausreichende Entgasung vor allem bei Metallen zu gewährleisten und um eventuell eine intermetallische Verbindung zu erreichen. Eine Höchsttemperatur darf jedoch nicht überschritten werden. Einige Metalle schlagen sich sonst überhaupt nicht nieder (leicht erreichbar für Zink), oder es tritt eine unerwünschte Verbindung auf (z. B. Fe_2Al_5 bei 450 °C Unterlagentem-

---

1) Ist m die Verdampfungsmenge, ρ die Dichte des Verdampfungsgutes und A die Verdampferoberfläche, so beträgt die verdampfte Schichtdicke: $d = m/(\rho \cdot A)$.

peratur). In machen Fällen muß gekühlt werden, da durch den Aufdampfprozeß selbst u. U. eine zu starke Erwärmung der Oberfläche eintritt. Ein Kühlproblem tritt im allgemeinen bei der kontinuierlichen Bedampfung dünner Metallbänder auf [1]). Man läßt das Band jeweils nach einer Bedampfung durch eine Kühlzone laufen, wobei gekühlte Rollen für den Wärmeentzug sorgen. Damit die Wärme in ausreichender Menge vom Band auf die Kühlrollen übergeht, wird die Kühlzone mit einem inerten Gas von etwa 10 Torr Druck gefüllt.

Bei glänzender Unterlage fällt auch die Aufdampfschicht glänzend aus, wenn ihre Dicke etwa 1 μm nicht überschreitet, und wenn sich keine intermetallischen Verbindungen bilden. Dickere Schichten neigen zum Mattwerden.

Bedampfungsverfahren: Ungefärbte, glasklare Kunststoffe [2]) oder Glaskörper werden oft auf der Rückseite bedampft. Zusätzliche dekorative Effekte lassen sich erzielen, wenn verschiedene Flächen vor dem Bedampfen mit Deckfarben eingefärbt werden [3]). Die Farben bleiben scharf begrenzt, wenn die Flächen verschieden tief liegen. Feine Ornamente sollten am tiefsten eingepreßt werden.

Beispiel für eine Abstufung:

Große Farbfläche (evtl. maschinell einfärbbar) – nicht vertieft, zu bedampfende Fläche – ca. 2 mm tiefer als die Farbfläche, feine Ornamente – ca. 3 mm tiefer als die Farbfläche.

Schablonen oder Abdeckmasken sind nicht erforderlich. Durch das Bedampfen werden die Deckfarben glänzender und kontrastreicher.

Farbeffekte lassen sich auch durch eine Metall-Quarz-Wechselbedampfung erreichen.

Weitaus am häufigsten wird Aluminium verdampft. Besondere Farbwirkungen lassen sich durch Mehrfachbedampfungen erzielen, wobei zur Rückflächenbedampfung eine umgekehrte Reihenfolge gewählt wird wie zur Vorderflächenbedampfung.

Zur kontinuierlichen Blechbedampfung läuft das Band durch mehrere Schleusenkammern, wobei nach einigen Druckabstufungen das zum Aufdampfen erforderliche Vakuum von 10^{-4} Torr erreicht wird. Die Druckabstufung ist ein Variationsproblem: Wenige Stufen erfordern große, teure

---

[1]) 0,2 mm dickes Band erwärmt sich bei einseitiger Aluminiumbedampfung von 1 μm Dicke um ca. 50 °C; 0,1 mm dickes Band bei beidseitiger Bedampfung um ca. 200 °C.

[2]) oder schwach getönte Kunststoffe.

[3]) Hier muß das Vorlackieren entfallen.

Pumpen, viele Stufen kommen mit kleineren, billigeren Pumpen aus, benötigen jedoch viele Schleusen, die wieder kostspielig und überdies störanfällig sind. Die Pumpenwahl richtet sich nach der Sauggeschwindigkeit der Pumpentype. Die Saugleistungen haben bei bestimmten Drücken ihre Maximalwerte. Bei der Projektierung derartiger Anlagen werden stets Fachfirmen zu Rate gezogen.

Beispiele:

Effekt	Aufdampfgut	Auflack	Fläche
Gelbgold	Aluminium	transparent, goldfarbig	Vorderfläche
	Silber (gut deckend) + Gold	transparent	Vorderfläche
	Gold + Silber + Aluminium	deckend	Rückseite
Rotgold	Kupfer + Gold	transparent	Vorderfläche
	Gold + Kupfer + Aluminium	deckend	Rückfläche
Silber	Aluminium	transparent	Vorderfläche
	Aluminium + Silber	transparent	Vorderfläche
	Aluminium	deckend	Rückfläche
	Silber + Aluminium	deckend	Rückfläche

Eine Bandbeheizung kann induktiv, durch Widerstandsheizung und durch Elektronenbestrahlung vorgenommen werden. Bei der Widerstandsheizung wird der elektrische Strom durch Blechführungsrollen zu- und wieder abgeführt [1]). Manchmal werden Heizungssysteme kombiniert angewandt.
Bild IV.7 zeigt eine Aufdampfanlage für Einzelteile-Bedampfung.

b) Kathodenzerstäubung

Zur Kathodenzerstäubung wird eine Glimmentladung zwischen einer Kathode und den zu beschichtenden Werkstücken aufrecht erhalten. Die Kathode besteht aus dem zu zerstäubenden Metall. Als Füllgas dient meistens Argon. Das Gas wird durch ein Nadelventil ständig eingelassen [2]), das so eingestellt wird, daß der Druck im Rezipienten zwischen 10^{-1} und 10^{-2} Torr aufrecht erhalten wird. Der Spannungsbedarf beträgt 1 ... 5 Kilovolt (kV).

[1]) Vor der Stromzuführungsrolle und hinter der Stromableitungsrolle befinden sich Transformatorenkerne, um zu verhindern, daß ein zu großer Strom beiderseits abfließt.

[2]) Durchströmungsmethode

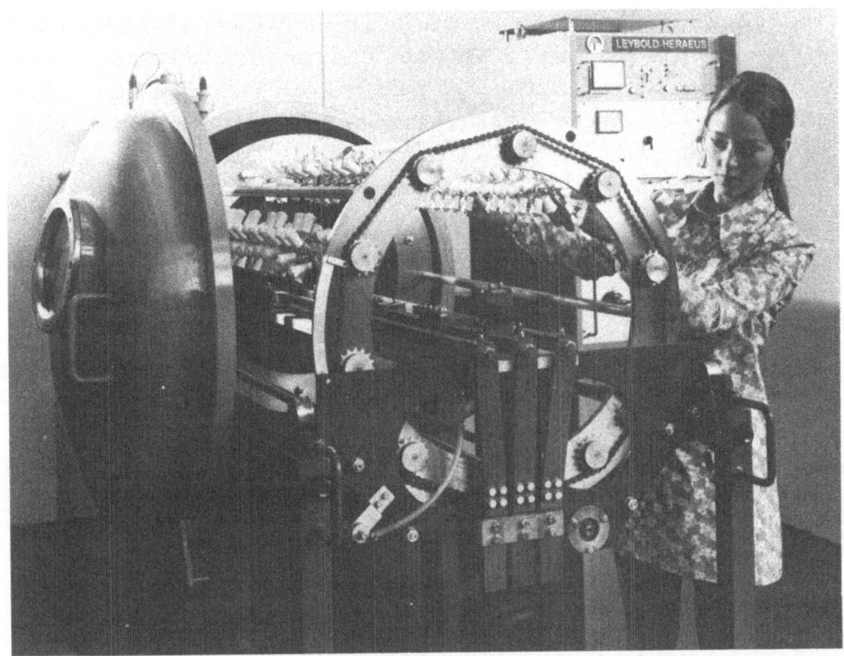

Bild IV.7. Aufdampfanlage für Einzelteile (Werkaufnahme Leybold-Heraeus, Werk Hanau)

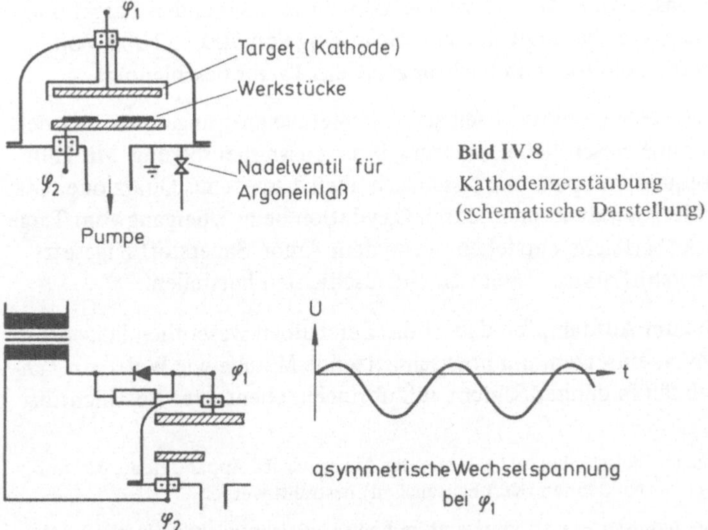

Bild IV.8
Kathodenzerstäubung
(schematische Darstellung)

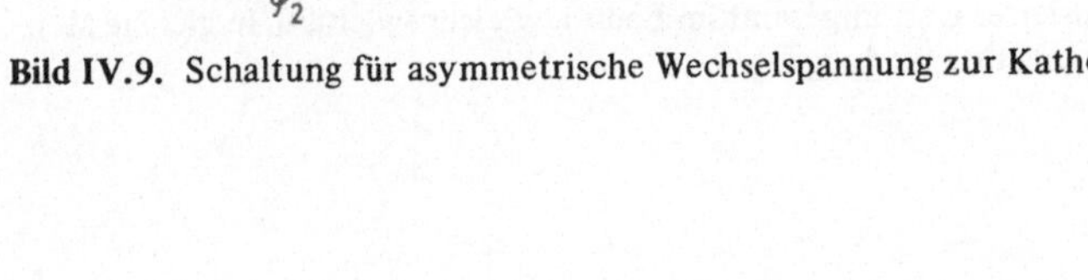

Bild IV.9. Schaltung für asymmetrische Wechselspannung zur Kathodenzerstäubung

Die positiven Argonionen treffen auf das Target [1]) (Kathode) und lösen Metallatome heraus, die dann zur Anode diffundieren. Die Werkstücke werden auf die Anode gelegt. Sie können stromleitend oder nichtleitend sein. Die Geschwindigkeit der durch diesen Mechanismus ausgelösten Metallatome ist eine Größenordnung höher als beim Verdampfungsprozeß, so daß trotz des relativ hohen Druckes von 10^{-1} Torr Überzüge guter Haftfestigkeit entstehen.

Bild IV.8 zeigt schematisch einen Rezipienten mit den Einbauten für eine Kathodenzerstäubung. Die negativ gegen Erde vorgespannte Kathode besitzt ein Potential von z. B. $\varphi_1 = -2000$ Volt. Bei der klassischen Kathodenzerstäubung besitzt φ_2 Erdpotential wie der Rezipient. Wählt man für φ_2 ein kleineres ebenfalls negatives Potential (z.B. $\varphi_2 = -200$ Volt), so wird auch die Werkstückoberfläche von Argonionen beaufschlagt. Hierdurch wird die Oberfläche ähnlich wie durch das Beglimmen vor dem Aufdampfen zusätzlich gereinigt und, was vielleicht wesentlicher ist, ein Gaseinbau in die sich bildende Schicht vermindert. Eine ähnliche Wirkung läßt sich mit Hilfe der Schaltung nach Bild IV.9 erzielen.

Bei einem Gasdruck von 10^{-3} Torr kann mit Hilfe der unselbständigen Gasentladung Kathodenzerstäubung durchgeführt werden. Zwischen einer Elektronenabgebenden Glühkathode und einer Anode wird ein Lichtbogen gezündet. Zur Verlängerung der Elektronenwege im Gas dient ein Magnetfeld, in dem die Elektronen Kreisbahnen beschreiben und eine ausreichende Anzahl von Ionisierungen bewirken. Es bildet sich ein Plasma [2]), das Elektronen und positive Gasionen enthält. Zwischen dem zu zerstäubenden Target und dem Werkstückträger befindet sich eine Spannung von 500 ... 2 000 Volt. Hierdurch werden die Ionen in Richtung auf das Target beschleunigt.

Durch Kathodenzerstäubung lassen sich alle Metalle aufbringen, ebenso viele Legierungen ohne wesentliche Änderung ihrer Zusammensetzung. Mit Hilfe einer hochfrequenten Spannung lassen sich auch Targets aus Quarz oder Glas zerstäuben. Metalloxide können durch Oxydation beim Übergang vom Target zur Werkstückoberfläche entstehen, wenn dem Argon Sauerstoff zugesetzt wird. Mit Stickstoffzusatz lassen sich Nitridschichten herstellen.

Im Vergleich zum Aufdampfen dauert das Zerstäuben wesentlich länger. Es läßt sich sinnvoll einsetzen, um hochschmelzende Metalle wie Wolfram, Tantal und Molybdän in dünner Schicht aufzubringen, ebenso zur Beschichtung

---

[1]) Target (engl.) = Zielscheibe; oft gebrauchter Ausdruck für Apparateteile, die von Elektronen oder Nukleonen (Kernbauteilchen) bestrahlt werden.

[2]) Plasma = hochionisiertes Gas, insgesamt im Ladungsgleichgewicht, d. h. gleiche Mengen positiver und negativer Ladung.

von durchsichtigen Stoffen (z. B. Glas) mit Metallen derart, daß ein erwünschter Prozentsatz an Lichtintensität noch hindurchgelassen wird. Erwünschte Schichtdicken lassen sich ihrer langsamen Entstehung wegen sehr genau herstellen. Die Haftfestigkeit zerstäubter Schichten ist meistens besser als diejenige von aufgedampften Schichten.

C. Chemische Schutzschichterzeugung

1. Phosphatieren

Das Phosphatieren besteht seit rund 60 Jahren. Es hat sich für Eisen und Stahl und für verzinktes Eisen, in geringem Umfang auch für Aluminium, zu einem bedeutenden Oberflächenbehandlungsverfahren entwickelt. Die Phosphatschicht bildet einen guten Haftgrund für Lackauftrag, zur Aufnahme von Schmiermitteln, um die Gleitreibung zu vermindern, und zur Aufnahme von Ziehfetten für Kaltverformung [1]) durch Tiefziehen; ferner wirkt die Phosphatschicht elektrisch isolierend. Die Phosphatierungslösungen und ihre Auftragsverfahren sind heute derart spezifiziert, daß man für jeden Verwendungszweck die am besten geeignete Schicht mit gleichbleibenden chemischen und physikalischen Eigenschaften erzeugen kann.

a) Vorgänge bei der Phosphatierung

Man kann mit kalten und heißen Lösungen phosphatieren; bevorzugt werden heiße Lösungen (70 ... 98 °C). Die klassischen Phosphatierungsbäder sind wäßrige Lösungen, die primäres Eisen-, Mangan- oder Zinkphosphat enthalten, wobei letztere stark überwiegen. Entsprechend der Lösung bildet sich an der Werkstückoberfläche eine unlösliche tertiäre Phosphatschicht, in die noch andere Bestandteile mit eingebaut sein können.

Die in Frage kommenden Phosphate sind Salze der Orthophosphorsäure H_3PO_4 (Anhydrid: P_2O_5). Je nachdem, ob ein, zwei oder drei H-Atome im Säuremolekül durch Metallatome ersetzt werden, nennt man die Salze primär, sekundär oder tertiär. Bedeutet Me wahlweise Eisen (Fe), Mangan

---

1) Beim Tiefziehen gibt es für die Reibungskraft einen optimalen Wert, das Ziehfett darf durch den Ziehvorgang nicht verdrängt werden; die porige Phosphatschicht hält das Ziehfett fest.

(Mn) oder Zink (Zn), so gilt für den Übergang der ursprünglich angesetzten primären Phosphate in den tertiären Zustand:

$$3\,Me(H_2PO_4)_2 \leftrightharpoons 3\,MeHPO_4 + 3\,H_3PO_4 \qquad \text{(sekundäres Phosphat)}$$

und

$$3\,MeHPO_4 \leftrightharpoons Me_3(PO_4)_2 + H_3PO_4 \qquad \text{(tertiäres Phosphat)}$$

oder in einem Schritt:

$$3\,Me(H_2PO_4)_2 \leftrightharpoons Me_3(PO_4)_2 + 4\,H_3PO_4$$

Das $\leftrightharpoons$ besagt, daß sich ein sogenannter Gleichgewichtszustand zwischen den drei Molekülen einstellt. Alle drei Stoffe sind in der Lösung vorhanden. Das Gleichgewicht kann, wie man sagt, nach „rechts" oder „links" verschoben sein. Dies hängt vom pH-Wert der Lösung, d. h. von ihrem Gehalt an freier Phosphorsäure und von der Temperatur der Lösung ab. Nahe dem Neutralpunkt (pH-Wert von kleineren Werten gegen 7 gehend) verschiebt sich das Gleichgewicht nach rechts, d. h. es bildet sich bereits in der Lösung sekundäres und tertiäres Phosphat, was zu einem hohen, verlustreichen Schlammanfall führt. Der Gehalt an freier Phosphorsäure muß deshalb so eingestellt werden[1]), daß diese Gleichgewichtsverschiebung innerhalb des Bades noch nicht eintritt, jedoch in der Flüssigkeitsschicht vor der Werkstückoberfläche möglich wird, wenn dort die Phosphorsäurekonzentration abnimmt.

Die freie Phosphorsäure beizt zunächst die Oberfläche und verbraucht sich unter Bildung von Eisenphosphat bei Teilen aus Eisen oder Stahl, bzw. Zinkphosphat bei verzinkten Teilen. Hierdurch tritt die erwünschte Konzentrationsverminderung an freier Säure direkt an der Oberfläche ein; es kann sich eine festhaftende Phosphatschicht bilden.

Ist der freie Säuregehalt des Phosphatierungsbades zu hoch eingestellt, so überwiegt die Beizwirkung, die Schichtbildung wird sehr verlangsamt, und der Schlammanfall wird erhöht.

Heiß arbeitende Bäder haben einen höheren Gehalt an freier Phosphorsäure als kalt arbeitende[2]).

---

1) Der Gehalt an freier Phosphorsäure wird durch die „Punktezahl" angegeben. Diese ist gleich der Anzahl cm^3 an $^1/_{10}$ normaler NaOH-Lösung, die zur Einstellung der Phosphorsäurelösung auf pH = 7 erforderlich ist für 10 cm^3 Badlösung (schlammfrei).

2) Soll ein bei 98 °C arbeitendes Langzeitbad bei 25 °C eine Phosphatschicht bilden, so muß der Gehalt an freier Phosphorsäure auf das 0,37-fache herabgesetzt werden.

b) Kinetik der Phosphatschichtbildung

In Phosphatierungsbädern ohne beschleunigende Zusätze dauert die Schichtbildung sehr lange: z.B. 30 Minuten im Zinkphosphatbad, 60 Minuten im Manganphosphatbad und noch länger im Eisenphosphatbad. Die Schichtbildung läßt sich jedoch stark beschleunigen, in erster Linie durch chemische Zusätze. Die heute benutzten Bäder arbeiten fast alle mit Beschleunigern und werden im Gegensatz zu früher „Kurzzeitbäder" genannt. Als Beschleuniger dienen Oxydationsmittel wie Nitrate, Nitrite, Chlorate, Chromate, Sulfate u. a. m. Daneben befinden sich Bäder mit Verbindungen edlerer Schwermetalle sowie organischer Verbindungen als Beschleuniger. Um gleiche Schichtdicken wie in Langzeitbädern zu erreichen, genügen in Kurzzeitbädern Behandlungsdauern von wenigen Minuten, wobei darüber hinaus die Temperatur von 70 ... 98 °C auf 50 ... 70 °C gesenkt werden kann.

Die oxydierenden Beschleuniger halten ferner die Badeigenschaften konstant, so daß eine Alterung [1]) vermieden wird.

Kornverfeinernde Zusätze wie Pyro- oder Polyphosphate oder organischer Art [2]) oder primäres Calciumorthophosphat in Zinkphosphatbädern mit Nitraten oder Nitriten als Beschleuniger wirken zusätzlich schichtbildungsbeschleunigend.

Feinkörnige Schichten sind porenärmer, damit korrosionsfester und biegsamer, so daß die Schichtdicke auf 2/3 gegen vorher herabgesetzt werden kann, ohne daß ihre Wirksamkeit gemindert wird. Damit kann der Chemikalienverbrauch gesenkt werden; außerdem genügen meistens auch geringere Lackschichtstärken (25 ... 30 μm). Im Vergleich zu grobkörnigeren Schichten werden Glanz und Korrosionsfestigkeit der Phosphat + Lackschicht dadurch nicht beeinträchtigt.

Eine Vergrößerung der Keimoberflächenkonzentration [3]) kann auch durch eine geeignete Vorbehandlung wie Schleifen, Emulsionsentfettung, Tauchen in Titanphosphatlösung, Oxalsäure u. a. erreicht werden.

Eine Versorgung der Oberfläche mit Keimbildnern durch Vorbehandlung oder kornverfeinernde Zusätze im Phosphatierungsbad macht die Struktur der Phosphatschicht weitgehend unabhängig von der Art der Werkstofflegierung.

---

[1]) Überschreitet der Gehalt an gelöstem Eisen einen gewissen Betrag, so wird das Bad unwirksam. Oxydationsmittel führen das Eisen in die unlösliche tertiäre Phosphatform über, so daß es als Bodenkörper ausfällt.

[2]) z. B. Äthylendiamintetraessigsäure

[3]) Das Kristallwachstum beginnt an Keimen und schreitet fort, bis sich durch Begegnen Grenzen bilden. Je mehr Keime, desto kleinere Körner.

c) Phosphatschichten

Die Haftung auf Eisen erfolgt über ein Sauerstoffatom des PO_4-Tetraeders gemäß:

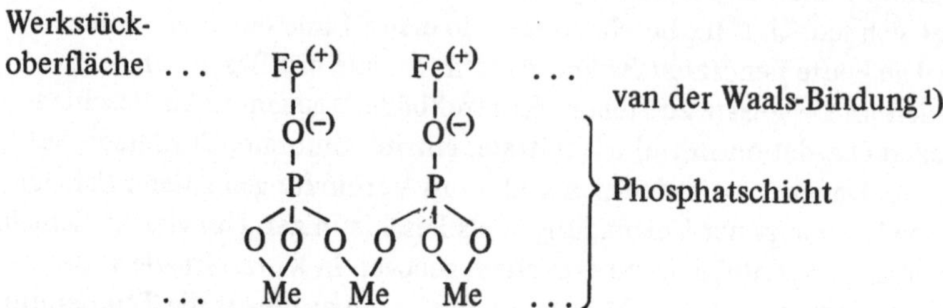

Alle Phosphatüberzüge außer den amorphen Eisenphosphatüberzügen bestehen aus wasserhaltigen Kristallarten. So besteht die Zinkphosphatschicht auf Eisen aus $Zn_3(PO_4)_2 \cdot 4\,H_2O$ und $Zn_2Fe(PO_4)_2 \cdot 4\,H_2O$, Schichten aus einem Zinkphosphat- Calciumorthophosphatbad enthalten außerdem noch $Zn_2Ca(PO_4)_2 \cdot 2\,H_2O$[1]).

Die Schichtstärken betragen 1 ... 15 μm. Durch Kaltphosphatierung erreicht man Schichtstärken von 1 ... 2 μm. Die Schichtdicke allein stellt kein Maß dar für die (bessere oder schlechtere) Wirksamkeit der Schicht. Wesentlichere Merkmale sind die Körnigkeit und Porigkeit einer Phosphatschicht vor allem, wenn sie als Haftgrund für Anstrichmittel dient.

Für das Tiefziehen gibt es eine optimale Schichtdicke, die von den Werkstückabmessungen und der Anzahl der durchzuführenden Züge abhängt. Die Schichtdicke soll möglichst nur so groß gewählt werden, daß ein Fressen zwischen Werkstück und Werkzeug eben noch sicher vermieden wird. Für eine geringe Zahl von Zügen genügt eine kleinere Schichtstärke. Bild IV.10 enthält die Abhängigkeit der Zieharbeit von der Phosphatschichtstärke.

d) Dünnschichtphosphatierung

Eine Eisen- oder Zinkoberfläche wird mit einer verdünnten Lösung von Natriumdihydroorthophosphat (pH = 3,5 bis 5,5) kurzzeitig behandelt. Dies kann durch Tauchen oder bevorzugt durch Spritzen geschehen. Der Lösung werden oft noch Netzmittel, beschleunigende Oxydationsmittel, Gerbstoffe, Molybdänverbindungen u. a. m. zugesetzt. Man erhält amorphe Schichten, deren Schichtgewichte zwischen 0,1 und 1 g/m^2 liegen, also um etwa eine Größenordnung geringer sind als die gewöhnlichen, kristallinen Phosphatschichten.

---

1) A. Neuhaus u. M. Gebhardt: Werkstoffe und Korrosion 17, (1966), 567.

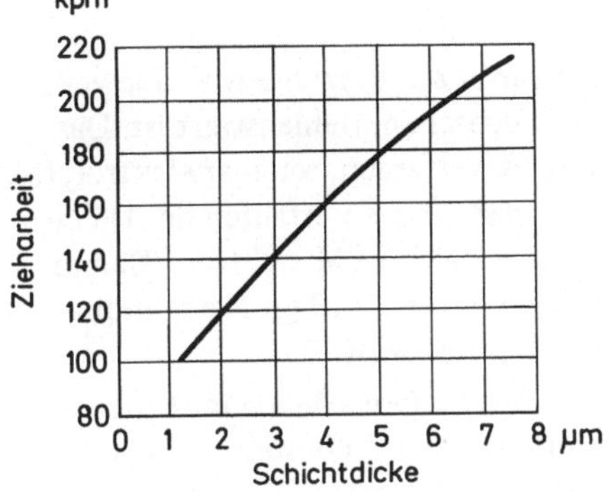

Bild IV.10
Zieharbeit in Abhängigkeit von der Schichtdicke der Phosphatschicht

Nach *W. Machu* [1]) geht folgende Gesamtumsetzung bei der Schichtbildung vor sich:

$$4\,Fe + 4\,NaH_2PO_4 + 3\,O_2 = 2\,FePO_4 + Fe_2O_3 + 2\,Na_2HPO_4 + 3\,H_2O$$

Die Schicht besteht also aus Eisenphosphat und Hämatit (Fe_2O_3). Während ihre Schutzwirkung der geringen Dicke wegen minimal ist, eignet sie sich sehr gut als Haftgrund für Anstrichmittel. Ihr Anteil beträgt für diesen Verwendungszweck innerhalb der Phosphatierungen bereits etwa 30 Prozent.

Besonders für das elektrophoretische Lackieren dient die Dünnschichtphosphatierung der Haftgrundbildung.

e) Phosphatieren mittels wasserfreier Lösungen

Lösungen, die kein Wasser enthalten, bestehen aus Phosphorsäure, die in einem chlorierten Kohlenwasserstoff unter Zusatz von Butanol, Amylalkohol und ähnlichen Stoffen gelöst wird. Als Beschleuniger dienen organische Stickstoffverbindungen. Innerhalb von 1 ... 2 Minuten bildet sich nahe bei der Siedetemperatur des Lösungsmittels eine Eisenphosphatschicht. Spülvorgänge und alle damit zusammenhängenden Probleme entfallen; außerdem arbeiten die Bäder schlammfrei.

Ein spezielles Verfahren unter dem Namen KEPHOS [2]) verwendet Phosphorsäure mit Epoxyharz in einem organischen Lösungsmittel gelöst. Die Lösung wird bei Raumtemperatur aufgesprüht und liefert Schichtdicken mit Schichtgewichten von etwa 2 g/m², die nur getrocknet werden und nach wenigen Minuten mit Anstrichmittel versehen werden können.

---

[1]) *W. Machu:* Werkstoffe und Korrosion 14 (1963), 566.

[2]) *R. E. Shaw:* Galvanotechnik und Oberflächenschutz 6 (1965), 226.

f) Durchführung der Phosphatierung [1])

Als Vorbehandlung wird entfettet, entrostet bzw. entzundert und jeweils gut gespült, wobei Kalt- und Heißspülen im Wechsel empfehlenswert ist. Das Phosphatieren erfolgt im Tauch- oder Spritzverfahren, seltener elektrolytisch unter Anwenden von Wechselstrom. Ein besonderes Verfahren der Dünnschichtphosphatierung unter dem Namen PHOSTEEM stellt das Dampfstrahlphosphatieren dar, bei dem eine Lösung von 1...3 g/l Natriumdihydrophosphat zusammen mit Naßdampf aufgespritzt wird.

Bänder aus Stahl, verzinktem Stahl oder Aluminium können im Durchlaufverfahren phosphatiert (oder chromatiert) werden. In bestehenden Anlagen können Bänder bis 2000 mm Breite und Arbeitsgeschwindigkeiten bis 300 m/min behandelt werden. Alle Bäder werden automatisch kontrolliert und konstant gehalten: die Vorbehandlungsbäder durch Leitfähigkeitsmessungen, das Zinkphosphatbad durch Potentialmessungen, wobei der Natriumnitritgehalt durch Messen des Oxydationspotentials und der Zinkgehalt durch eine pH-Messung überwacht wird.

Beim Walzenauftragsverfahren für Phosphatier- (und Chromatier-)lösungen tragen Walzen die Lösungen auf, deren Drehung gegensinnig zur Bandbewegung gerichtet ist. Die Bandgeschwindigkeit kann bei einer Anlage bis zu 270 m/min betragen.

Unabhängig von der Art des Phosphatierens wird anschließend meist kalt und heiß gespült. Der Korrosionsschutz wird erhöht, wenn außerdem in einer Natriumbichromatlösung passiviert wird. Zumindest für den letzten Spülvorgang wird vollentsalztes Wasser empfohlen, um Fehler wie Blasenbildung zu vermeiden, deren Ursache im Salzgehalt des Spülwasssers liegen kann. Bei erhöhter Temperatur des Nachspülbades (50 ... 60 °C) verläuft die nachfolgende Trocknung leichter.

2. Chromatieren

Ähnlich wie das Phosphatieren dient auch das Chromatieren der Erhöhung der Korrosionsbeständigkeit, der Haftgrundbildung für nachfolgenden Anstrich und zur Erzielung dekorativer Wirkungen. Unedle Metalle wie Eisen, Cadmium, Zink, Aluminium und Magnesium [2]) können phosphatiert oder chromatiert werden, wobei bei Eisen und Zink Phosphatieren bevorzugt wird.

---

[1]) Handelsnamen: Bonder, Granodine, Atrament, Parker.

[2]) Potentiale der elektrochemischen Spannungsreihe: Fe –0,44 V, Cd –0,42 V, Zn –0,76 V, Al –1,69 V, Mg –2,34 V.

Die Ware wird in derselben Weise vorbehandelt wie vor dem Phosphatieren. Chromatierverfahren sind unter Namen wie Bonder, Alodine, Iridite und Tridur auf dem Markt.

Die Chromatierung verläuft in zwei aufeinander folgenden Stufen, für

Aluminium:	$Al + 3H^+ \rightarrow Al^{3+} + 3\,H$	Beizvorgang
	a) $CrO_3 + 3\,H \rightarrow Cr(OH)_3$	Schichtbildung für
	$Al^{3+} + 3\,H_2O \rightarrow Al(OH)_3 + 3\,H^+$	Gelbchromatierung
oder		
	b) $CrO_3 + 3\,H + H_3PO_4 \rightarrow CrPO_4 + 3\,H_2O$	Schichtbildung bei
	$Al^{3+} + H_3PO_4 \rightarrow AlPO_4 + 3\,H^+$	Grünchromatierung

Im Fall a) enthält die Lösung in der Hauptsache Chromsäure (Anhydrid = $= CrO_3$), sowie komplexe Fluoride zur Aktivierung des Beizvorganges, der mit zunehmender Anreicherung von dreiwertigem Chrom und Aluminium sonst mehr und mehr gehemmt würde. Anstelle der Fluoride kann man mit Kationenaustauschern regenerieren. Das Gelb-Chromatieren erfolgt bei pH-Werten 1,6 bis 2,5 und Raumtemperatur der Lösung. Durch das Beizen werden Wasserstoffionen direkt an der Oberfläche der Ware verbraucht. Hierdurch steigt dort der pH-Wert an, so daß sechswertiges Chrom unter Bildung von Chromhydroxid in den dreiwertigen Zustand reduziert werden kann. Gleichzeitig bildet sich Aluminiumhydroxid. Beide Bestandteile sind etwa zu gleichen Teilen an der Gelbchromatschicht beteiligt.

Im Fall b) enthält die Lösung Phosphorsäure als Hauptbestandteil neben Chromsäure und Fluoriden. Die Grün-Chromatisierung wird bei pH-Werten 1,0 bis 2,0 und bei erhöhter Temperatur der Lösung (50 ... 60 °C) vorgenommen. Neben den Hauptreaktionen zur Schichtbildung, die Chrom- und Aluminiumphosphat ergeben, laufen auch in untergeordnetem Maße Reaktionen ab wie beim Gelb-Chromatieren und u. U. bilden sich Fluoride des Aluminiums.

In der Schicht verbliebenes sechswertiges Chrom wird in beiden Fällen durch gründliches Spülen herausgewaschen.

Die Schichtgewichte liegen zwischen 0,2 und 0,8 g/m^2 beim Gelb-Chromatieren und zwischen 2 und 4 g/m^2 beim Grün-Chromatieren.

Schichtgewichte von 50 ... 100 mg/m^2 für Chrom-Aluminium-Phosphatschichten lassen sich nach sehr kurzen Behandlungsdauern von 1 ... 3 Sekunden herstellen, die sich als Lackhaftgrund für Konservendosenband eignen, da sie frei sind von giftigem sechswertigem Chrom.

Neben den heute vorwiegend verwendeten sauren Chromatierungslösungen gibt es alkalische Lösungen wie beim M. B. V.-[1]), Pylumin- und Alrok-Verfahren[2]). In einer Lösung, die 5 % Natriumcarbonat und 1 % Natriumchromat enthält, lassen sich in 3 ... 10 Minuten bei 90 ... 100 °C Schichten von hellgrauer bis schwarzer Färbung erreichen, wobei der Farbton von der Aluminiumlegierung abhängt.

Zink und Cadmium: Ähnlich wie bei Aluminium geht der Schichtbildung eine Beizwirkung direkt an der Oberfläche voraus. In nächster Nähe der Oberfläche steigt dadurch der pH-Wert an, so daß sich die unlösliche Schicht bilden kann. Sie besteht im wesentlichen aus Chromhydroxid ($Cr(OH)_3$) und Chromchromat ($Cr_2(CrO_4)_2$). Die Schichten sind zunächst gelb (Gelbchromatierung), bei größerer Dicke grün (Grünchromatierung). Zur Grünchromatierung wird der Lösung eine organische Säure zugesetzt[3]). Der Zinkabtrag ist gering. Eine stärkere Metallabtragung findet beim Glänzverfahren statt (Glanzbeizung), bei dem die Oberfläche nach der Chromatierung glänzend erscheint. Die hierbei erzielbare Schichtstärke (Schichtgewicht 0,3 ... 1,0 g/m^2) reicht aus, um während Lagerung und Transport das sogenannte „Weißrosten" des Zinks zu verhindern. In Wasser oder wäßrigem Medium geht der Korrosionsschutz verloren.

Magnesium: Magnesium wird meistens bereits bei den Herstellern Chromatiert. Man verwendet Lösungen, die Alkalichromate, Chloride und Fluoride enthalten und deren pH-Wert mit Säure (meistens Salpetersäure) auf 0,5 bis 2,0 eingestellt wird. Die Schichten sind schwach gelb bis schwarzbraun gefärbt.

3. Stromlose Metallabscheidung

In verallgemeinerter Bedeutung kann man die Verminderung des Ladungszustands eines Ions *Reduktion* und die Vermehrung *Oxydation* nennen. Wenn bei der Elektrolyse das abzuscheidende Metall an der Kathode vom geladenen in den ungeladenen Zustand übergeht, so entspricht dieser Vorgang einer Reduktion. Gleichzeitig wird das Metall der Anode vom neutralen in den geladenen Ionenzustand gebracht, erlebt also eine Oxydation. Reduktion und Oxydation laufen stets gleichzeitig ab. Zur Reduktion müssen also Elektronen verfügbar sein, die durch Oxydation frei werden. Dieser Mechanismus kann auch ohne äußere Energiezufuhr in Form des elektrischen Stro-

---

1) M. B. V.-Verfahren = modifiziertes Bauer-Vogel-Verfahren

2) Das Pylumin-Verfahren (England) und das Alrok-Verfahren (USA) sind dem MBV-Verfahren verwandt.

3) pH-Wert 3,0.

mes ablaufen. Stromlose Metallabscheidungsverfahren werden angewandt als einfache *Ionenaustauschverfahren* und als sogenannte *Reduktionsverfahren.*

a) Ionenaustauschverfahren

Verfahren dieser Art liefern sehr dünne Überzüge, die nicht vor Korrosion schützen[1]). Die Schichten dienen nur der Dekoration oder wie die „Anschlagverkupferung" zur Erleichterung weiterer galvanischer Abscheidung.

Das unedlere Metall der Werkstückoberfläche geht im Tauch-, Sud-, Anreibe- oder Kontaktverfahren im Austausch gegen ein edleres Metall in Lösung. Tauchverfahren arbeiten bei Raumtemperatur, Sud- bzw. Ansiedeverfahren verwenden erhöhte Temperaturen. Beim Kontaktverfahren sind gleichzeitig Metalle wie Zink oder Aluminium, die noch unedler sind als das Oberflächenmetall der Werkstücke, mit dem Werkstück in Berührung (Kontakt). Oft genügt eine Werkstückaufhängung aus Aluminium oder Zink. Die Abscheidung des edleren Metalls wird dadurch beschleunigt. Beim Anreibeverfahren wird statt einer Lösung ein Brei aufgetragen und unter mäßigem Druck verrieben.

Massenartikel aus Kupfer, Kupferlegierungen oder vermessingtem Stahl lassen sich mittels der genannten Verfahren versilbern oder vergolden. Ähnlich können Teile aus Eisen und Stahl oder Messing mit dünnen Zinn- oder Nickelüberzügen versehen werden.

Die Lösungen werden vorzugsweise in emaillierten Stahlbehältern verarbeitet. Die Tauchzeiten betragen je nach Verfahren 3 bis 180 Sekunden. Die Ware muß gut vorgereinigt und entfettet sein.

b) Reduktionsverfahren

Hier handelt es sich nicht um einen Ionenaustausch zwischen Oberflächenmetall des Werkstücks und Metallion der Lösung. Die zur Reduktion des Metallions benötigten Elektronen werden durch die Oxydation eines Reduktionsmittels in der Lösung frei. Das Reduktionsmittel liefert also die Elektronen.

Reduktions-Oxydations-Potential (Redoxpotential)[2]): Ähnlich wie sich zwischen metallischem Kupfer, das in eine ein-normale Kupfersalzlösung eintaucht, und der Normalwasserstoffelektrode eine Potentialdifferenz (hier von + 0,347 Volt) einstellt, ergibt sich zwischen dem Normalwasserstoffelement und der wäßrigen Reduktionsmittel-Lösung eine Potentialdifferenz, die vom molaren Konzentrationsverhältnis des Reduktionsmittels im noch reduzierten und bereits oxydierten Zustand abhängt.

---

1) Die Schichtstärken sind geringer als 1 μm, häufig nur etwa 0,05 μm.

2) Vgl. im Band „Galvanische Schichten und ihre Prüfung" Abschnitt 3. Elektrochemische Spannungsreihe.

Beispiel:

Primäres Natriumhypophosphit $NaH_2PO_2 \rightleftharpoons Na^+ + H_2PO_2^-$ wird zum sekundären Natriumphosphit $Na_2HPO_3 \rightleftharpoons 2\,Na^+ + HPO_3^{2-}$ oxydiert. Neben Na^+-Ionen enthält die (wäßrige) Lösung dann $H_2PO_2^-$- und HPO_3^{2-}-Ionen. Es stellt sich (gegen die Normalwasserstoffelektrode) ein Potential ϵ ein, gegeben durch:

$$\epsilon = \epsilon^0 + \frac{RT}{F} \ln \frac{[H_2PO_2^-]}{[HPO_2^{2-}]} = \epsilon^0 + \frac{RT}{F} \cdot 2{,}3 \log \frac{[H_2PO_2^-]}{[HPO_3^{2-}]}.$$

T die absolute Temperatur (= Temperatur in Grad Celsius + 273), F = 1 Faraday = = 96 500 Amperesekunden (As). [ ] bedeutet die Konzentration in mol/Liter.

$2{,}3 \cdot \frac{RT}{F} = 0{,}059$ Volt für T = 298 K = 25 °C. ϵ^0 ist das sogenannte Redoxpotential; es stellt sich ein, wenn die beiden Ionenkonzentrationen gleich groß sind. Für das vorliegende Beispiel beträgt $\epsilon^0 = -1{,}57$ Volt.

Da der Oxydationsvorgang freiwillig verläuft, sollte es nicht möglich sein, die Lösungen stabil zu halten. Nun gibt es aber sogenannte Reaktionshemmungen auch für Redox-Systeme; sie schaffen erst die Voraussetzung dafür, daß innerhalb der Lösung ein stabiler Zustand möglich wird. Die Reaktionshemmung wird überwunden durch Energiezufuhr in Form von Wärme oder durch Anwesenheit von Katalysatoren [1]). Als solche wirken z. B. Eisen, Nickel, Silber u. a. m. Werkstücke aus Eisen lassen sich also mit dickeren Nickelschichten versehen, da die katalytische Redox-Reaktion direkt an der Oberfläche stattfindet, und nach vollständiger Bedeckung der Oberfläche mit Nickel der Nickelbelag selbst die Rolle des Katalysators weiter übernimmt. Eine Erhöhung der Temperatur über die Arbeitstemperatur muß vermieden werden, da sonst die Stabilität in der Lösung verloren gehen kann.

Die zur Nickelabscheidung führende Reaktion (1. Reaktion) sieht etwa wie folgt aus:

$$NaH_2PO_2 + 3\,NaOH + \text{Ni-Salz} = Na_2HPO_3 + 2\,H_2O + Na_2\text{-Salz} + Ni\downarrow$$

Oft genügt die Anwesenheit eines Katalysators, um auch im Innern der Lösung die Stabilität aufzuheben. In diesen Fällen setzt man anorganische oder organische Stabilisatoren zu, die bezüglich der Katalysatorwirkung als Inhibitoren wirken.

Die Bäder enthalten ferner Komplexbildner [2]), die einer Metallausfällung (als Hydroxide) entgegenwirken, Puffersubstanzen [3]) und Netzmittel, alle in geringen Konzentrationen.

---

1) Katalysator = Beschleuniger, der chemisch unbeteiligt bleibt.

2) Z. B. Alkalisalze der Zitronen-, Wein-, Bernstein-, Glykol- und Malonsäure.

3) Puffersubstanzen halten den pH-Wert konstant. In Frage kommen z. B. Ammoniumsalze, Acetate, Borax.

Reduktionsmittel: Als Reduktionsmittel für Bäder zur autokatalytischen Metallabscheidung eignen sich prinzipiell nur solche, deren Redoxpotential niedriger ist als das Potential des Abscheidungsmetalls. Letzteres errechnet sich nach der Nernstschen Formel zu (für 25 °C):

$$\epsilon = \epsilon^0 + \frac{0{,}059}{z} \log Me^{z+}$$

Das Normalpotential z. B. für Nickel (Ni/Ni^{2+}) beträgt $\epsilon^0 = -0{,}25$ Volt, für Kupfer (Cu/Cu^{2+}) $\epsilon^0 = +0{,}347$ Volt (für 25 °C). Bei praktisch verwendbaren Abscheidungsbädern ist zu beachten, daß die Metalle aus Stabilitätsgründen meistens als Bestandteile komplexer Salze vorliegen; die Konzentration an freien Metallionen ist dabei sehr klein, so daß die tatsächlichen Potentiale unter den Normalpotentialen liegen [1]).

Das Konzentrationsverhältnis (besser: das Aktivitätsverhältnis) des Reduktionsmittels im reduzierten und oxydierten Zustand ist vom pH-Wert der Lösung abhängig. Da es mit steigendem pH-Wert abnimmt, werden die Redoxpotentiale mit zunehmendem pH-Wert geringer. Gemessen bei pH = 0 und pH = 14 ergeben sich Potentialunterschiede von etwa 1 Volt.

Für die autokatalytische (stromlose) Vernicklung eignen sich z. B.: *Bor-Wasserstoffverbindungen* wie Natriumboranat ($NaBH_4$) und verschiedene Borazane (Diäthylaminborazan ($(C_2H_5)_2NH \cdot BH_3$); Trimethylaminborazan ($(CH_3)_3N \cdot BH_3$); Dimethylaminborazan ($(CH_3)_2NH \cdot BH_3$)). Während das Natriumboranat in stark alkalischer Lösung verarbeitet wird, lassen sich die Borazane in neutraler oder schwach saurer Lösung und bei niedrigeren Temperaturen zur Vernicklung einsetzen. Die Borazane sind schwächere Reduktionsmittel, ihre Redoxpotentiale liegen höher als das des Natriumboranats.

Als Reduktionsmittel für die stromlose Vernicklung eignet sich ferner:

Natriumhypophosphit (NaH_2PO_2) und *Unterphosphorige Säure* (H_3PO_2).

Hier ist die unterphosphorige Säure das schwächere Reduktionsmittel. Für die autokatalytische Verkupferung dient vorwiegend *Formaldehyd* (HCHO) als Reduktionsmittel [2]).

---

[1]) Für eine Nickelionenkonzentration (besser -Aktivität) von 10^{-4} mol/l beträgt das Potential (gemessen gegen die Normalwasserstoffelektrode):

$$\epsilon = (-0{,}25 + 0{,}0295 \cdot \log 10^{-4})\,V = (-0{,}25 - 0{,}118)\,V = -0{,}37\ V\,.$$

[2]) $HCHO + 3\,NaOH + Cu\text{-Salz} = HCOONa + 2\,H_2O + Na_2\text{-Salz} + CU\downarrow$ (pH = 14)
oder $HCHO + H_2O + Cu\text{-Salz} = HCOOH + H_2\text{-säurerest} + CU\downarrow$ (pH = 0)

Metallabscheidungsreaktionen (theoretisch): In manchen Fällen der stromlosen Metallabscheidung, insbesondere der stromlosen Vernicklung im Boranat- oder Hypophosphitbad laufen zwei Reaktionen nebeneinander ab, wobei die erste als eigentliche Metallabscheidungsreaktion überwiegt, während die zweite zum Einbau einer Nickel-Bor bzw. einer Nickel-Phosphorverbindung [1]) führt. Als Beispiel sei die Vernicklung im Boranatbad angeführt:

$$NaBH_4 + 4\,NiCl_2 + 8\,NaOH = 4\,Ni\downarrow + NaBO_2 + 8\,NaCl + 6\,H_2O$$

$$2\,NaBH_4 + 4\,NiCl_2 + 6\,NaOH = 2\,Ni_2B\downarrow + 8\,NaCl + 6\,H_2O + H_2\uparrow$$

Der Nickel-Bor bzw. Nickel-Phosphorgehalt in der abgeschiedenen Schicht läßt sich durch Verändern der Badtemperatur in gewissen Grenzen steuern. Der Bor- bzw. Phosphoranteil in der Schicht bestimmt deren Härte. Stromlos abgeschiedene Nickelschichten sind stets härter als galvanisch erzeugte Schichten. Da die Badtemperatur im praktischen Betrieb wegen der Badstabilisierung im allgemeinen konstant gehalten werden muß, läßt sich die Schichthärte durch thermische Nachbehandlung bei 400 °C erhöhen (über 1000 kp/mm^2 Vickershärte möglich) [2]). Hinsichtlich seiner Härte und Verschleißfestigkeit ähnelt stromlos abgeschiedenes Nickel einer Hartchromschicht.

Anwendung stromlos abgeschiedener Metallschichten: Die stromlos abgeschiedenen Metallschichten stehen mit elektrolytisch niedergeschlagenen aus Preisgründen nicht im Wettbewerb. Sie stellen vielmehr eine Ergänzung dar. Nicht stromleitende Stoffe wie Glas, Keramik, wärmegehärtete plastische Stoffe lassen sich metallisch überziehen. Insbesondere lassen sich gedruckte Schaltungen nach dem Additivverfahren herstellen. Die gestanzten, mit Löchern versehenen Kunststoffplatten werden mechanisch und chemisch aufgerauht, im Tauchverfahren sensibilisiert und aktiviert [3]) und beidseitig stromlos vernickelt [4]). Die Platte wird dann bedruckt. Die nicht abgedeckten Stellen werden galvanisch mit Kupfer verstärkt. Der Abdecklack und die darunter liegende Nickel(-Bor)-Schicht werden in einer Entnicklungslösung [5]) entfernt.

---

1) Borgehalt meist unter 5 %; Phosphorgehalt 6 bis 9 %.

2) Hypophosphitbadschichten sind oxydationsempfindlich. Wärmebehandlung in Schutzgas (Argon) oder wesentlich längere Zeit bei geringerer Temperatur.

3) Die Sensibilisierung und Aktivierung dient der Bildung von Kristallisationskeimen.

4) Geeignet ist ein Borazanbad (Nickelsalz, Komplexbildner, Salze der Essig-, Bernstein- oder Zitronensäure als Puffersubstanz, Borazan, Stabilisatoren und Netzmittel und evtl. einen niederen Alkohol als Lösungsvermittler); pH-Wert 5 ... 6, Badtemperatur 50 ... 60 °C, ausreichende Abscheidungszeit 1 ... 5 Minuten.

5) Nickel-Phosphorauflagen sind nicht geeignet, wenn eine Entfernung in Gegenwart von Kupfer erforderlich ist.

Die stromleitenden Bahnen bleiben dabei erhalten. Verglichen mit dem herkömmlichen Verfahren [1]) können nun die Platten kleiner gehalten werden, da sich beide Seiten ausnutzen lassen, und die Tauchverlötung fällt qualitativ besser aus; außerdem sind auch die Löcherwände stromleitend.

Ferner lassen sich Eisen und praktisch alle Stahlarten, Grauguß, Kupfer und seine Legierungen, Aluminium und fast alle seine Legierungen, sowie gefrittete Metalle stromlos vernickeln, wobei die Oberflächen hartchromähnliche Eigenschaften erhalten. Da die Schichtdicken selbst an scharfen Kanten gleichmäßig dick ausfallen, empfiehlt sich die stromlose Vernicklung besonders für Präzisionswerkstücke. Auch auf die Möglichkeit sonst vielleicht nicht durchführbarer Innenvernicklungen sei hingewiesen.

D. Oberflächenbehandlung von Aluminium und seinen Legierungen

Das gemäß seiner Stellung in der elektrochemischen Spannungsreihe sehr unedle Aluminium wird in gewissem Maße durch eine natürliche, fest haftende Oxidhaut vor Korrosion geschützt. Diese Oxidschicht ist sehr dünn (0,01 μm). Technischen Anforderungen kann sie nicht genügen. Sie läßt sich durch chemische oder elektrochemische Verfahren verstärken. Für chemisch erzeugte Oxidschichten ist der Korrosionsschutzwert geringer als für elektrochemisch hergestellte.

1. Chemische Oxydationsverfahren

a) Böhmitverfahren

Böhmit kommt in der Natur als Mineral vor, ist also eine witterungsbeständige Form des Aluminiumoxids (chemisch: AlOOH). Für das Böhmitverfahren geeignet sind: Reinstaluminium (99,99 % Al), Reinaluminium (99,2 ... 99,6 % Al) und kupferfreie Legierungen wie AlMn, AlMg, AlMgSi.

Vorbehandlung: Die Werkstücke werden in einer Natronlauge-Lösung [2]) oder besser in einer Mischsäurelösung [3]) gebeizt.

---

[1]) Einseitig kupferplattierte Kunststoffplatten.

[2]) 5 %ige NaOH-Lösung, Raumtemperatur, 2 Minuten Beizdauer – Spülen – 30 s Tauchen in kalte 50 %ige Salpetersäurelösung – Spülen.

[3]) 25 %ige Salpetersäurelösung, die 30 ... 40 g/l Natriumfluorid (NaF) enthält, Raumtemperatur, 30 ... 40 s Tauchzeit – Spülen.

Beschichtung: Die Böhmitschicht entsteht in kochendem, vollentsalzten Wasser oder besser in Dampf von 100...150 °C. Je höher die Temperatur gewählt wird und je reiner das Aluminium ist, desto dicker fällt die Böhmitschicht aus [1]). Bei Dampferzeugung entsteht praktisch sofort die beständige γ_S-Struktur, während sich bei Heißwasserbehandlung erst γ_L-Böhmit bildet, das nach einigen Stunden in γ_S-Böhmit übergeht.

Nachbehandlung: Für Kochendwasser-erzeugte Schichten empfiehlt sich eine Wasserglasnachbehandlung [2]).

b) MBV-Verfahren

Bei diesem modifizierten Bauer-Vogel-Verfahren werden die Werkstücke in eine 98...100 °C heiße Lösung getaucht, die Soda (Na_2CO_3) und Chromat (Na_2CrO_4, K_2CrO_4 oder $K_2Cr_2O_7$) enthält [3]). Die feinporige MBV-Schicht bildet einen guten Haftgrund für Anstriche und nimmt Schmierstoffe auf, die das Tiefziehen erleichtern. Man erhält 1... 2 μm dicke Oxidschichten.

Vorbehandlung: Außer zur Beseitigung von Ölfilmen oder Fingerabdrücken ist keine Vorbehandlung erforderlich.

Beschichtung: Es empfiehlt sich, umschichtig mit zwei Behältern zu arbeiten. Über Nacht kann sich der entstehende Schlamm absetzen. Die klare überstehende Flüssigkeit wird in den andern Behälter gepumpt. Nach dem Säubern kann der erste als Spülbehälter dienen. Es genügen Stahlblechwannen ohne Auskleidung, wenn ein Mindestabstand von 10 cm von den Werkstücken eingehalten wird.

Wird 10 Minuten getaucht (Standartverfahren), so lassen sich ca. 7,5 m^2 je Liter Lösung oxidieren; zur Lackhaftgrundbildung betragen die Tauchzeiten bis zu 30 Minuten, so daß eine Baderschöpfung schon nach ca. 2 m^2 je Liter Lösung eintreten kann. Die Bäder lassen sich nicht regenerieren.

Nachbehandlung: Beständigkeit und Abriebfestigkeit der Schicht werden erhöht, wenn in 1... 2 %iger Wasserglaslösung nachbehandelt wird [4]). Bei Guß-

---

[1]) Z.B. bei Reflectal (99,99 % Al + 0,5 ... 2,0 % Mg): 0,25 μm bei 100 °C in 20 Minuten, bei 150 °C in 6 Minuten; 1,5 μm bei 150 °C in 4,5 Stunden. Bei Reinaluminium: 0,25 μm bei 100 °C in 20 Minuten, bei 150 °C in 6 Minuten; 1,2 μm bei 150 °C in 6 Stunden. Bei den Legierungen: 0,25 μm bei 100 °C in 30 Minuten, bei 150 °C in 6 Minuten; 0,7 ... 0,8 μm bei 150 °C in 6 Stunden.

[2]) 30 Minuten in kochender 2 %iger Wasserglaslösung.

[3]) Z.B. 50 g/l Soda calc. + 15 g/l Na_2CrO_4 (oder entspr. 13,5 g/l K_2CrO_4 bzw. 10,7 g/l $K_2Cr_2O_7$).

[4]) Siehe Anmerkung [2]) des Böhmitverfahrens.

legierungen muß besonders gut gespült werden vor allem, wenn die Schicht als Haftgrund einer nachfolgenden Lackierung dient. Es empfiehlt sich eine Kochendwasserspülung von 5 Minuten Dauer.

c) EW-Verfahren

Beim *Erftwerk*-Verfahren wird dem MBV-Salz 0,1 g/l Wasserglas zugesetzt. Die Oxidschicht erscheint fast farblos und transparent, verträgt Biege- und Schlagbeanspruchung und ist abriebfester als die nicht nachbehandelte MBV-Schicht. Auch kupferhaltige Legierungen können oxidiert werden.

Graufärbung der Schutzschicht weist darauf hin, daß das Bad als EW-Bad erschöpft ist. Es kann bis zur völligen Unbrauchbarkeit noch als MBV-Lösung weiterbenutzt werden.

d) Weitere chemische Oxydationsverfahren

Das amerikanische *Alrokverfahren* und das englische *Pyluminverfahren* sind Varianten des MBV-Verfahrens. Das schweizerische *Alproxverfahren* und seine Varianten lassen grünlichgraue oder von messingfarben bis dunkelbraune Tönungen der Oxidschicht zu einschließlich Bronze- und Goldtönung.

2. Vorbehandlung für elektrochemische Oxydationsverfahren

Weitaus wichtiger als die chemischen Verfahren sind die elektrochemischen Oxydationsmethoden. Sie sollen einschließlich der Vor- und Nachbehandlung eingehender behandelt werden. Eine besondere Bedeutung haben hier Bauteile aus Aluminium, die der Außenatmosphäre ausgesetzt sind, die also im Fahrzeugbau, insbesondere bei Eisenbahnwagen und im Bauwesen verwendet werden.

Über den Erfolg der Oberflächenbehandlung entscheidet eine Reihe von Faktoren, beginnend beim Werkstoff selbst, der Fertigung des Profils und der Oberflächenvorbearbeitung, die der Oberflächenveredler z. T. nicht direkt beeinflussen kann.

a) Werkstoffe und ihre Auswahl

Bei der technischen Oxydation, die der Verbesserung des Korrosionsschutzes und der Verschleißfestigkeit sowie des Haftgrundes dient, spielt der Werkstoff und sein Gefüge keine besondere Rolle wohl aber, wenn dekorative Ansprüche vorliegen. In diesem Fall muß gewährleistet sein, daß das Material stets die gleiche Zusammensetzung hat. Neben der durch DIN festgelegten Bezeichnung einer Legierung findet sich dann der Zusatz „EQ“, gleichbedeutend mit Eloxalqualität [1]).

„Eloxal“ bedeutet elektrolytische Oxydation von Aluminium. Das Werkstück wird dabei als Anode geschaltet; daher rührt die Bezeichnung „Anodisieren“.

Soll die Oberfläche glänzend aussehen, so muß sie vor dem Eloxieren geglänzt werden. Soweit die Legierung dies zuläßt, wird vorzugsweise chemisch und, wenn dies nicht befriedigt, möglichst elektrochemisch geglänzt. Für manche Legierungen liefern beide Verfahrensarten keinen ausreichenden Glanz, so daß mechanisch poliert werden muß. Während die Bezeichnung „Eloxal-, bzw. Anodisierqualität“ die Gewähr dafür bietet, daß das Metall für die dekorative anodische Oxydation geeignet ist, gibt es noch keine besondere Qualitätsbezeichnung, die die Eignung für chemisches oder elektrochemisches Glänzen ausweist. Die Anforderungen an die Legierung sind noch weitaus höher als für das Eloxieren. Neben der Zusammensetzung der Legierung spielt auch deren Behandlung (z. B. Wärmebehandlung) eine Rolle, sowie die Arbeitsbedingungen zur Fertigung des Halbzeugs und Fertigteils. Durch entsprechende Zusammenarbeit lassen sich oft Schwierigkeiten beheben.

b) Mechanische Oberflächenbehandlung

Die mechanischen Bearbeitungen der Oberfläche richten sich nach dem erwünschten Aussehen, das u. U. Vorarbeiten verlangt.

Sand-, Kokillen- und Druckgußteile, Warmpreßteile, Freiform- und Gesenkschmiedestücke sowie Schweißnähte müssen entgratet und verputzt werden. Grob- und Feinschleifen schließen sich an, wenn mattiert oder poliert werden soll. Vor dem Trommelpolieren von Massenteilen wird empfohlen vorher zu beizen.

Gepreßte Stangen, Rohre und Profile, sowie Bleche und daraus gefertigte Stücke, ferner Drehteile können meistens sofort feingeschliffen und poliert oder mattiert werden.

Gezogene Stangen und Rohre, Glanz- und Riffelbleche, sowie plattierte Bleche und Profile können ohne Vorarbeit poliert oder mattiert werden.

c) Beizen

Unter der Annahme, daß bereits eine Oberflächenbehandlung vorausging, dient das Beizen hier nicht zur Grobreinigung sondern der Entfernung der

---

[1]) In den Empfehlungen des «Centre International de Développement de l’Aluminium» (CIDA) und der “European Wrought Aluminium Association” (EWAA) heißt es „AQ“, gleichbedeutend mit Anodisierqualität.

natürlichen Oxydhaut, da sie den Aufbau der Eloxalschicht stört. Es lassen sich Laugen oder Säuren bzw. Mischsäuren verwenden [1]).

Mit Natronlauge lassen sich nahezu alle Legierungen beizen (Ausnahmen: G AlSi; G AlSiMg). Man verwendet 10 ... 20 %ige Natronlauge bei 50 ... 80 °C und 1 ... 2 Minuten Beizzeit. Der Beizabtrag wird gleichmäßiger, wenn man nach der halben Beizzeit zwischenspült, wobei die Oberfläche kräftig abgebürstet wird. Nach dem Laugenbeizen und Spülen wird in verdünnte Salpetersäure getaucht zur Neutralisation evtl. anhaftender Laugenreste. Die Lauge frißt flache bis halbkugelige glatte Vertiefungen.

Mischsäuren behandeln die Oberfläche vom korrosionstechnischen Standpunkt aus oft schonender. Für Reinaluminium eignet sich ein Gemisch aus 4 Teilen Salpetersäure (54 %) und 1 Teil Flußsäure (70 %), Raumtemperatur, 1 Minute Beizdauer. Das Bedienungspersonal wird weniger gefährdet durch ein Gemisch von 1 Liter Salpetersäure (20 %) + 10 Milliliter Flußsäure (40 %), Raumtemperatur, 1 Minute Beizdauer. Nach jedem Beizvorgang muß kräftig gespült werden. Unter Umständen wird vor dem Beizen entfettet. Die Mischsäuren geben rundliche, kleinere Vertiefungen.

Die Fachfirmen liefern Beizlösungen, die die Oxidhaut ablösen, ohne das Grundmaterial merklich anzugreifen.

3. Glänzverfahren

Glänzelektrolyte bestehen aus zwei Komponenten oder Komponentengruppen, wobei die eine Komponente das Mikrogebirge abträgt und damit den eigentlichen Glanz erzeugt, während die zweite Komponente allgemein in größerer Menge Material abträgt. Hierbei bleibt eine gewisse große Welligkeit erhalten. Planpolierte Flächen lassen sich nur durch mechanisches Polieren oder durch Vorpolieren mit nachfolgendem chemischen oder elektrochemischen Glänzen erreichen.

a) Erftwerkverfahren

Das Erftwerk-Glänzbad eignet sich zum chemischen Glänzen von Reinstaluminium (Raffinal und Reflectal) und Reinaluminium [2]). Die Hauptkomponenten sind Ammoniumbifluorid als Glänzsalz und Salpetersäure mit Wasser

---

[1]) Evtl. muß beachtet werden, daß die Festigkeit des Werkstückes durch das Beizen herabgesetzt wird.

[2]) Seit einigen Jahren kann auch Reinaluminium in einem EW-Bad geglänzt werden.

als Lösungsmittel [1]). In Mengen von 0,02 ... 0,5 g/l wird Bleinitrat zugesetzt. Zur Verlängerung der Glänzzeit dient eine Dispergiersubstanz, die eine Verlängerung auf das Dreifache zuläßt.

Betriebsdaten: Temperatur: 55 ... 60 °C
Glänzzeit: 1 Minute ± 15 Sekunden

Die Glänzlösung wird von einer z. B. mit „Vulkoferran" ausgekleideten Wanne aufgenommen, die zweckmäßigerweise von einem Wassermantel umgeben wird, der die Heiz- und Kühleinrichtungen aufnimmt. Da in kurzer Zeit beträchtliche Schichtstärken abgetragen werden [2]), muß für ausreichende Kühlung gesorgt werden. Wegen der Gefährlichkeit der Fluorwasserstoffdämpfe muß abgesaugt werden. Die nachfolgende Spül- und Brauseeinrichtung wird in die Absaugung mit einbezogen [3]).

Nach einer gewissen Durchsatzmenge sammelt sich Schlamm an (vorwiegend unlösliches Aluminiumfluorid (AlF_3)), der entfernt werden muß. Hierfür ist es günstig, wenn die überstehende Flüssigkeit in einen zweiten Behälter gepumpt werden kann.

Da auskristallisierte Salze nur sehr schwer wieder zu entfernen sind, darf das Glänzbad nicht unter 30 ... 35 °C abkühlen, um ein Auskristallisieren zu verhindern.

Das Glänzbad kann einige Male (im allgemeinen bis zu viermal) durch Zusatz von Glänzsalz oder Salpetersäure regeneriert werden [4]).

Als Vorteil des hohen Schichtabtrages erweist es sich, daß die Oberfläche mechanisch gar nicht oder nur in geringem Maße vorbearbeitet werden muß. Stets muß sie jedoch fettfrei sein.

Nach dem Glänzen wird in Salpetersäure (d = 1,36) bei Raumtemperatur 30 Sekunden getaucht, dann bei Raumtemperatur 15 Minuten im EW-Konservierungsbad konserviert, wodurch die Oberfläche für den folgenden Eloxiervorgang aktiv gehalten wird.

Entfetten, Glänzen, Salpetersäuretauchen, Konservieren und Eloxieren sollen hintereinander durchgeführt werden. Zwischen jedem Arbeitsgang wird kräftig gespült.

---

[1]) Z. B. 150 g/l Glänzsalz + 170 ml/l Salpetersäure (d = 1,36)

[2]) Bei 60 °C werden in 40 s 950 μm Schichtstärke abgetragen (256,5 g/m^2).

[3]) Vgl. „Merkblatt der Berufsgenossenschaft der chemischen Industrie: Arbeiten mit Fluorwasserstoff und Fluoriden".

[4]) Analysenwerte als Richtpunkte: Ein frisches Bad enthält ca. 50 g/l NH_4 und ca. 135 g/l NO_3. Nach Veränderung auf 39,5 g/l NH_4 und 155 g/l NO_3 sollte regeneriert werden.

b) Alupol-IV-Verfahren

Viele Aluminiumsorten, für die das Erftwerkverfahren nicht mehr geeignet ist, lassen sich im Alupol-IV-Bad befriedigend glänzen. Hierzu gehören die Sorten: AlMg, AlMn, AlMgMn, AlMgSi, AlCu, AlZnMg u. a. Homogenität des Metalls und eine dichte Oberfläche, wie sie durch Pressen, Walzen, Drükken oder mechnaisches Schleifen und Polieren erreicht werden kann, werden vorausgesetzt. Wenn beim Drücken, Stanzen, Ziehen, Pressen oder Biegen, sowie bei der Lagerung Verkratzungen, Risse, Riefen usw. vermieden werden, so kann ohne mechanische Vorbehandlung geglänzt werden. Ist dies nicht der Fall, dann muß mindestens feingeschliffen werden. Fehlerloses, gefügefeines Gußaluminium läßt sich nach Vorbehandlung glänzen, Druck- und Spritzguß scheidet im allgemeinen aus. Die historischen Vorgänger des Alupol-IV-Verfahrens (Alupol I, II und III) werden kaum noch angewandt.

Die Badkomponenten des Alupol-IV-Bades sind: Phosphorsäure, Schwefelsäure und Salpetersäure, denen Borsäure, Kupfernitrat, Stabilisatoren und Netzmittel zugegeben werden [1]).

Betriebsdaten: Temperatur: 95 ... 108 °C. In diesem Temperaturbereich wird die Oberfläche geglänzt, außerhalb dieses Bereichs wird sie geätzt. Für die Aluminiumsorten gibt es optimale Glänztemperaturen. Je reiner das Aluminium desto höher darf die Temperatur liegen. Reinere Sorten erleiden geringeren Abtrag. Je geringer der erforderliche Abtrag, desto höher wird der erreichbare Reflexionsgrad. *Glänzzeit:* gewöhnlich 1,5 ... 3 Minuten, maximal 10 Minuten.

In der Mischsäure wirken Phosphorsäure und Salpetersäure glanzerzeugend, während die Schwefelsäure abträgt. Die Borsäure puffert die Lösung. Kupfernitrat depolarisiert die Oberfläche.

Ein zunehmender Gehalt an Aluminiumsalzen in der Lösung bremst den Glänzvorgang; dies wird durch eine Warenbewegung kompensiert, deren Geschwindigkeit stufenweise reguliert und entsprechend erhöht wird.

Ein schwacher Farbton eines dünnen Kupferfilms auf der Oberfläche, der nach dem Spülen verbleibt, zeigt an, daß der Glänzvorgang gelungen ist. Der Film wird in einer nachfolgenden Salpetersäure-Lösung entfernt.

---

1) Ohne Zusätze ergeben z. B. 73 l Phosphorsäure (1,70) + 15,5 l Schwefelsäure (1,84) + 11,5 l Salpetersäure (1,36) = 100 l Mischsäurelösung; entsprechend: 60,5 % H_3PO_4, 14,5 % H_2SO_4 und 6 % HNO_3, sowie 19 % H_2O. Der Zusätze wegen empfiehlt es sich, die Glänzlösung von einer Fachfirma zu beziehen.

Badeinrichtung: Wannen aus Sonderstahl [1]) für die Mischsäure, als Spülbehälter und zur Aufnahme der Salpetersäure zum Klären. Warenbewegung, für drei Geschwindigkeiten umschaltbar. Absaugvorrichtung, die alle drei Behälter erfaßt.

Zur Aufnahme des Glänzbadbehälters dient eine Stahlblechwanne. Der Glänzbehälter wird mit einem Ölmantel umgeben, der die Heiz- und Kühlvorrichtungen aufnimmt.

Das Alupol-IV-Bad kann regeneriert werden, bis der Aluminiumgehalt auf 120 g/l angestiegen ist; dann muß das Bad völlig erneuert werden. Zur Regenerierung wird Salpetersäure zugesetzt, wenn matte Stellen auftreten, und Phosphorsäure, wenn winzige poröse Stellen zu erkennen sind. Ausschleppverluste werden durch fertige Alupol-Lösung ersetzt.

c) LPW-Verfahren [2])

Das GV-Verfahren (Firmenbezeichnung) verwendet einen sauren Elektrolyten und stellt ein elektrochemisches Glänzverfahren dar. Reinaluminium und eine Reihe von Legierungen können geglänzt werden.

Betriebsdaten:	Temperatur:	80 ... 100 °C
	Stromdichte:	10 ... 50 A/dm^2
	Spannung:	18 ... 30 V
	Glänzzeit:	0,5 ... 5 min

Anlage: Stahlblechwanne mit Hüttenweichbleiauskleidung. Heizeinrichtung mit Bleiummantelung oder Heizschlangen bzw. Wärmeaustauscher aus Blei. Bewegung der Ware und des Elektrolyten sind erforderlich. Badnebel müssen abgesaugt werden. Die Kathoden bestehen aus Blei.

Nachbehandlung: Nach sofortigem, gründlichen Spülen wird die sich bildende dünne Deckschicht nach 15 ... 30 Sekunden Tauchzeit in einem Klärbad entfernt. Anschließend wird sofort eloxiert; wenn dies nicht möglich ist, kann die Ware in einem Konservierungsbad aufbewahrt werden. Bäder liefern die Fachfirmen.

---

[1]) Wegen der hohen Temperatur ist ein nicht ausgekleidetes Material aus Edelstahl (z. B. Nr. 1.4571 oder VA-Sonderstahl) erforderlich. Aus dem gleichen Grund muß statt Wasser Öl verwendet werden (z. B. Shell-Turbo-Öl 29).

[2]) Langbein-Pfanhauser-Werke AG Neuß/Rhein. Auch andere Fachfirmen liefern Glänzbäder, z. B. „Aluflex-Glänzbad" von Riedel & Co, Bielefeld.

Brytal-Verfahren: Das englische, patentierte Verfahren arbeitet mit einem alkalischen Elektrolyten, der Soda, Natriumphosphat und einige andere Zusätze enthält [1]).

Vorbehandlung: 3 ... 5 Minuten Tauchbehandlung der Werkstücke
a) in 80 °C heißer Lösung von Schwefelsäure, Phosphorsäure und Chromsäure oder
b) in 95 °C heißer Lösung von Phosphorsäure und Chromsäure [2]).

Betriebsdaten der Glänzlösung:

Temperatur:	70 ... 90 °C
Stromdichte:	2 ... 6 A/dm^2
Spannung:	10 ... 18 V
Glänzzeit:	3 ... 12 min (anodisch)

Nachbehandlung: Wie beim LPW-Verfahren.

Anlage: Stahlblechbehälter, der mit Hartgummi ausgekleidet sein kann [3]). Heizeinrichtung aus Normalstahl, möglichst mit Temperaturregelung. Eine Werkstückbewegung wird empfohlen. Dunstabsaugung ist erforderlich. Die Kathoden bestehen aus Stahl.

4. Eloxalverfahren (Anodisierverfahren)

a) Aufbau und Struktur der Eloxalschichten

Die sich bei einer anodischen Oxydation des Aluminiums bildende Oxidschicht zeigt eine Struktur, die vom Elektrolyten geprägt wird. Man kann zwei typische Fälle unterscheiden. In Elektrolyten mit kaum merklichem Rücklösevermögen der bereits gebildeten Oxidschicht, wozu Borsäure- oder Alkaliboratlösungen[4]) gehören, bilden sich sehr dichte, praktisch porenfreie nichtleitende Schichten. Ihre Dicke ist eine Funktion der angewandten Spannung; bis etwa 1000 Volt wächst die Schicht linear mit der Spannung mit einem Anstieg von 0,0014 µm/V. Das Verfahren beschränkt sich auf die Herstellung von Elektrolytkondensatoren.

Von größerer Bedeutung sind Elektrolyte, die die Oxidschichten merklich lösen. Es bildet sich auch hier eine sehr dünne Sperrschicht (0,02 ... 0,1 µm),

[1]) Z. B. 30 Gew. % Soda calc. + 6,5 Gew. % Trinatriumphosphat + 3 Gew. % Seignettesalz + 1 Gew. % Ätznatron; Rest: Wasser.

[2]) Z. B. a) 150 g/l Schwefelsäure + 100 g/l Phosphorsäure + 40 g/l Chromsäureanhydrid; b) 25–30 g/l Phosphorsäure (d = 1,70) + 25 g/l Chromsäureanhydrid (CrO_3).

[3]) Auskleidung nicht unbedingt erforderlich.

[4]) Alkali = Natrium oder Kalium.

über der dann eine mehrere Mikrometer dicke porige Schicht aufwächst. Vermutlich wandert Aluminium durch die porenfreie, dünne Schicht dem Elektrolyten entgegen, worauf dann an der Oberseite der Sperrschicht durch Reaktion mit dem Elektrolyten der Oxidaufbau derart weiter geht, daß sich Pakete sechseckiger Säulen aus Aluminiumoxid bilden, die in der Mitte eine Pore besitzen.

Bild IV.11 vermittelt einen Eindruck von der hexagonalen Anordnung der Säulen, wobei auch die Poren sechseckig sind. Die Oxidschicht wurde gewonnen durch stromloses Tauchen von Reinaluminium in heiße Kaliumpermanganatlösung. Bild IV.12a zeigt den Beginn des Schichtaufbaus einer Eloxalschicht in Schwefelsäure als Elektrolyt, Bild IV.12b zeigt die gleiche Schicht, bereits etwas weiter gewachsen. Wenn auch die Bienenwabenstruktur nicht mehr so deutlich hervortritt wie in Bild IV.11, so erkennt man doch noch die hexagonale Anordnung der Säulen mit ihren Poren.

Die porige Struktur der Oxidschicht verleiht der Schicht eine gewisse Elastizität, die sie befähigt, mechanische und thermische Beanspruchungen auszuhalten ohne abzuplatzen. Außerdem können die Poren Farbstoffe aufnehmen, so daß die Schicht beliebig eingefärbt werden kann. Bild IV.13a und b zeigt die Eloxalschicht im Quer- und Längsschnitt.

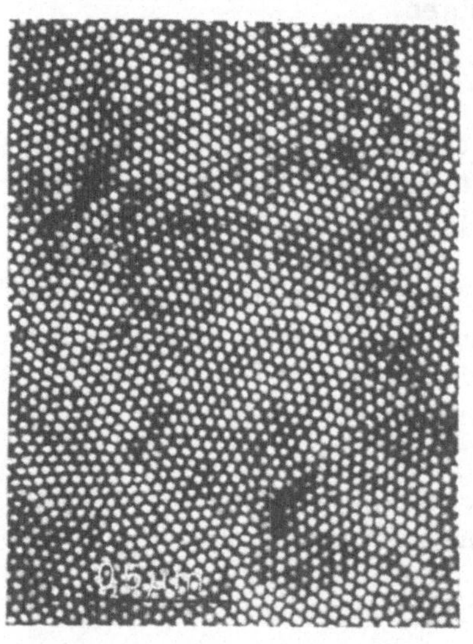

a)

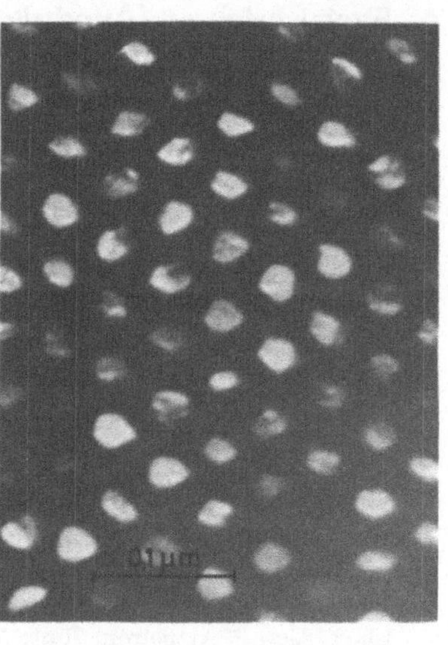

b)

Bild IV, 11 a und b. Aluminiumoxidschicht, gewonnen durch chemische Oxydation in heißer Kaliumpermanganatlösung. Elektronenmikroskopische Aufnahme *Fischer* und Verf. Abbildungsmaßstab a) 20 000 : 1; b) 155 000 : 1.

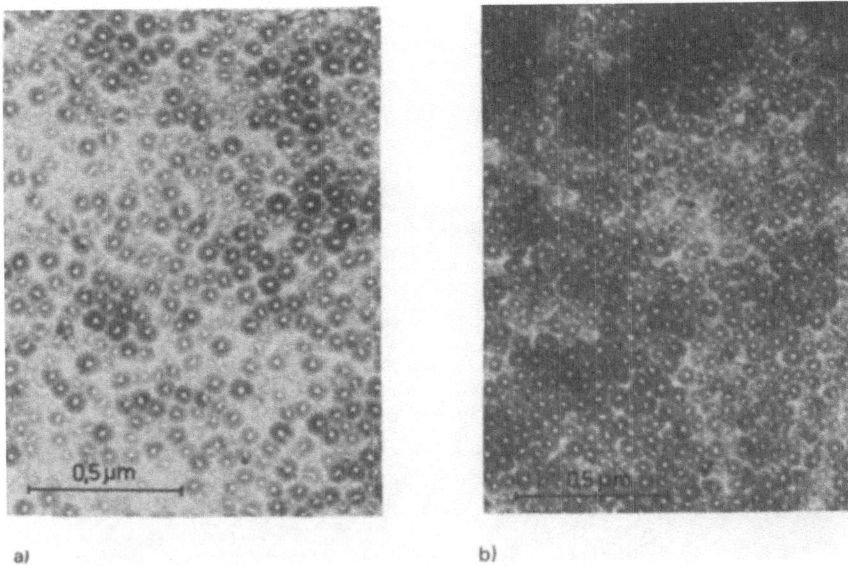

Bild IV, 12. Beginn der Bildung der Eloxalschicht in Schwefelsäure als Elektrolyt. Elektronenmikroskopische Aufnahme *Bartmann* und Verf. Abbildungsmaßstab: 40 000 : 1
a) nach 10 s Anodisierdauer, b) nach 20 s Anodisierdauer

Elektrolyt: 1 %ige Schwefelsäure bei Raumtemperatur

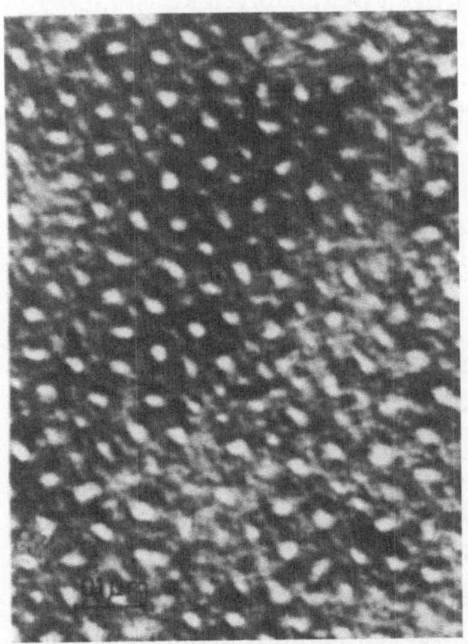

Bild IV, 13a
Eloxalschicht, erzeugt nach dem Gleichstrom-Schwefelsäure-Verfahren. Elektronenmikroskopische Aufnahme *Bartmann* und Verf., Abbildungsmaßstab 120000 : 1

Bild IV, 13b. Querschnitt der Eloxalschicht. Elektronenmikroskopische Aufnahme *Segand,* Abbildungsmaßstab 12000 : 1

Die Porenweite wird beeinflußt durch die Elektrolytkonzentration, die Temperatur und die Stromdichte. Bleiben die sonstigen Bedingungen konstant, so erhöht sich mit wachsender Stromdichte die Porenweite, während die Wandstärken in gleichem Maße abnehmen; d. h. die Oxidschicht wird „weicher". Im ungünstigen Fall können Porenwände durch Überstreichen mit dem Fingernagel zerbrochen werden. Die Bruchstücke fallen teilweise in die Poren hinein, verhindern dadurch ein gleichmäßiges Einfärben, falls dies erwünscht ist, und lassen vor allem das Verdichten nicht mehr ordentlich zu. Tabelle IV.3 enthält Durchmesser und Flächendichte der Poren für verschiedene Elektrolyte und Spannungen.

Im Gegensatz zu galvanischer Belegung des Grundmetalls, bei der auf der Oberfläche Metall abgeschieden wird, wächst beim Anodisieren die Oxidschicht in das Grundmetall hinein. Da das Oxid ein größeres Volumen beansprucht als das Aluminium, nimmt gleichzeitig der Durchmesser des Werkstückes zunächst zu. Bild IV.15 stellt das Wachstum schematisch dar. Eloxiert man in Schwefelsäure als Elektrolyt, so erhebt sich für die gebräuchlichen Anodisierzeiten die Oxidschicht um etwa ein Drittel der Schichtstärke über das Ausgangsniveau nach außen, während zwei Drittel nach innen wachsen.

Tabelle IV.3: Durchmesser und Flächendichte der Poren für verschiedene Elektrolyte in Abhängigkeit von der Spannung (nach Keller, Hunter und Robinson)

Elektrolyt	Porendurchmesser in μm	Spannung in Volt	Anzahl der Poren je mm² in Millionen
4 % Phosphorsäure 24 °C	0,033	20	190
		40	80
		60	40
2 % Oxalsäure 24 °C	0,017	20	360
		40	120
		60	60
3 % Chromsäure 38 °C	0,024	20	220
		40	80
		60	40
15 % Schwefelsäure 10 °C	0,012	15	770
		20	520
		30	280

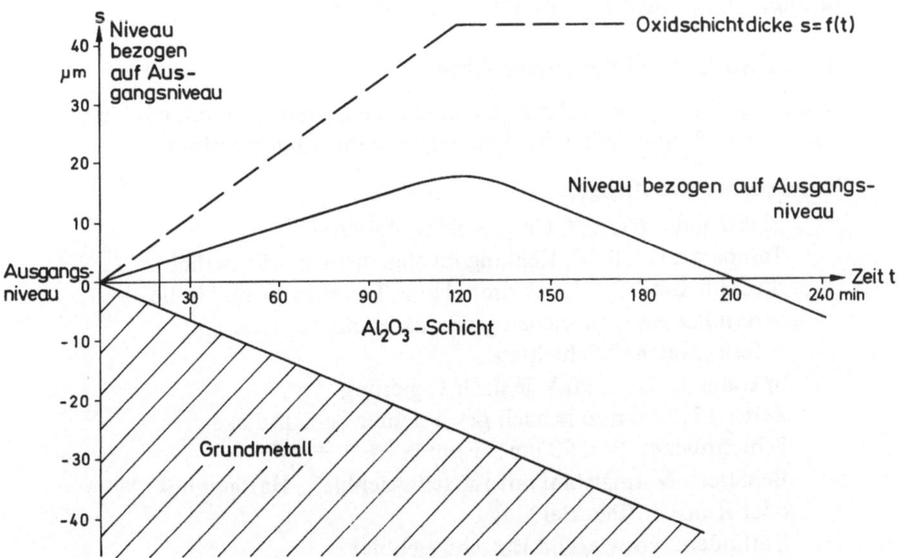

Bild IV.14. Aluminiumoxidschichtbildung in Schwefelsäure als Elektrolyt als Funktion der Anodisierzeit

Da mit der Schichtbildung auch eine Rücklösung verbunden ist, stellt sich schließlich nach Erreichen einer bestimmten Schichtdicke der Zustand ein, daß die Bildungsgeschwindigkeit gleich der Rücklösegeschwindigkeit wird.

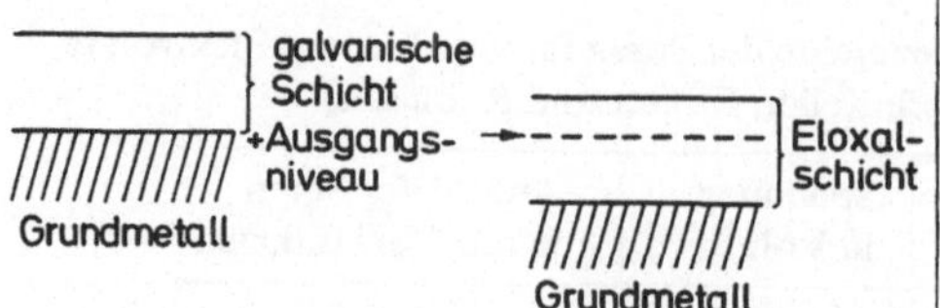

Bild IV.15
Wachstum der Eloxalschicht im Vergleich zur Bedeckung mit einer galvanischen Schicht (schematisch)

Von nun an nimmt die Oxidschichtdicke auch bei fortschreitender Anodisierung nicht mehr weiter zu. Bild IV.14 zeigt das Verhalten in Schwefelsäure als Elektrolyt.

Normalerweise wird nicht so lange oxydiert, bis die maximal mögliche Schichtdicke erreicht ist, zumal der Korrosionsschutzwert davon nicht abhängt.
Je dicker die Eloxalschicht ausgebildet ist, desto eher neigt sie zur Rißbildung bei mechanischer Beanspruchung des Werkstücks. Die Risse setzen sich bis in das Grundmetall hinein fort. (Aus einer solchen Kerbwirkung eines in der Oxidschicht eintretenden Risses, kann erkannt werden, daß die Oxidschicht mit dem Grundmetall fest verankert ist.)
Im folgenden werden Eloxalverfahren aufgeführt.

b) Gleichstrom-Schwefelsäureverfahren

Dieses abgekürzt GS-Verfahren genannte Oxydationsverfahren wird am meisten angewandt und liefert farblose, transparente Oxidschichten.

Betriebsdaten und Anlage:

Elektrolyt: 10 ... 20 Gew. % Schwefelsäure
Temperatur: 20 °C, Kühlung im allgemeinen erforderlich
Stromdichte: 1 ... 1,8 A/dm². Hohe Temperatur und hohe Stromdichten verursachen große Porendurchmesser und liefern „weiche" Schichten.
Spannung: 12 ... 20 V je nach Legierung
Zeit: 15 ... 90 min je nach gewünschter Schichtdicke
Schichtdicke: 5 ... 50 μm; 1 μm in ca. 3 $\frac{A \cdot min}{dm^2}$
Behälter: Normalstahl mit Hüttenweichblei-, Hartgummi- oder Kunststoffauskleidung
Kathoden: vorwiegend Hüttenweichblei
Baderschöpfung: wenn Gehalt an gelösten Aluminium 15 ... 18 g/l erreicht
Dunstabsaugung: Sie ist erforderlich, wenn nicht eine Schaumschicht, die Badnebel zurückhält. Schaumbildner sind unter verschiedenen Namen im Handel[1]).
Elektrolytbewegung: erforderlich, z. B. mittels ölfreier Druckluft

1) z. B. Tectobal E, Elotekt II u. a.

Anwendung:

Architekturteile, Autozierteile. Legierungen bis zu 5% Magnesium oder Zink ergeben noch farblose Schichten; Mangan verursacht braune, Chrom gelbe und Silicium graue Farbtönung.

c) Gleichstrom-Schwefelsäure-Oxalsäureverfahren (GSX-Verfahren)

Die Schichten werden säurebeständiger und etwas härter als GS-Schichten und weniger gut einfärbbar. Ein „Kreidigwerden" der Schicht läßt sich leichter unterdrücken.
Andere Variationen des GS-Verfahrens erhält man, wenn man Essigsäure, Glycerin, Chromsäure oder Salze anorganischer Säuren zusetzt.

d) Oxalsäureverfahren

Das Verfahren kann mit Wechselstrom (WX-Verfahren), mit Gleichstrom (GX-Verfahren) oder erst mit Wechselstrom, dann mit Gleichstrom (WGX-Verfahren) durchgeführt werden.

Betriebsdaten und Anlage:

	WX-Verfahren	GX-Verfahren	WGX-Verfahren
Elektrolyt:	3 bis 6 %ige	Oxalsäurelösung	
Temperatur:	25...35 °C	18...22 °C	20...30 °C
Stromdichte:	2...3 A/dm²	1,3...2 A/dm²	W: 2...3 A/dm² G: 1...2 A/dm²
Spannung:	30...90 V	30...65 V	W: 50...90 V G: 40...60 V
Zeit:	je nach erwünschter Färbung von 10 Minuten bis zu mehreren Stunden		
Schichtdicke:	15...40 μm (mit gekühlter Anode bei WX-Verfahren bis 200 μm erreichbar)		
Behälter:	Normalstahl mit Hüttenweichblei- oder Hartgummiauskleidung		
Heizung:	Hüttenweichblei oder Titan		
Temperaturregelung:	empfehlenswert		
Dunstabsaugung:	erforderlich		
Elektrolytbewegung:	erforderlich		
Kathoden:	Hüttenweichblei		

Anwendung: An die nach den Oxalsäureverfahren anodisierten Legierungen werden höhere Anforderungen gestellt als bei der Gleichstrom-Schwefelsäurebehandlung. Im allgemeinen werden AlMg 3 oder AlMg 5 verwendet.

Die Eloxalschichten weisen eine Eigenfärbung auf, deren Tönung sich von Neusilber über Gold bis Bronze erstrecken kann. Während die mit Elangold eingefärbten GS-Schichten ähnlicher Farbtönungen grünstichig sind, zeichnet die hier erreichten Tönungen ein wärmerer Gelbstich aus.

WX-Schichten fallen bei 20 °C hart und bei 35 °C weich und biegsam aus. Härte, Abriebfestigkeit und Korrosionsfestigkeit werden durch nachfolgende GX-Behandlung erhöht (WGX-Verfahren). Die WX- und GX-Behandlung wird im gleichen Bad durch Umpolen durchgeführt.

WGX-Schichten sind härter als GS-Schichten.

Innen- und Außenarchitekturteile, Baubeschläge und Drähte, die elektrisch isolieren sollen, werden nach dem Oxalsäureverfahren anodisiert.

e) Chromsäureverfahren

Nach diesem Verfahren stellt man dichte, graue, opake [1]), korrosionsbeständige Oxidschichten her von 2 ... 5 μm Dicke [2]), die weniger hart und abriebfest sind als GS-Schichten. Das Verfahren wird besonders in den angelsächsischen Ländern angewandt. Da sich damit auch AlCuMg-Legierungen oxydieren lassen, dient es vorwiegend zur Behandlung von Teilen für den Flugzeugbau und ist hierfür manchmal vorgeschrieben.

Betriebsdaten und Anlage:

Elektrolyt:	3 % Chromsäure anhydrid (CrO_3)
Temperatur:	40 °C
Stromdichte:	0,3 ... 1,2 A/dm²
Spannung:	40 V, früher nach „Spannungsfahrplan" von 20 ... 50 V ansteigend.
Behälter:	Normalstahl mit Hüttenweichbleiauskleidung
Werkstückbewegung:	empfehlenswert
weitere Anlage:	wie bei Oxalsäureverfahren

[1]) opak = nicht durchsichtig

[2]) maximal 10 μm erreichbar

5. Spezielle Eloxalverfahren

a) Verfahren zur Farbanodisation

Weitere Verfahren, die gefärbte Oxidschichten erzeugen, sind bekannt unter den Namen: Alcanodox, Kalcolor, Duranodic 300 und Veroxal. Tabelle IV.4 enthält Betriebsdaten und Farbe der Oxidschicht. Nach diesen Verfahren werden Innen- und Außenarchitekturteile anodisiert.

Tabelle IV.4: Verfahren zur Farbanodisation

Verfahren	Elektrolyt	Strom-dichte A/dm^2	Spannung Volt (Gleich-spannung)	Tempe-ratur °C	Schicht-dicke μm	Oxidschicht-Farbe
Alcanodox	X	1,3 ... 1,6	45 → 65	18 ... 22	20 ... 35	gelblich – braun
Kalcolor	SSc + S	1,5 ... 4	30 → 100	20 ... 30	15 ... 35	hellgelb – dunkelbraun
Duranodic 300	SPh + S	2 ... 4	30 → 80	20 ... 25	15 ... 30	bzw. hellgrau – schwarz je nach Legierung und Schichtdicke
Veroxal	M + S + X	1,5 ... 3	30 → 70	18 ... 25	20 ... 30	

Bedeutung der Elektrolytabkürzungen: S = Schwefelsäure, X = Oxalsäure, SSc = Sulfosalicylsäure, SPh = Sulfophthalsäure, M = Maleinsäure.

Der Farbton reagiert empfindlich auf Schwankungen der Arbeitsbedingungen.

Intensive Elektrolytbewegungen und Dunstabsaugung sind erforderlich; die entstehende Wärmemenge muß durch entsprechende Kühlung abgeführt werden.

Da der Aluminiumgehalt des Elektrolyten bestimmte Werte nicht überschreiten darf, wird ein Kationenaustauscher eingesetzt. Auch Abbauprodukte der organischen Säuren lassen sich durch Ionenaustauscher entfernen.

Die sich bildenden Oxidschichten sind sehr dicht, die Spannung muß daher ständig erhöht werden, was durch die Pfeile angedeutet wird. Bei den drei zuletzt genannten Verfahren würde man ohne Schwefelsäurezusatz nur geringe, praktisch porenfreie Oxidschichten erhalten, verbunden mit einem steilen Spannungsanstieg. Der Schwefelsäuregehalt ist relativ gering. Besonders für die intensiveren Färbungen sind nur enge Konzentrationsbereiche der Schwefelsäure zulässig.

Mit Hilfe der genannten Verfahren lassen sich auch Fassadenplatten lichtecht farbanodisieren.

b) Ematalverfahren

Nach diesem Verfahren werden opake, emailartige Oxidschichten erzeugt von leicht grauer Farbe auf Legierungen mit 99,5 % Aluminiumgehalt. Bei höherem Fremdmetallgehalt werden die Schichten unansehnlicher.

Das Verfahren wird z. B. im Kunstgewerbe, aber auch in der Nahrungsmittelindustrie und zur Anodisierung von Stricknadeln angewandt.

Der opake Charakter basiert auf dem Einbau von Metallpigmenten, vornehmlich Titansalzen, die im Elektrolyten enthalten sind.

Elektrolyt und Betriebsdaten:

z. B. 40 g/l Titankaliumoxalat
8 g/l Borsäure
1 g/l Zitronensäure
1,2 g/l Oxalsäure

Temperatur: 55 ... 60 °C
Stromdichte: 2 ... 3 A/dm^2 auf 1 ... 1,5 A/dm^2 absinkend
Spannung: von 80 V auf 120 V ansteigend
pH-Wert: 1,5 ... 2

Der Korrosionsschutzwert der Schicht ist besser als der aller anderen Verfahren. Die Verfahrenskosten liegen jedoch etwa doppelt so hoch wie für das GS-Verfahren. Die hohe Spannung steht der Verbreitung des Verfahrens im Wege. Ein Berührungsschutz kann durch eine über die Stromschienen gelegte PVC-Abdeckung relativ leicht bewerkstelligt werden.

c) Hartanodisieren

Hartanodisierte Schichten zeichnen sich durch große Härte, gute Korrosions- und Hitzebeständigkeit aus. Sie sind ferner verschleißfester als hartverschromte oder cyanidgehärtete Stahloberflächen.

Dauerfestigkeit und Zugfestigkeit des Werkstücks nehmen ab, während die Druckfestigkeit etwas zunimmt.

Gegen Säuren und Laugen sind die Oxidschichten wenig beständig, wenn auch das Verdichten die Haltbarkeit verbessert.

Bei Knetlegierungen (AlMn, AlMg, AlMgMn, AlCuMg, AlZnMgCu, u. a.) nimmt die Dauerfestigkeit mit zunehmender Oxidschichtdicke ab, bei Gußlegierungen wird ein solcher Zusammenhang wenig beobachtet.

Die elektrische Spannungsfestigkeit wächst mit zunehmender Schichtdicke. Bei Reinstalaluminium mit einer Oxidschicht von 200 μm Dicke liegt die Durchschlagsfestigkeit über 10 000 Volt, um bei Legierungen, in denen Komponenten wie $CuAl_2$ gebildet sein können, bei gleicher Schichtdicke auf 500 Volt abzunehmen.

Tabelle IV.5: Verfahren zur Harteloxierung

Verfahren	Elektrolyt	Temperatur °C	Stromdichte A/dm^2	Spannung Volt	Zeit min	Schichtdicke µm
MHC-Verf. (Martin Hard-coat-Verf.)	15 % H_2SO_4	-1 bis +4,5	2...2,7	25...30 ↓ 40...60	60 120 240	25...35 75...80 150
Alumilite 225, 725	10 % H_2SO_4 + 1 % Oxal-säure	8...10	3...4	25→60	60	25...30
Alumilite 226, 726					60	50...60
Hardas-Verf.	10...15 % H_2SO_4	0...4	5...20	W: 10...12[1]) → 60...70 G: 20...24 →120...140	240	100
Isolations GmbH	15 % H_3BO_3 + 4 % Natriumcitrat	60...70	0,4...0,6	100→300	240	200
Kape-Verf.	10 % H_2SO_4	10	250 W/dm^2 [2])	15→80	60	100...130
Sanford-Verf.	6...7 % H_2SO_4 + 3...6 % org. Säuren	- 9 bis	1,3...2	10→150	40	65
Tomashov-Balobsheski–Verf.	10...20 % H_2SO_4	- 6 bis + 10	–	30→280	160	115...150
Lelong-Segond-Herengual–Verf.	8 % Oxalsäure ($H_2C_2O_4 \cdot 2H_2O$) + 5,5 % HCOOH	15...25	3...6	45→90	–	100...250

[1]) W = Wechselspannung überlagert von G = Gleichspannung

[2]) $Watt/dm^2$

Mikrohärteprüfungen ergeben Werte zwischen 350 und 650 kp/mm^2, während Hartchrom ca. 1000 kp/mm^2 Härte besitzt.

Tabelle IV.5 enthält kommerzielle Verfahren zur Harteloxierung. Die Schichten sind lichtundurchlässig und zeigen graue bis schwarze Farben.

Generell setzen tiefe Temperaturen oder Zusätze organischer Säuren in Schwefelsäure als Elektrolyt das Rücklösevermögen dieses Elektrolyten stark herab, so daß große Schichtdicken erzeugt werden können. Hierbei wächst die Schicht etwa zur Hälfte nach innen und zur anderen Hälfte über das Ausgangsniveau nach außen.

Tiefe Temperaturen lassen sich nur mit Kühlaggregaten aufrecht erhalten. Da die Oxidschichten von Natur aus Nichtleiter sind, bilden sie mit zunehmender Dicke immer größer werdende elektrische Widerstände. Daher muß die Spannung erhöht werden, um ein Weiterwachsen zu ermöglichen. Gleichzeitig wächst aber auch die Erwärmung der Oxidschicht [1]). Die Folge ist, daß dickere Oxidschichten oft weicher sind als dünnere.

[1]) Die elektrische Leistung innerhalb der Oxidschicht beträgt: $P_E = RI^2$; R = ohmscher Widerstand, I = Stromstärke.

Die Bildungswärme für Aluminiumoxid beträgt:

$$2\,Al + 3/2\,O_2 = Al_2O_3 + 399\ \text{kcal/mol}.$$

Bei einer mittleren Bildungsgeschwindigkeit von x μm/min errechnet sich hieraus die je Minute und je Quadratdezimeter Oberfläche frei werdende Wärmemenge zu 0,1565 · x kcal/(min · dm^2). Neben der im Elektrolyten entstehenden Stromwärme muß diese Wärme ständig abgeführt werden.

Die entstehenden Stromwärmen können bei niedrigen Spannungen und Stromdichten von gleicher Größenordnung sein wie die Oxidbildungswärme, sie können aber auch zehn- bis zwanzigmal so groß sein.

Zahlenbeispiel

Beim Kape-Verfahren beträgt der Leistungsbedarf 250 Watt/dm^2. Dies entspricht einer Wärmeleistung von 3,585 kcal/min · dm^2), also gleich dem $\frac{22{,}9}{x}$ fachen der Oxidbildungs-Wärmeleistung, wenn die Schichtbildungsgeschwindigkeit x μm/min beträgt.

d) Band- und Masseneloxieren

Bandeloxieren: Konservendosenbleche lassen sich kontinuierlich mit einer dünnen Oxidschicht versehen, die als Lackhaftgrund dient. Aber auch dickere und breitere Bänder werden bereits mit Schichten von 3 bis 30 μm im kontinuierlichen Durchlauf versehen, z. B. nach dem Lloyd-Verfahren:

Elektrolyt:	20 %ige Schwefelsäure
Temperatur:	32 bis 40 °C
Stromdichte:	10 bis 14 A/dm^2
Spannung:	24 Volt

Die erreichbaren Schichtdicken sind umgekehrt proportional der Bandgeschwindigkeit. (Bei 3 m/min Durchlaufgeschwindigkeit durch die Anodisierkammer des Lloyd-Verfahrens und einer Stromdichte von 11 A/dm^2 wird die Oxidschicht 4 μm dick, entsprechend einer Anodisierzeit von 1 Minute.)

Das Band gleitet über Graphitplatten, über die der Strom zugeführt wird. Der Kontakt mit den Platten wird durch Ansaugen gewährleistet. Entsprechende Kanäle mit Unterdruck verlaufen an den Rändern.

Es entsteht eine erhebliche Wärme. Sie wird mit dem Elektrolyten dadurch abgeführt, daß über der Bandoberfläche ein geriffeltes endloses Gummiband dem Band entgegenläuft. Die mitgeführte Schwefelsäure wird ständig durch gekühlte Säure ausgetauscht. Wasserdurchflossene Aluminiumrohre besorgen die Kühlung und dienen gleichzeitig als Kathode.

Die nach dem Lloydverfahren erzeugten Schichten sind so duktil, daß die Bänder aufgerollt werden können. Es entsteht dabei allerdings ein Rißnetzwerk, das aber nur mikroskopisch sichtbar ist.

Die Bleche lassen sich einfärben. Sie werden zur Herstellung von Teilen für die Elektroindustrie und Innenarchitektur in steigendem Maße verwendet. Die Kosten werden gegenüber den herkömmlichen Verfahren merklich geringer.

Masseneloxierung: Nicht jedes Kleinteil ist geeignet für eine Masseneloxierung. Die Formgebung muß erlauben, daß sich die Teile während des Eloxierens unverrückbar und möglichst nur an einer Stelle stromleitend berühren. Die Oxidschicht ist nichtleitend; es genügt bereits eine Schichtdicke von ein Mikron, um 30...35 Volt Wechselstrom zu isolieren. Geeignete Artikel sind: Reißverschlußteile, Schuhösen, Ziernie te u.ä.

Die Kleinteile werden unter Druck so eloxiert, daß sie sich nicht gegenseitig verschieben können. Der Elektrolyt muß ständig ausgetauscht werden, so daß die Arbeitstemperatur konstant bleibt. Hierbei muß der Pumpdruck relativ hoch sein; man arbeitet zweckmäßig mit Membranpumpen.

6. Allgemeine Bemerkungen zum Eloxieren

Da Klemmstellen prinzipiell sichtbar bleiben, weil sich dort kein Oxid bildet, sollten sie auf möglichst kleinen Raum durch scharfe Kontakte begrenzt werden. Die Warengestelle müssen so geformt werden, daß an den Klemmstellen keine Elektrolytverarmung eintreten kann und daß sie einer Elektrolytverschleppung keinen Vorschub leisten. Arbeitet man mit einfachen, dünnen Aluminiumdrähten, so sollte man einen Querschnitt von 1 mm^2 je Ampere Stromstärke vorsehen.

Wenn der Behälter elektrisch isoliert aufgestellt wird (Glas-, Porzellanfüße oder ähnliches), kann die Bleiauskleidung als Kathode dienen. Dabei muß die Isolierung stets sauber gehalten werden.

Ein Kurzschluß zwischen Ware und Kathode muß vermieden werden. Dies kann z. B. erreicht werden durch Kunststoffraster (etwa derselben Art wie die Lichtraster an Leuchtröhrenlampen), die parallel zur Bleiverkleidung lose angebracht werden. Die Umwälzung des Elektrolyten wird dadurch nur wenig behindert.

An Stelle der Bleiverkleidung kann auch, wie schon erwähnt, das Bleikühlschlangensystem als Kathode verwendet werden.

Nach dem Anodisieren muß gründlich gespült werden. Außer Tauchspülbädern werden meistens noch Spülstrecken bzw. Becken vorgesehen, die mit kräftigen Brausen versehen sind. Durch abschließendes Spülen in warmem Wasser können letzte Säurereste beseitigt werden.

7. Färben von Aluminium und von oxydiertem Aluminium

a) Färben von Aluminium

Aluminium ohne chemisch oder elektrolytisch verstärkte Oxidschicht wird selten eingefärbt, um die Eigenfarbe des Aluminiums nicht zu verbergen. Färbungen werden jedoch durchgeführt bei Plaketten, bei kunstgewerblichen Gegenständen, bei Tuben, Kapseln u. ä. Reinaluminium und kupferfreie Legierungen lassen sich gut einfärben, andere Legierungen oft nur in dunklen Farben. Nur saubere, fettfreie Oberflächen lassen sich fleckenfrei färben; diese müssen also durch Beizen und Entfetten entsprechend vorbehandelt und sofort gefärbt werden. Färbebadreste führen zu Ausblühungen und müssen deshalb gründlich abgespült werden.

Tabelle IV.6 enthält einige Färberezepte.

Tabelle IV.6: Rezepte zur chemischen Färbung von Aluminium

Farbton	Färbebad	Temperatur °C	Zeit min	Bemerkungen
Schwarz	10...20 g Ammoniummolybdat 5...15 g Ammoniumchlorid 1 l Wasser (enthärtet)	100	1...10	Dauer von Ammoniumchloridkonzentration abhängig. (nach Krause)
	10g/l Ammoniummolybdat 10...20 g/l Ammoniumnitrat			Elektrolytisches Verfahren. Zinkblechanoden. Stromdichte 0,25 A/dm^2 Spannung etwa 2 V.
Braun	25 g/l Kaliumsulfid mit Zusatz von	80...90	20...30	(nach Vollrath und Lahr)
Goldbraun	je 1 g/l Alizarin und Morin oder 0,5 g/l Kaliumdichromat, 0,5 g/l Morin und 1 g/l Alizarin			Schichten lösen sich beim Kochen in destilliertem Wasser ab.
Kaffeebraun	0,5 g/l Vanadinsulfat, 0,5 g/l Kaliumdichromat, 1 g/l Alizarin			bei niedriger Temperatur Gelbfärbung, gleichmäßige Schichtbildung schwierig.

Tabelle IV.6 (Fortsetzung)

Farbton	Färbebad	Tempe-ratur °C	Zeit min	Bemerkungen
	Permanganatverfahren			
Dunkelbraun Schwarzbr. Rötlichbr. ↓ Hellbraun	5...20 g/l Kaliumpermanganat. Durch Zusätze wie Mangansulfat oder Kupfernitrat und Salpetersäure oder Kaliumdichromat, Eisenchlorid und Schwefelsäure			Wegen geringer mechanischer Festigkeit mit Klarlack abdecken.
Gelb	25 g/l Kaliumsulfid mit Zusatz von:	80...90		(nach Vollrath und Lahr)
Goldgelb	1 g/l Morin		30	
Goldgelb mit Silberton	1 g/l Morin mit Spur von Alizarin		10	
Weitere Farben:				
Rot	15 g/l Kaliumsulfid 0,3 g/l Kaliumdichromat 1 g/l Alizarin	80...90		(nach Vollrath und Lahr)
Gesprenkelt	6,25 g/l Kaliumnitrat 2,5 g/l Nickelsulfat 1,25 g/l Natriumsiliziumfluorid 0,25 ml/l Natriummolybdatlösung (10 %)	60...100		(nach Pacz) Höhere Temperatur – feinere Zeichnung
Grau	100 g/l Diammoniumphosphat, 5 g/l Mangannitrat	100		gut haftend
	Nickelsulfat- oder Nickelammoniumsulfatlösung mit etwas Ammoniumchlorid	80...90	30	schlecht haftend, geeignet z. B. für Plaketten, die nur in der Tiefe gefärbt bleiben sollen.

b) Färben von chemisch erzeugten Aluminiumoxidschichten

Besser haftende Einfärbungen gewährleisten chemisch oxidierte Aluminiumoberflächen, wobei das Modifizierte Bauer-Vogelverfahren bevorzugt wird. Tabelle IV.7 gibt einige Färberezepte wieder.

Nach gründlichem Spülen und sorgfältigem Trocknen werden die Poren entweder in einem Wachs-Paraffingemisch geschlossen, oder die Oxidschicht wird mit farblosem Lack überzogen.

Tabelle IV. 7: Rezepte zur chemischen Färbung von Aluminiumoxidschichten (MBV-Verfahren)

Farbton	Färbebad	Temperatur °C	Zeit min	Bemerkungen
Schwarz	25 g/l Kobaltnitrat, 10 g/l Kaliumpermanganat 4 ml Salpetersäure (65 %)	80	10	Bei zu hoher Temperatur leicht pulvrige Schicht
Braun	MBV-Bad mit Zusatz von:			
Kaffeebraun	4 g/l Kaliumpermanganat	90...95	2,5	
Dunkelbraun	4 g/l Kaliumpermanganat		10	Auch Messinggelb
Rotbraun bis Gelbbraun	25 g/l Kupfernitrat, 10 g/l Kaliumpermanganat 4 ml Salpetersäure (65 %)	80	1...10	
Hell- bis Mittelblau	5 g/l Kaliumferrizyanid, 5 g/l Eisenchlorid	70...80	5	Die Lösung ist nicht sehr beständig, daher Farbtöne nicht gleichmäßig
Beliebige Färbungen	5...10 g/l organischer Farbstoff, 4...8 ml/l Eisessig	80...90	5...10	Farbstofflieferer: BASF Ludwigshafen, Bayer Leverkusen, Farbwerke Höchst

c) Färben von anodisch erzeugten Aluminiumoxidschichten

Eloxalschichten, die gefärbt werden sollen, werden gewöhnlich nach dem Gleichstrom-Schwefelsäureverfahren hergestellt. Durch gründliches Spülen wird die in den Poren verbleibende Säure entfernt oder mindestens stark verdünnt. Verbleibende Säure wird durch Tauchen in Natron- oder Kalilaugelösung oder Ammoniaklösung (20ml/l) oder Natriumbicarbonatlösung (2...3%) neutralisiert, die ihrerseits wieder herausgespült wird. Durch anschließende Behandlung in Salpetersäure (1 : 1; 2...30 Sekunden; 20 °C) wird die Oxidschicht aktiviert und Aluminiumsalze aus den Poren entfernt. Nach dem Spülen ist die Ware zum Färben bereit.

Färben: Gegenstände in Farblösung tauchen. Ihre Konzentration richtet sich nach der gewünschten Farbtiefe.
Behandlungsdauer: 30 Sekunden bis 30 Minuten
Temperatur: 20...60 °C (maximal 80 °C).
pH-Wert: Nach Angabe der Farbstoffhersteller, meist 4...7.

Nach dem Färben wird gespült, um überschüssige Farbstofflösung von der Oberfläche zu entfernen. Ergibt die folgende Nuancenkontrolle, daß der Farbton zu hell ist, so kann weitergefärbt werden; bei zu dunkler oder unrichtiger Färbung läßt sich die Farbe in verdünnter Säurelösung abziehen.

Bei richtiger Färbung werden die Poren in einem Nachverdichtungsverfahren geschlossen, so daß der eingedrungene Farbstoff in den Poren verbleibt. (Siehe den folgenden Abschnitt: Nachverdichten.)

Eloxalschichten werden mit anorganischen oder organischen Farbstoffen gefärbt. Das Färben mit organischen Farbstoffen verdrängt mehr und mehr die anorganische Färbemethode.

Die organischen Farbstoffe werden speziell für das Färben von Aluminiumerzeugnissen hergestellt. Die praktisch verwendeten Farbstoffe sind sauer und gehören meistens zur Gruppe der Azo-, Anthrachinon-, Triphenylmethan-, Phthalocyanin- oder Nitroverbindungen [1]). Die Farbpigmente werden in den Poren physikalisch und/oder chemisch gebunden.

Die Farbflotten stellen gewöhnlich wäßrige Lösungen dar. Es werden aber auch in besonderen Fällen spezielle Farbstoffe verwendet, die in Alkohol, Azeton, Methyläthylketon usw. gelöst sind. So würde z. B. eine an Gelatine gebundene, lichtempfindliche Schicht, die die Herstellung von Fotografien erlaubt, durch Wasser angegriffen. Schwarzfärbungen fallen intensiver aus als in wäßrigen Lösungen; so lassen sich siliciumhaltige Aluminiumgußlegierungen gleichmäßig intensiv schwarz färben, was in wäßriger Lösung nicht möglich wäre.

Färbebehälter: Als Behälter zur Aufnahme der Färbelösungen eignen sich solche aus rostfreiem Stahl (Cr/Ni/Mo-Stähle), Holz, Glas, Steingut oder emaillierte, kunstharzüberzogene oder hartgummierte Stahlblechgefäße. Bei organischen Farbflotten ist eine Badzirkulation sehr zweckmäßig; hierzu wird (ölfreie) Luft eingeblasen oder gerührt.

Ein neuartiges Film-Direktdruckverfahren arbeitet mit wasserlöslichen Farbstoffen (FD-Farbstoffe von Durand & Huguenin AG, Basel). Die Druckpaste enthält Methylzellulose als Verdickungsmittel, dessen Konsistenz durch die Menge und den Polymerisationsgrad der Zellulose der Drucktechnik angepaßt werden kann. Beim Drucken und während des Trocknens diffundiert der Farbstoff in die Oxidschicht ein. Beim Verdichten wird die Zellulose unlöslich und verhindert ein Ausbluten des Farbstoffs. Die Drucke sind gegen Nässe, Abrieb usw. widerstandsfähig. Die Lichtechtheit ist im allgemeinen gut.

d) Eloxalschicht als Träger lichtempfindlicher Stoffe

Die porige Oxidschicht des Aluminiums kann auch mit lichtempfindlichen Stoffen imprägniert werden [2]). Bevorzugt wird die Silberhalogensensibilisie-

---

[1]) Basische Farbstoffe haben bisher kaum praktische Bedeutung erlangt.

[2]) Seofotoverfahren (Siemens & Halske AG), auch für andere Verfahren wie das Blaupausverfahren verwendbar.

Tabelle IV.8: Rezepte zur Färbung von Eloxalschichten

Farbton	Färbebad	Temperatur °C	Zeit	Bemerkungen
Gold	5...50 g/l Ammoniumferrioxalat $(NH_4)_3Fe(C_2O_4)_3 \cdot 3H_2O$ pH: 5...6,5 Die Eisenverbindung zersetzt sich, in die Poren wird Eisenoxydul eingebaut. Die Zersetzung geht laufend weiter. Der Schlammanfall verbietet eine Badbewegung	40...60	3 s bis 15 min	Vorteil: Nur ein Bad, licht- und wetterechte Färbung, billige Chemikalien. Nachteile: Je nach Legierung verschiedene Goldtöne, hohe Badkonzentration, Bad lichtempfindlich und nur beschränkt haltbar
Neusilber bis Bronze	Bad I: 5...50 g/l Kobaltazetat $Co(CH_3COO)_2 \cdot 4\,H_2O$ Bad II: Kaliumpermanganat $KMnO_4$ gleicher Konzentration. Bad II soll mindestens so warm sein wie Bad I, eher 2...3 °C höher. Färbung leichter durchführbar als im Ammoniumferrioxalatbad.	30...60	3 s bis 15 min	Vorteile: Licht- und wetterechte Färbung, billige Chemikalien, Farbnuancierung je nach Tauchdauer bzw. Wiederholung der Tauchprozesse. Vor Wiedereintauchen in Bad I muß die Kaliumpermanganatlösung restlos abgespült sein Nachteile: Tauchung in zwei Bädern, für dunkle Tönung lange Oxydationszeit. Gleichmäßige Tönung nicht immer erreichbar.
Beliebige Farben	0,001....20 g/l organischer Farbstoffe (helle Goldtöne benötigen 0,01 g/l Orangefarbstoff, Schwarztöne bis zu 10 g/l Schwarzfarbstoff). Bevorzugt wird eine möglichst niedrige Konzentration bei längerer Färbezeit. pH: 4...7	20...60 maximal bis 80	10...15 min je länger gefärbt wird, desto größer ist die Lichtechtheit.	Vorteile: Alle Farbtöne in einem Bad herstellbar, Farbmischungen sind möglich, gewisse Farben gut licht- und wetterecht (Reihenfolge: Schwarz, Blau, Rot, Grün, Gelb), Gleichmäßige Färbungen leicht zu erreichen, geringe Farbstoffkonzentrationen, lange Lebensdauer der Färbebehälter. Nachteil: Nicht alle Farbtöne sind licht- und wetterecht zu erhalten.

rung angewandt. Da die Schichten nur beschränkt haltbar sind, müssen sie bald nach ihrer Herstellung verarbeitet werden. Ebenso müssen die zu imprägnierenden Oxidschichten frisch hergestellt sein. Die Platten werden im Kontaktverfahren wie Photopapiere belichtet, entwickelt und fixiert. Man erhält unbegrenzt haltbare Abdrucke hoher Genauigkeit. (Wichtige Zeichnungen und Karten, Schilder, Skalen, Rechenschieber, Porträts usw.)

Oxidschichten, die nach dem Ematalverfahren (Dr. Max Schenk, Basel) glänzend, matt, farblos-transparent oder grauweiß hergestellt werden, sind jahrelang lagerfähig bis zur Sensibilisierung. Die Chemikalien hierzu können von der Firma Elox AG, Baden (Schweiz) bezogen werden [1]).

Bei einem Verfahren, das als Licht- oder Photodruckverfahren bezeichnet werden kann, wird die Eloxalschicht mit einer Kaliumbichromat-Gelatineschicht überzogen, die langsam bei 50 °C getrocknet wird. Es entsteht ein mit bloßem Auge kaum wahrnehmbares Runzelkorn.

Die Platte wird mit einem Diapositiv belichtet. Danach büßt die Schicht abhängig von der Lichteinwirkung ihre Quellfähigkeit für Wasser ein. Die Platte wird für mehrere Stunden gewässert. Die Chromgelatine quillt entsprechend der Belichtung auf und das Chromsalz löst sich heraus. Die Platte wird wieder getrocknet. Vor dem Bedrucken wird sie mit einer Mischung aus Glycerin und Wasser angefeuchtet. (Reines Wasser löst die Schicht langsam auf!) Die Gelatine quillt wieder auf. Helle Stellen nehmen mehr Wasser auf als stark belichtete. Beim Färben schließlich nehmen die feuchten Stellen wenig und die trockeneren Stellen mehr Farbe auf. Die Abstufungen sind derart fein, daß große Originaltreue der Abdrucke erreicht wird.

[1]) Die Sensibilisierung wird selbst vorgenommen. Das Verfahren heißt Aluphot-Verfahren.

Anodiserte Schichten auf Aluminium lassen sich nach dem Offsetdruckverfahren farbig bedrucken. Hierbei sind am besten Farben geeignet, die sich leicht ausziehen lassen.

Anmerkung: Mit anorganischen Pigmenten lassen sich außer Neusilber, Gold bis Bronze auch andere Färbungen erzielen:

Gelb: in Bleiacetat und Kaliumchromatlösung mit Bleichromatbildung.

Rotbraun: Kupfersulfat und gelbes Kaliumferrocyanid mit Kupferferrocyanidbildung als Pigment; oder: Silbernitrat und Kaliumchromat mit Silberchromatbildung als Pigment.

Rot: Uranylacetat oder -nitrat mit Kaliumferrocyanid

Orange: Kaliumantimontartrat mit Schwefelwasserstoff

Blau: Ferrichlorid und Kaliumferrocyanid mit Eisenferricyanidbildung.

Grün: Kupfersulfat mit Natriumarsenit mit Kupferarsenitbildung.

8. Verdichten (Sealen) der Eloxalschichten

Das Verdichten ist abgesehen vom Trocknen der letzte Arbeitsgang beim Anodisieren von Aluminium, unabhängig davon, ob gefärbt wurde oder nicht. Hierdurch werden die Poren geschlossen.

a) Heißwasser- und Dampfverdichtung

In entionisiertem bzw. destilliertem [1]) kochenden Wasser bildet sich eine glasharte, witterungsbeständige Böhmitschicht. Da es schwierig ist, im Betrieb das Wasser genügend rein zu halten, setzte sich die Dampfverdichtung durch. Hierbei gibt es praktisch kein Ausbluten der Färbungen. Nachteilig ist es jedoch, daß der Dampfsealingkasten nur chargenweise beladbar ist, und die Warenaufhängung so gestaltet werden muß, daß das Kondenswasser ungehindert ablaufen kann. Bild IV.16 zeigt elektronenmikroskopisch eine GS-Eloxalschicht, die 30 Minuten in kochendem Wasser verdichtet wurde. Man

Bild IV. 16. Dampfverdichtete Gleichstrom-Schwefelsäure-Eloxalschicht. Unter der offenbar durchsichtigen böhmitartigen Quellschicht sind die Poren noch zu erkennen. Verdichtungsdauer 30 Minuten
Elektronenmikroskopische Aufnahme *L. Bartmann* und Verf. Abbildungsmaßstab 50000 :

---

[1]) Wasserqualität: Widerstand $> 100000 \frac{\Omega}{cm^2}$ frisch und $> 20000 \frac{\Omega}{cm^2}$ in der Wanne. Gewicht des Trockenrückstandes < 15 mg/l.

erkennt noch Poren, die noch nicht geschlossen sind. Eine Verdichtungszeit von 30 Minuten kann demnach für Außenteile nicht als ausreichend angesehen werden.

Die erforderliche Verdichtungszeit, um die Poren zu schließen, hängt von der Dicke der Oxidschicht ab. Sie muß mindestens so lange dauern wie die Eloxalzeit. Der pH-Wert soll zwischen 5,5 und 6 liegen, wobei zum Ansäuern Essig- oder Ameisensäure genommen werden soll. (Sulfate unterstützen das Ausbluten gefärbter Schichten.)

Bei der Kochendwasserverdichtung wirkt man dem Ausbluten entgegen, wenn man dem Wasser kleine Mengen des Farbstoffs zusetzt (0,02 ... 0,05 g/l), der im Färbebad vorliegt.

b) Nickelacetat- und Nickelacetat-Kobaltacetat-Verdichtung

In Lösungen dieser Art werden die Poren rascher geschlossen, wobei sich hinterher Nickel und Kobalt in der Oxidschicht nachweisen läßt. Man verdichtet bei 90 ... 95 °C im pH-Bereich von 5 ... 5,5. Es wird mit Borsäure angesäuert. Ein Nickel- bzw. Kobalthydroxidbelag läßt sich durch Zusätze vermeiden. Gewisse Farbstoffe können mit Nickel oder Kobalt reagieren. Dadurch wird gewöhnlich die Farbnuance geändert.

c) Bichromatverdichtung

Diese Verdichtung wird gerne bei kupferhaltigen Legierungen gewählt. Bichromat, das sich in die Poren mit einlagert, wirkt als Korrosionsinhibitor. Die Oxidschicht wird grünlichgelb gefärbt. Farbige Schichten können stark ausbluten. Ebenso kann die Lichtechtheit vermindert werden.

Bleiacetat als Verdichtungsmittel kann die Lichtechtheit verbessern.

9. Eloxierfehler

Häufigste Fehlerquellen sind:

Unsaubere Oberflächen durch ungenügendes oder fehlerhaftes Entfetten, Beizen oder Glänzen und vor allem ungenügendes Spülen zwischen den Arbeitsgängen.

Schlechte elektrische Kontakte, falsche Stromdichte, unzweckmäßige Anordnung der Werkstücke im Eloxalbad.

Zu hoher Aluminiumgehalt im Eloxalbad, Wärmestauungen durch fehlende oder nicht ausreichende Elektrolytbewegung.

Zu kurze Verdichtungszeit oder nicht ausreichende Wasserreinheit.

10. Ausstattung der Anodisierbetriebe

An Anodisierbetriebe, die Aluminiumgegenstände herstellen, die wie Bauteile der Witterung ausgesetzt sind, werden gewisse Mindestanforderungen für die Einrichtung gestellt.

a) Allgemeine Betriebsanlage

Leichte Lagermöglichkeit für nicht anodisiertes und für eloxiertes Material. Vermeiden von Verschmutzung durch Staub und Kondenswasser.

Aufstellung von Kontrollgeräten, geschützt gegen den Angriff korrodierender Dämpfe.

Fördereinrichtungen, wobei mechanische Beschädigung beim Transport vermieden wird.

Bäderanordnung so, daß ihre Verunreinigung durch Chemikalien, die von den Werkstücken abtropfen, vermieden wird.

Laboratorium in abgetrenntem Raum.

Wannen:

Fassungsvermögen des Eloxierbehälters so groß, daß die Literbelastung 0,33 A/l nicht übersteigt (bei GS-Verfahren). Die übrigen Behälter haben gleiche Abmessungen.

Kühlung:

Bei Wasserkühlung beträgt der Kühlwasserbedarf in Liter je Stunde:

$$V = \frac{12 \cdot \text{installierte Stromstärke (in A)}}{18 - \text{Wassertemperatur (in °C)}}$$

Für andere Kühlverfahren wird zugrunde gelegt: Abzuführende Wärmemenge in Kilokalorien je Stunde:

$$Q = 12 \cdot \text{installierte Stromstärke (in A)}$$

Bei Wasserkühlung mit Bleikühlrohren beträgt die erforderliche Kühlfläche in Quadratmetern:

$$A = \frac{12 \cdot \text{installierte Stromstärke (in A)}}{250\left(21 - \frac{18 + \text{Wassertemperatur (in °C)}}{2}\right)}$$

Badbewegung:

Gleichmäßige Temperaturverteilung im Eloxalbad. Zwischen Werkstückoberfläche und irgendeinem Punkt des Anodisierbades soll höchstens 1 °C Temperaturunterschied herrschen, (gemessen mit angelegtem Thermometer).

Preßluftbedarf: $M_P = 12\ m^3/h$ und m^2 Badoberfläche.

Druck: p = 2 m Wassersäule/m Badtiefe.

Die Badbewegung ist so zu führen, daß auf der gesamten Oberfläche keine ruhige Zone bleibt.

Die Druckluft muß stets ölfrei sein.

Heizung:

Die Heizung ist so zu bemessen, daß a) das Verdichtungsbad in drei Stunden zum Kochen gebracht wird, und b) nach 15 Minuten die Betriebstemperatur nach Einsetzen einer vollen Charge wieder erreicht wird.

Elektrische Einrichtung:

Der Spannungsbedarf beträgt 18 V, für AlSi-Legierungen und die Schichtdickenklassen 25 μm und mehr 24 V.

Spannungsregelung: ± 0,2 V oder automatische Regelung; Registriergerät zweckmäßig.

Der Gesamtstrom: 1,5 · Gesamtoberfläche (in dm^2) Ampere. Meßgeräte für Strom- und Spannung wöchentlich prüfen.

Leitschienen und Kontakte so bemessen, daß keine Überhitzung auftritt.

Der Kontaktquerschnitt soll mindestens 0,5 mm^2/A für Aluminiumgestelle bzw. -befestigungen betragen. Für Titan müssen die Kontaktquerschnitte viel größer sein, da der spezifische Widerstand von Titan etwa 20 mal größer ist als der von Aluminium.

Spülen:

Nach jedem Arbeitsgang muß gründlich gespült werden. Bei nur einer Spülwanne beträgt der stündliche Spülwasserbedarf 1/3 des Spülbadinhalts. Empfohlen wird das Spülen unter dem Wasserstrahl.

Eloxierung:

Stromdichte: 1,2 ... 1,8 A/dm^2 ± 10 % des Sollwertes.

Temperatur: t = 22 °C ± 1 °C (kontrolliert) für Dickenklasse 15 μm,
t = 20 °C ± 0,5 °C (kontrolliert) für Dickenklasse 20 μm und darüber.

Verpacken der Fertigware:

Für Bauteile zeitlich begrenzter Schutz gegen Gips und Zement, allgemein: Fertigverpackung, die mechanische Beschädigung während Lagerung und Transport ausschließt.

b) Organisation

Laufkarte für den Arbeitsablauf: Jeder Badeinsatz wird von einer Laufkarte begleitet; sie enthält das Datum und alle Arbeitsbedingungen.

Buchführungsarbeiten bei den Bädern: Bei den wichtigen Bädern in Buch oder auf Karte täglich folgende Angaben festhalten:
Vorbehandlung (mechanisch, chemisch, elektrolytisch), Spannung, Gesamtstromstärke, Eloxierdauer, Warenoberfläche.
pH-Wert, Temperatur des Färbebades und Dauer der Behandlung.
Temperatur des Verdichtungsbades und Verdichtungsdauer.
Ergebnisse der regelmäßigen Badkontrollen.

Personal:

Verantwortlich für: Vorschriften und Aufzeichnungen auf den Laufkarten,
Einhalten der vorgeschriebenen Arbeitsmethoden,
Bäderkontrollen,
Aufzeichnung der Arbeitsbedingungen (Betriebsbücher u.a.).

11. Prüfmethoden und Verfahren

Einer Kontrolle unterliegen im allgemeinen die Schichtdicke, die Güte der Verdichtung, die Farbeindringtiefe (bei gefärbten Schichten) und die Lichtechtheit der Färbung.

Die Kontrollen dienen der Betriebsbewertung, zur Kontrolle der Fabrikation und als Abnahmeprüfung.

Sind die Flächen eines Werkstückes größer als ein Quadratmeter, dann wird jedes Stück kontrolliert. Bei kleineren Werkstücken gibt Tabelle IV.19 an, wieviele willkürlich gewählte Proben aus jedem Los genommen werden.

Tabelle IV.9: Zahl der zu untersuchenden Proben und Losgröße

Anzahl der Werkstücke im Los	Zahl der willkürlich ausgewählten Proben	Zulässige Zahl nicht entsprechender Proben bei Schichtdickenprüfung (Dicke jedoch mindestens 80 % des Sollwertes)
Bis 15	2	0
16...40	3	0
41...110	6	0
111...300	12	1
301...500	25	3
über 500	40	4

Bei der statistischen Kontrolle der Verdichtung und Farbeindringung ist die Fehlerzulässigkeit immer Null.

a) Schichtdickenmessung

Schichtdickenmessung an mikrographischen Schliffen: Die Schichtdicke wird direkt gemessen mit einer Genauigkeit von ± 1 μm. Hierzu ist ein Metallmikroskop mit einem Projektionsschirm oder einem Okular mit geeichtem Mikrometer erforderlich.

Es werden meistens zwei zu einander senkrecht Schnitte untersucht von mindestens je 4 cm Länge; bei Drähten oder Bändern wird der Querschnitt geprüft. Es wird in Abständen von 0,25 cm gemessen und das arithmetische Mittel als verbindliche Schichtdicke angegeben. Höchstens 10 % der gemessenen Werte dürfen um mehr als ± 20 % vom Mittelwert abweichen; sonst ist eine neuer Schliff zu untersuchen.

Gravimetrisches Meßverfahren der Schichtdicke: In einem Gemisch aus 35 ml/l 85 %iger Phosphorsäure (d = 1,7) und 20 g/l Chromsäureanhydrid wird die Oxidschicht abgelöst, ohne daß das Grundmetall merklich angegriffen wird. Die Probe wird vor und nach der Ablösung gewogen; aus der Gewichtsdifferenz läßt sich die mittlere Schichtstärke berechnen.

Die Probe mit einer Fläche zwischen 2 und 10 cm^2 wird, falls erforderlich, gesäubert und z. B. in Trichloräthylen entfettet. Bei größeren Oberflächen läßt sich ein Teil mit Paraffin oder Speziallack abdecken. Die abzulösende Fläche wird ausgemessen. Dann wird die Probe 10 Minuten lang in das Säuregemisch von 100 °C getaucht. Nach Spülen und Trocknen wird gewogen und der Tauchprozeß wiederholt, bis das Gewicht konstant bleibt. (Ein gleichmäßiges Aufbrausen auf der Oberfläche zeigt an, daß das Oxid abgelöst worden ist.)

Für die Schichtdicke gilt:

$$d = \frac{G \cdot 10\,000}{\gamma \cdot A} \ (\mu m)$$

G = Gewichtsdifferenz (g)
γ = Dichte (g/cm^3)
A = Oberfläche (cm^2)

Für die Dichte wird gewöhnlich $\gamma = 2{,}6 \frac{g}{cm^3}$ angesetzt.

Dickenmessung mit Wirbelstromgeräten: Die Prüfung ist zerstörungsfrei. Im Aluminium werden Wirbelströme erzeugt, deren Wirkung mit einem Tastkopf gemessen wird. Die Ablesegenauigkeit soll 0,25 μm betragen; die Nullpunktsabweichung soll nach 15 Minuten 0,5 μm nicht überschreiten. Jedes Gerät hat eine Anwärmdauer, die zu beachten ist. Zur Eichung dient eine nicht anodisierte Probe aus gleichem Material und von der gleichen Form wie das zu prüfende Werkstück.

Der Nullpunkt wird als Mittelwert aus 10 Messungen an der Eichprobe festgelegt. Dieser Mittelwert darf höchstens um ± 3 % vom Nullpunkt des Meßgeräts abweichen, sonst ist eine andere Eichfläche zu wählen. Der Nullpunkt wird nach 15 Minuten nachgeprüft.

Die Meßskala wird mit Hilfe einer auf die Eichprobe gelegten Kunststoffolie bekannter Dicke geeicht. Die Dicke ist größer als die zu messende Oxidschichtdicke. Der Mittelwert aus Dickenmessungen anderer Folien (10 Messungen) darf höchstens um 5 % vom Nennwert abweichen, wobei keine Messung mehr als ± 12 % vom Mittelwert abweichen darf.

Das arithmetische Mittel aus 10 Dickenmessungen am Prüfstück gilt als verbindliche Schichtdicke. Nicht mehr als 3 Meßwerte dürfen dabei um höchstens ± 15 % oder 1 μm vom Mittelwert abweichen. Sonst ist eine neue Meßserie erforderlich.

Dickenmessung nach dem Lichtschnittverfahren [1]: Im Lichtschnittmikroskop fällt ein Lichtstrahl monochromatischen Lichts auf die Oxidoberfläche. Ein Teil des Lichts wird direkt reflektiert, der andere Teil an der Grenzfläche Metall/Oxid. Im Okular entstehen zwei Bilder, deren Abstand proportional der Schichtdicke ist.

Da der Brechungsindex der Oxidschicht berücksichtigt werden muß – er liegt zwischen n = 1,59 und n = 1,62 – gilt für die wahre Schichtdicke:
$d = d' \cdot \sqrt{2n^2 - 1} \approx 2 \cdot d'$.

Das Verfahren ist für lichtdurchlässige Schichten möglich.

b) Kontrolle der Verdichtung

Farbtropfentest: Das Verfahren beruht auf der Erfahrung, daß nur eine gut verdichtete Oberfläche den Prüffarbstoff nicht aufnimmt. Die Oberfläche wird entfettet und gut gereinigt (z. B. mit aufgeschlämmtem Magnesiumoxidpulver als Scheuermittel), gespült und 10 Minuten in 18 ... 22 °C warme 50-volumenprozentige Salpetersäure getaucht. (Wenn nicht getaucht werden kann, gibt man die Säure auf eine entsprechend gereinigte, abgegrenzte Fläche.)

Die Probe wird dann gründlich gewaschen und getrocknet. Anschließend läßt man 5 Minuten lang einen Tropfen einer der nachstehenden, frisch angesetzten Lösungen einwirken. Die Lösungen sind:

2 prozentige alkoholische Methylviolett-Lösung oder
1 prozentige wäßrige Lösung von Aluminiumgrün GLW oder
2 prozentige wäßrige Lösung von Aluminiumblau LLW.

---

[1]) Siehe *W. Müller*, Galvanische Schichten und ihre Prüfung, S. 136. Viewegs Fachbücher der Technik. Friedr. Vieweg + Sohn, Braunschweig 1972.

Bei guter Verdichtung darf nach gründlichem Waschen keine Farbspur zurückbleiben. Zum Waschen wird die Probe 2 Minuten lang mit feuchtem Wattebausch und einem feinen Scheuermittel abgerieben und dann ebenso lang in eine neutrale Seifenlösung getaucht.

Prüfung in schwefligsauer Lösung: Bei dieser Prüfung wird die Probe beschädigt. Die Versuchslösung wird wie folgt hergestellt:

> 10 g wasserfreies Natriumsulfit werden in 1 l dest. Wasser gelöst, dann wird Eisessig zugegeben, bis der pH-Wert 3,6 bis 3,8 beträgt, um schließlich mit 5 normaler Schwefelsäure auf 2,5 gebracht zu werden (bei Raumtemperatur).

Die entfettete Probe wird 20 Minuten lang in die 90 ... 92 °C heiße Lösung getaucht.
Bei unvollständiger Verdichtung entsteht ein weißer Belag, der mit einem weichen, feuchten Tuch nicht weggewischt werden kann.
Bei einer Wägung zur quantitativen Beurteilung darf der Gewichtsverlust 30 mg/dm^2 Oberfläche nicht überschreiten.

Essigsäure-Natriumacetat-Test: Der Test ist nicht zerstörungsfrei. Ein auf 0,1 mg genau gewogenes Prüfblättchen bekannter Größe der eloxierten Fläche wird 15 Minuten lang in eine kochende Lösung getaucht, die

100 ml/l Eisessig	destilliertes Wasser
0,5 g/l Natriumacetat	pH = 2,3

enthält. Nach Waschen, Trocknen und Wiegen darf der Gewichtsverlust höchstens 30 mg/dm^2 betragen.
Eine kreidige Ablagerung zeigt eine nicht ausreichend Verdichtung an.

c) Prüfung der Farbeindringtiefe

Baumwollscheibentest: Bei dieser Prüfung wird die Probe zerstört. Man verwendet eine genähte Scheibe aus Baumwollstoff folgender Abmessungen:

Durchmesser = 250 bis 300 mm
Breite = 40 bis 60 mm

Umfangsgeschwindigkeit = 40 m/s entspricht 2500 U/min (300 mm D.)
3000 U/min (250 mm D.)

Motor mit Wattmeter ausgerüstet mit 50 Watt Ablesegenauigkeit. Die Scheibe wird zuvor mit einem Stahlwerkzeug (z. B. Rücken eines Sägeblattes) gereinigt, dann wird eine Polierpaste aufgebracht (halbfette Qualität: „gelbe Paste").

Der Prüfling wird 5 mal 5 Sekunden lang gegen die rotierende Scheibe gedrückt, wobei nach jedem Andrücken 10 Sekunden Pause liegen. Beim Andrücken soll der Leistungszuwachs 75 ± 5 Watt/cm² Kontaktfläche betragen. Die rechteckige Kontaktfläche beträgt 3 cm mal Scheibenbreite.

Zahlenbeispiel: bei 6 cm Scheibenbreite soll der Leistungszuwachs
$3 \cdot 6 \cdot (75 \pm 5)\,W = 1\,350 \pm 90\,W$ betragen.

Es darf weder die Oxidschicht abgetragen noch die Farbe geschwächt werden.

d) Prüfung der Lichtbeständigkeit

Für Teile die dem Sonnenlicht oder Außenbedingungen ausgesetzt sind, muß die Lichtechtheit der Zahl 8 des Code International (blaue Skala) entsprechen, für Innenraumbeanspruchung der Zahl 5 (gültig für Architekturteile). Die Standardbezugsproben 1 bis 8 sind Stoffstücke, die mit Standardfarben bekannter, unterschiedlicher Lichtbeständigkeit gefärbt sind. (Englische Norm BS 1006).

Zur Qualitätskontrolle werden Kurzzeitprüfungen durchgeführt, wenn sich auch für die genaue Bestimmung der Lichtechtheit nur Freilichttests eignen.

Zur Belichtung sind Lichtquellen vorzuziehen, die hinsichtlich ihrer spektralen Verteilung der Wirkung des Tageslichts nahekommen. Man läßt die Proben in gleichem Abstand um die Lichtquelle kreisen, um Schwankungen der Lichtverteilung auszugleichen.

Die Temperatur von Probe und Vergleichsprobe darf 50 °C nicht übersteigen. Probe und Vergleichsprobe werden je zur Hälfte lichtdicht abgedeckt. Die Standardbezugsproben 1 bis 8 und der Prüfling werden genügend lange belichtet, um entweder auf dem Prüfling oder auf der Standardprobe 8 eine dem „Grade 3“ der “Geometric Grey Scale” entsprechende Ausbleichung hervorzurufen.

Der Prüfling wird anschließend bei Tageslicht mit den Eichproben visuell verglichen. Man gibt ihm dann den Wert der Lichtechtheit derjenigen Eichprobe, die in gleicher Weise gebleicht wird. Wenn sich die Standardprobe Nr. 8 entfärbt, bevor der Prüfling seine Farbe ändert, erhält er die Lichtbeständigkeit Nr. 8, da es keine höheren Werte gibt.

Sachwortverzeichnis